Matthias Reinschmidt

Farbatlas
Papageien

2. Auflage
353 Arten im Porträt

355 Fotos

Vorwort

In diesem Buch ist eine Idee verwirklicht, die ich viele Jahre mit mir herumgetragen habe: ein handliches Nachschlagewerk, das man überall hin mitnehmen kann, ins Freiland, in den Zoo oder Vogelpark, auf eine Vogelausstellung oder -börse, ins Zoofachgeschäft, zum Papageienzüchter oder -halter sowie ins Wohnzimmer aufs Sofa, um darin zu blättern.
Es bietet übersichtliche und knapp gefasste Informationen zur jeweiligen Papageienart: die wesentlichen Dinge und Eigenschaften der Vögel auf einen Blick. Ein Foto ersetzt dabei eine ausführliche Beschreibung, charakteristische Besonderheiten zur Abgrenzung von ähnlichen Arten- oder Unterarten werden im Text hervorgehoben.
Mein besonderer Dank gilt dem Verlag Eugen Ulmer, besonders Frau Dr. Götz, die mich ermunterte, diese Ideen umzusetzen. Dr. Rainer Niemann, Rafael Zamora, Pedro Martin sowie Franz Pfeffer danke ich für fachliche Unterstützung und Anregungen.
Ich widme dieses Buch der Loro Parque Fundacion mit ihrem Präsidenten Herrn Wolfgang Kiessling, als Anerkennung für die Arbeit, die die Stiftung in zahlreichen Schutzprojekten weltweit für den Erhalt bedrohter Papageienarten leistet, sowie der Schaffung und Unterhalt der artenreichsten Papageienkollektion und Genreserve der Welt mit über 350 Papageienarten und -unterarten in fast 4000 Exemplaren, auf Teneriffa, Spanien.

Puerto de la Cruz,
Dr. Matthias Reinschmidt

Vorwort zur 2. Auflage

Seit der Erstauflage des Farbatlas Papageien sind acht Jahre vergangen, so dass eine gründliche Überarbeitung der Systematik notwendig wurde. Vor allem neue Erkenntnisse der genetischen Forschung führten dazu, dass z. B. einige bisher als Unterarten geführte Papageienformen einen eigenen Artstatus erhielten, bei anderen waren die Unterschiede zu gering, um sie länger eigenständig zu führen. Sie sehen, die Systematik lebt und ist kein starres Gebilde, so muss man sich immer wieder neu orientieren und auch wieder an neue wissenschaftliche Namen gewöhnen.
Die Familie der Papageien ist nach wie vor die Vogelfamilie mit dem höchsten Anteil an bedrohten Taxa, so dass es wichtiger denn je erscheint, einen gesicherten Bestand in Menschenobhut als Genreserve aufzubauen.Diese Aufgabe sollte Anreiz genug sein, sich als Papageienzüchter auch für den Artenschutz zu engagieren.
Während ich selbst bei Erscheinen der ersten Auflage noch als Kurator für den Loro Parque auf Teneriffa arbeitete und damit für die weltgrößte Papageienkollektion verantwortlich war, bin ich inzwischen nach Deutschland zurückgekehrt und leite den Zoo Karlsruhe als Direktor. Auch hier spielen die Papageien für mich eine große Rolle. So wird die Papageienkollektion im Zoo weiter ausgebaut, mit besonderem Augenmerk auf die Erhaltungszucht bedrohter Arten.

Bühl/Karlsruhe, 2017
Dr. Matthias Reinschmidt

Inhaltsverzeichnis

Einführung

Dieses Handbuch zeigt in kurzen, übersichtlichen Porträts die ganze Vielfalt der derzeit in Europa gehaltenen Papageien. Es gibt den aktuellen Stand der Dinge wieder und kann daher kein starres Gebilde sein. Einschätzungen zur Häufigkeit, dem Status im Freiland oder in Menschenobhut der jeweils beschriebenen Papageienart können sich in Zukunft sowohl zum Positiven als auch zum Negativen entwickeln.

Falls der kundige Leser die eine oder andere Papageienart/Unterart vermissen sollte und sie selbst im Bestand hat, wäre der Autor über entsprechende Informationen darüber dankbar, um in einer Neuauflage die diesbezüglichen Informationen zu ergänzen. Auch sachliche Ergänzungen und neue Informationen zu den gezeigten Arten sind stets willkommen.

Artenauswahl

Die Auswahl orientiert sich an den Papageienarten- und unterarten die derzeit **in Europa gehalten** und gezüchtet werden. Mag sein, dass es die eine oder andere Art oder Unterart nicht in die Auswahl geschafft hat, dies mag am begrenzten Umfang oder an der Seltenheit des Tieres in Menschenhand liegen.

Zur Orientierung und Information findet sich die komplette Papageienarten- und Unterartenliste abgedruckt, geordnet nach den wissenschaftlichen und deutschen Namen im Anhang des Buches, ebenso Literaturhinweise und Adressen.

Benennungen und Reihenfolge

In einer zusammenwachsenden Welt ist es hilfreich, neben dem **wissenschaftlichen** und dem **deutschen** Namen auch die in **englischer**, **französischer** und **spanischer** Sprache nachschlagen zu können. So werden diese alle beim jeweiligen Porträt angegeben. Für eine international einheitliche Form werden die Papageien in den Beschreibungen innerhalb der Gruppen alphabetisch nach den wissenschaftlichen Namen dargestellt. Werden Unterarten beschrieben, folgen diese auf das Porträt der Nominatform.

Der wissenschaftliche Name besteht entweder aus zwei oder drei Bezeichnungen, wobei die erste stets der **Gattungsname** ist, der zweite bezeichnet die **Art**, der dritte die **Unterart**. Findet man nur Gattungs- und Artnamen, handelt es sich dabei um die **Nominatform** der beschriebenen Papageienart. Diese kann monotypisch sein, also ohne Unterarten, oder sich in mehrere Unterarten aufspalten. Dann besteht der wissenschaftliche Name aus drei Bezeichnungen, wobei der zweite, der Artname, mit Anfangsbuchstaben und Punkt abgekürzt werden kann.

Ursprung und Lebensraum

Hinweise zur Herkunft der Tiere sind bewusst kurz gehalten, lediglich der Kontinent, auf dem die Papageienart lebt, wird angegeben. Detaillierte Informationen zur jeweiligen Herkunft für den ganz spezifisch interessierten Leser finden sich in vielen anderen Quellen in der Literatur und im Internet.

Haltungsbedingungen

Eine **tiergerechte Haltung** ist die Grundlage für eine langfristig orientierte Handhabung und Gesunderhaltung der Tiere. Die angegebenen **Volierengrößen** sollen nur als **Mindestmaße** gelten. Ist es möglich, die Gehege größer zu gestalten, sollte man dies auf jeden Fall tun. Mehr Raum für Bewegung schlägt sich stets positiv in einer besseren körperlichen Fitness nieder, die grundsätzlich und vor allem für das Brutgeschäft notwendig ist. Gehen Sie beim Bau deshalb stets nach dem Grundsatz vor: „Das Gehege kann nie groß genug sein."

Verhalten und Beschäftigung

Die meisten Papageienarten besitzen einen gut ausgeprägten **Nagetrieb**, den man mit frischen **Zweigen** befriedigen kann. Zusätzlich sind diese Äste ein Teil der **Beschäftigungmöglichkeiten**, die man Papageien in Menschenobhut immer bieten sollte. Mindestens einmal in der Woche sollten die Vögel frische Äst und Zweige erhalten.

In der Natur sind Papageien regelmäßig viele Stunden täglich mit der **Nahrungssuche und der -aufnahme** beschäftigt. Das Futter in Menschenhand dagegen steht immer in ausreichenden Mengen zur Verfügung und wird auch mit wesentlich weniger zeitlichem und physischem Aufwand von den Tieren aufgenommen. So haben Untersuchungen an Großpapageien im Loro Parque gezeigt, dass sich die Papageien nur eine Stunde täglich mit der Nahrungsaufnahme beschäftigen.

Die frei werdende Zeit muss nun für die intelligenten Papageien Möglichkeiten bieten, sich anderweitig zu beschäftigen, damit keine Langeweile aufkommt und sich **Verhaltensanomalien** wie beispielsweise Federnrupfen einstellt.

Ein abwechslungsreich, aber auch zweckmäßig gestaltetes Gehege hat daher allergrößte Bedeutung. Durch Wechsel und Austausch einzelner Einrichtungs- und Spielelemente sorgt man für immer neue, für die Tiere **interessante Umgebungssituationen**. Ständig vorhandene Spielsachen werden leicht uninteressant, sind sie aber nur für eine gewisse Zeit verfügbar, bleibt die **Neugier** der Tiere wach. Zugleich bleiben die Vögel in **Bewegung** und damit körperlich fit.

Ernährung

Stichwortartig wird dazu ein grober Überblick über die **Nahrungsbedürfnisse** der einzelnen Arten gegeben. Bei der Anschaffung neuer Papageienarten wird dem Halter daher empfohlen, sich in weiterführender **Fachliteratur** intensiv und detailliert über die genauen Bedürfnisse der jeweiligen Arten zu informieren.

Zucht

Das Thema Zucht ist heutzutage, in einer Zeit des **Importstopps** für Tiere aus der Wildnis, wichtiger denn je. Viele Papageienarten werden in den nächsten Jahren aus den europäischen Volierenbeständen verschwinden, wenn nicht intensiv daran gearbeitet wird, sich selbst erhaltende **Zuchtstämme** aufzubauen. Bei welcher Papageienart dies derzeit besonders wichtig ist, findet sich ein entsprechender Hinweis im Artenportrait.

Viele Papageienarten werden inzwischen in ausreichenden Stückzahlen gezüchtet, so dass ihre Erhaltung in Menschenobhut kein Problem sein wird. Bei einigen davon tritt inzwischen eine andere Gefahr auf. Durch ihre gute Züchtbarkeit sind mittlerweile zahlreiche **Farbmutationen** aufgetreten. Da diese bei vielen Züchtern äußerst begehrt sind, tritt der **Wildtyp** in der Zucht immer weiter in den Hintergrund und es kann passieren, dass es eines Tages keine reinerbigen, wildtypfarbenen Zuchtstämme mehr gibt.

Eine solche Zielsetzung hat nichts mehr mit **Erhaltungszucht** zu tun. Bei vielen australischen Sittichen oder den afrikanischen Unzertrennlichen ist diese Gefahr derzeit am größten. Ein Hinweis auf vorhandene Farbmutationen soll darauf aufmerksam machen.

Besonderheiten

Hinweise zur **Lautstärke** der Papageien geben dem Leser eine Einschätzung des stimmlichen Potenzials einer Art. Dennoch existieren stets auch individuelle Unterschiede, sogar innerhalb einer Art. Es kann Tiere geben, die ihre laute Stimme ständig zu fast jeder Tageszeit einsetzen, andere der gleichen Art sind eher ruhig und lassen ihre eigentlich laute Stimme so gut wie nie hören. So kommt es zu oft widersprüchlichen Angaben der Halter über die Stimmen ihrer Pfleglinge. Dies sollte vor einer Anschaffung von Papageien bedacht und mit der Nachbarschaft geklärt werden.

Das Hobby dokumentieren

Eine Tabelle (auf der hinteren Umschlaginnenseite) bietet Ihnen die Möglichkeit, Ihre eigenen Papageienerlebnisse festzuhalten. So können Sie in den Kategorien: im Freiland gesehen, in Menschenobhut gesehen, selbst gehalten, selbst gezüchtet, dokumentieren, welche Kontakte und Erlebnisse Sie selbst zu den einzelnen Arten hatten oder sich vornehmen möchten. Dies macht Spaß und gibt einen Überblick über das selbst Erlebte.

Erklärung der Piktogramme

Die **Mindesthaltungstemperatur** gibt die tiefste Temperatur an, bei der die Tiere noch gehalten werden können. Wichtig dabei ist, aus welchen natürlichen Klimabedingungen die Tiere stammen. Daran sollte man sich orientieren und nicht versuchen, die Papageien besonders „abzuhärten“. Dies wäre als Tierquälerei abzulehnen.

Die Angabe zur **Größe** des Tieres in cm bezieht sich auf die Körperlänge und gibt dem Betrachter die Möglichkeit, ihm unbekannte Papageien zusammen mit dem Foto besser einzuschätzen.

Die Angabe der **Ringgröße** in mm gilt für geschlossene Papageienringe, die den meisten Jungen zwischen dem 10. und 20. Lebenstag, je nach Art, über das Fußgelenk gestreift werden. Die Maße sind Erfahrungswerte des Loro Parque und daher nicht allgemein bindend. Die Ringe sollten dem Vogelbein genügend Freiraum bieten, aber auch nicht zu eng anliegen. Geschlossene Ringe dürfen beim erwachsenen Vogel nicht mehr abziehbar sein und können daher als Selbstzuchtnachweis gelten.

Die **Gelegegröße** gibt dem Züchter eine Vorstellung von der Produktivität funktionierender Zuchtpaare.

Ein „Ja“ bedeutet **CITES-Pflichtigkeit** und ist für die Arten angegeben, die auch im innereuropäischen Handel nur mit einem entsprechenden **CITES-Papier** weitergegeben werden dürfen und in **Anhang A** des **Washingtoner Artenschutzabkommens** gelistet sind. Bei „Nein“steht die Art automatisch in **Anhang B**, Ausnahmen: Wellensittiche, Nymphensittiche und Rosenköpfchen. Diese Arten sind nicht gelistet. Alle Tiere des Anhang A benötigen ein sogenanntes CITES-Papier, das ihre legale Herkunft bestätigt. Für im Anhang B geführte Tiere benötigt man einen **Herkunftsnachweis des Verkäufers** als Bescheinigung ihrer Legalität.

Die Papageienarten von A bis Z

10 °C

45 cm

12 mm

1–2 Eier

nein

Cacatua alba

Weißhaubenkakadu

Englisch: White Cockatoo
Französisch: Cacatoès blanc
Spanisch: Cacatúa blanca

Herkunft: Asien
Status Freiland: Bedroht, 43 000–183 000 Tiere, Tendenz abnehmend.
Status Menschenobhut: Gelegentlich.

Geschlechtsunterschiede: Männchen mit stärkerem Schnabel, Weibchen mit rötlicher Iris.
Haltungsansprüche: Eine große Flugvoliere von mindestens 6 m Länge sollte als Mindestmaß gelten. Den Vögeln ständig viel Holz zum Benagen zur Verfügung stellen, sie sind starke Nager.
Ernährung: Diätfuttermischung für Kakadus, mindestens 50 % Obst- und Gemüse.

Zucht: Gelingt gelegentlich, Männchen können in der Brutsaison aggressiv werden und plötzlich ihr Weibchen töten oder stark verletzen, deshalb große Volieren mit Rückzugsmöglichkeiten für das Weibchen, meist jedoch sehr harmonisch.
Besonderheiten: Laute Papageien, die sehr zahm und anhänglich werden. Bei Vernachlässigung neigen als zahme Haustiere gehaltene Vögel leicht zum Rupfen. Wegen ihrer Seltenheit sollte die Zucht im Vordergrund stehen.

Cacatua ducorpsii

Salomonenkakadu

Englisch: Ducorps' Cockatoo
Französisch: Cacatoès de Ducorps
Spanisch: Cacatúa de las Is. Salomón

Herkunft: Asien
Status Freiland: Häufig.
Status Menschenobhut: Gelegentlich.

Geschlechtsunterschiede: Männchen haben eine schwarze Iris, Weibchen haben eine rötliche Iris.
Haltungsansprüche: Große Flugvoliere von mindestens 6 m Länge, viel Holz zum Benagen geben.
Ernährung: Diätfuttermischung für Kakadus, mindestens 50 % Obst- und Gemüse.
Zucht: Gelingt gelegentlich, den Vögeln dazu vertikale Nistkästen anbieten. Männchen können in der Brutzeit sehr aggressiv gegenüber ihrem Weibchen werden, sehr oft gibt es Verluste der Weibchen durch Mord. Deshalb sollten die Nistkästen zwei Ausgänge als Fluchtmöglichkeit haben und die Voliere Versteckmöglichkeiten für die Weibchen bieten.
Besonderheiten: Ihre Stimme ist erträglich, handaufgezogene Tiere werden sehr zahm und gute Hausgenossen, dennoch wird auch für als Heimtiere gepflegte Vögel paarweise Haltung empfohlen.

Cacatua galerita galerita (Nominatfrom)

Großer Gelbhaubenkakadu

Englisch: Sulphur-crested Cockatoo
Französisch: Cacatoès à hupe jaune
Spanisch: Cacatúa de cresta amarilla

Herkunft: Australien
Status Freiland: Häufig.
Status Menschenobhut: Gelegentlich.

Geschlechtsunterschiede: Männchen haben schwarze Augen, Weibchen eine rötliche Iris.
Haltungsansprüche: Metallvolieren, da die Vögel ein starkes Nagebedürfnis haben. Viel Frischholz zur Verfügung stellen. Große, mindestens 8 m lange Volieren mit Sichtschutz für Weibchen, da Männchen während der Brutzeit aggressiv werden können. Dies kann zu Verletzungen oder gar zum Tod des Weibchens führen.
Ernährung: Kakadu-Diätfuttermischung und Obst-/Gemüseanteil bis zu 50 % der Gesamtmenge, reichlich Grünfutter.
Zucht: Gelingt gelegentlich, dazu dem Paar einen vertikalen Nistkasten anbieten.
Besonderheiten: Sie können sehr laut schreien. Es gibt drei weitere Unterarten: *C. g. fitzroyi*, Mathews-Gelbhaubenkakadu, der aber in Europa wohl kaum vorhanden ist. Finschs Gelbhaubenkakadu, *C. g. eleonora*, aus Indonesien ist kleiner (44 cm). Er wird oft mit der Nominatform verwechselt, die Unterschiede sind aber deutlich, da er nicht so massig erscheint. Unbedingt auf unterartenreine Zucht achten!

Cacatua galerita triton

Tritonkakadu

Englisch: Triton Cockatoo
Französisch: Cacatoès à grand huppe jaune triton
Spanisch: Cacatúa tritón

Herkunft: Asien
Status Freiland: Regelmäßig.
Status Menschenobhut: Gelegentlich.

Geschlechtsunterschiede: Männchen haben schwarze Augen, Weibchen eine rötliche Iris.
Haltungsansprüche: Metallvolieren von mindestens 8 m Länge. Da die Vögel ein starkes Nagebedürfnis haben, viel Frischholz geben. Große Volieren mit Sichtschutz für Weibchen sind wichtig, da Männchen während der Brutzeit aggressiv werden können, was zu Verletzungen oder gar zum Tod des Weibchens führt.
Ernährung: Kakadu-Diätfuttermischung und Obst-/Gemüseanteil bis zu 50 % der Gesamtmenge, reichlich Grünfutter.
Zucht: Gelingt gelegentlich, dem Paar einen vertikalen Nistkasten abieten.
Besonderheiten: Sie können sehr laut schreien. An den leicht bläulich gefärbten, nackten Augenringen lässt sich diese Unterart vom Großen Gelbhaubenkakadu, *C. g. galerita*, gut unterscheiden. Unbedingt unterartenrein züchten.

Cacatua goffiniana

Goffin-Kakadu

Englisch: Goffin's Cockatoo
Französisch: Cacatoès de Goffin
Spanisch: Cacatúa de las Is. Tanimbar

Herkunft: Asien
Status Freiland: Selten.
Status Menschenobhut: Gelegentlich.

Geschlechtsunterschiede: Männchen mit schwarzen Augen, Weibchen mit rötlicher Iris.
Haltungsansprüche: Große Flugvoliere von mindestens 4 m Länge. Den Vögeln viel Holz zum Benagen zur Verfügung stellen.
Ernährung: Diätfuttermischung für Kakadus, mindestens 50 % Obst- und Gemüse.
Zucht: Gelingt gelegentlich, den Paaren einen vertikalen Nistkasten anbieten. Männchen können in der Brutzeit sehr aggressiv gegenüber ihrem Weibchen werden, sehr oft passieren Verluste der Weibchen durch Mord, deshalb sollten die Nistkästen zwei Ausgänge als Fluchtmöglichkeit haben und die Voliere Versteckmöglichkeiten für die Weibchen bieten.
Besonderheiten: Ihre Stimme ist erträglich. Handaufgezogene Tiere können sehr zutrauliche Hausgenossen werden, eine paarweise Haltung wird empfohlen.

10 °C

31 cm

9,5 mm

1–2 Eier

ja

Cacatua haematuropygia

Rotsteißkakadu

Englisch: Red-vented Cockatoo
Französisch: Cacatoès des Philippines
Spanisch: Cacatúa Filipina

Herkunft: Asien
Status Freiland: Bedroht, 1000–4000 Tiere, Tendenz abnehmend.
Status Menschenobhut: Selten.

Geschlechtsunterschiede: Männchen mit schwarzen Augen, Weibchen mit rötlicher Iris.
Haltungsansprüche: Große Flugvoliere von mindestens 6 m Länge, viel Holz zum Benagen anbieten.
Ernährung: Diätfuttermischung für Kakadus, mindestens 50 % Obst- und Gemüse.
Zucht: Gelingt selten, es gibt kaum Naturbruten, Jungvögel kommen meist aus Handaufzucht.

Besonderheiten: Das namensgebende Merkmal dieses Kakadus sind die roten Federn am Steiß des ansonsten weißen Vogels. Ihre Stimme ist erträglich, kein Anfängervogel. Die Männchen können in der Brutzeit sehr aggressiv gegenüber ihrem Weibchen werden, sehr oft Verluste der Weibchen durch Mord, deshalb sollten die Nistkästen zwei Ausgänge haben und die Voliere Versteckmöglichkeiten für die Weibchen bieten. Die Zucht sollte wegen der Seltenheit im Vordergrund stehen, der Aufbau einer sich selbst erhaltenden Population im Europa sollte das Ziel sein. Noch stehen hierfür genügend Tiere zur Verfügung.

Cacatua leadbeateri

Inkakakadu

Englisch: Major Mitchell's Cockatoo
Französisch: Cacatoès de Leadbeater
Spanisch: Cacatúa bandera

Herkunft: Australien
Status Freiland: Selten.
Status Menschenobhut: Gelegentlich.

Geschlechtsunterschiede: Männchen mit schwarzen Augen, Weibchen mit rötlicher Iris.
Haltungsansprüche: Inkakakadus fliegen gerne, deshalb eine mindestens 6 m lange Voliere, besser länger. Diese Kakadus benagen gerne frische Äste.
Ernährung: Kakadudiätfutter, reichlich Grünfutter. Die Vögel neigen in zu kleinen Volieren und bei zu energiereicher Fütterung zur Verfettung.
Zucht: Gelingt regelmäßig, ein vertikaler Nistkasten, nicht länger als 70 cm, sollte angeboten werden. Während der Zucht können die Männchen gegenüber ihren Weibchen sehr aggressiv werden.
Besonderheiten: Der Inkakakadu ist die seltenste weiße Kakadu-Art Australiens und eignet sich meist auch als Adoptiveltern für andere Kakadus. Seine Haube mit farbenfroher Signalwirkung dient als Kommunikationsmittel bei der Balz und zur Warnung.

Cacatua moluccensis

Molukkenkakadu

Englisch: Salmon-crested Cockatoo
Französisch: Cacatoès à huppe rouge
Spanisch: Cacatúa de las Molucas

Herkunft: Asien
Status Freiland: Bedroht, 10 000 Tiere, Tendenz abnehmend.
Status Menschenobhut: Gelegentlich.

Geschlechtsunterschiede: Gering, Männchen mit stärkerem Schnabel, Weibchen mit rotbrauner Iris.
Haltungsansprüche: Große Flugvoliere von mindestens 6 m Länge. Viel Holz zum Benagen zur Verfügung stellen, denn diese Vögel sind starke Nager.
Ernährung: Kakadu-Diätfutter mindestens 50 % Obst- und Gemüse, vor allem Bananen.

Zucht: Gelingt gelegentlich, die Männchen können in der Brutsaison aggressiv werden und plötzlich ihr Weibchen töten oder stark verletzen. Deshalb große Volieren bieten, mit Rückzugsmöglichkeiten für das Weibchen. Nistkästen mit zwei Eingängen, damit Weibchen bei Attacken entkommen kann.
Besonderheiten: Er ist die größte weiße Kakadu-Art, mit lauter Stimme. Die Vögel werden sehr zahm und anhänglich. Wegen der Seltenheit sollte aber die Zucht im Vordergrund stehen, um einen sich selbst erhaltenden Zuchtstamm in Menschenobhut auch langfristig zu etablieren.

10 °C

50 cm

12 mm

2 Eier

nein

Cacatua ophthalmica

Brillenkakadu

Englisch: Blue-eyed cockatoo
Französisch: Cacatoès aux yeux bleu
Spanisch: Cacatúa de ojo azul

Herkunft: Asien
Status Freiland: Regelmäßig.
Status Menschenobhut: Selten.

Geschlechtsunterschiede: Männchen haben schwarze Augen, Weibchen eine rötlich braune Iris.
Haltungsansprüche: Metallvolieren mindestens 6 m Länge, denn die Vögel fliegen gerne. Da sie auch ein starkes Nagebedürfnis haben, sollte viel Frischholz zum Benagen geben.
Ernährung: Kakadu-Diätfutter und Obst-/ Gemüseanteil bis zu 50 % der Gesamtmenge, reichlich Grünfutter.
Zucht: Gelingt selten, den Paaren dazu einen vertikalen Nistkasten anbieten. Die Vögel haben interessantes Balzspiel.
Besonderheiten: Sie können sehr laut schreien und sind als Handaufzuchten superzahme und sehr anhängliche Tiere. Sie sollten aufgrund der Seltenheit in Menschenobhut aber in erster Linie zu Zuchtzwecken gehalten werden, um eine sich selbst erhaltende Population in Menschenobhut aufzubauen.

Cacatua pastinator

Wühlerkakadu

Englisch: Long-billed Corella
Französisch: Cacatoès laboureur
spanisch: Cacatúa cavadora

Herkunft: Australien
Status Freiland: Regelmäßig.
Status Menschenobhut: Gelegentlich.

Geschlechtsunterschiede: Keine.
Haltungsansprüche: Eine große Flugvoliere von mindestens 6 m Länge, viel Holz zum Benagen.
Die Vögel sitzen gerne auf dem Boden und graben in der Erde, sind sehr verspielt und intelligent. Viele Beschäftigungsmöglichkeiten aus Naturmaterialien bieten, zum Beispiel kleine Stöckchen sowie ausgestochene Rasen- oder Wiesenstücke.

Ernährung: Diätfuttermischung für Kakadus, mindestens 50 % Obst- und Gemüse.
Zucht: Gelingt selten. Den Paaren dazu einen vertikalen Nistkasten anbieten.
Besonderheiten: Ihre Stimme ist erträglich, eine paarweise Haltung wird empfohlen. Wühlerkakadus sind nicht für Käfighaltung im Haus geeignet, da sehr bewegungsfreudig. Bildet eine weitere Unterart, *C. p. derbyi,* Mathews Wühlerkakadu, der aber derzeit wohl nicht in Europa gehalten wird. Die Zucht sollte im Vordergrund stehen, um diese Papageienart auch langfristig in europäischen Volieren zu erhalten.

Cacatua sanguinea sanguinea (Nominatform)

Nacktaugenkakadu

Englisch: Short-billed Corella
Französisch: Cacatoès corella
Spanisch: Cacatúa sanguínea

Herkunft: Australien
Status Freiland: Häufig.
Status Menschenobhut: Gelegentlich.

Geschlechtsunterschiede: Keine.
Haltungsansprüche: Große Flugvoliere von mindestens 4 m Länge, viel Holz zum Benagen anbieten.
Ernährung: Diätfuttermischung für Kakadus, mindestens 50 % Obst- und Gemüse.
Zucht: Gelingt regelmäßig, dazu einen vertikalen Nistkasten anbieten.
Besonderheiten: Ihre Stimme ist erträglich, handaufgezogene Tiere können sehr zutrauliche Hausgenossen werden, paarweise Haltung empfohlen. Die Vögel sitzen gerne auf dem Boden und graben in der Erde, vielerlei Beschäftigungsmöglichkeiten aus Naturmaterialien bieten, wie kleine Stöckchen, ausgestochene Rasen- oder Wiesenstücke. Sie sind sehr verspielte und intelligente Vögel, auch Gruppenhaltung mit mehreren Artgenossen in entsprechend größerer Voliere ist möglich. Es gibt vier weitere Unterarten: *C. s. gymnopis*, Sclaters Nacktaugenkakadu; *C. s. normantoni*, Mathews Nacktaugenkakadu; *C. s. transfreta*, Neuguinea-Nacktaugenkakadu; *C. s. westvalensis*, Westaustralischer Nacktaugenkakadu, die in Europa wohl nicht vorhanden oder nicht als solche erkannt sind.

Cacatua sulphurea citrinocristata

Orangehaubenkakadu

Englisch: Citron-crested Cockatoo
Französisch: Cacatoès à huppe orange
Spanisch: Cacatúa de cresta naranja

Herkunft: Asien
Status Freiland: Stark bedroht.
Status Menschenobhut: Gelegentlich.

Geschlechtsunterschiede: Männchen haben schwarze Augen, Weibchen eine rötliche Iris.
Haltungsansprüche: Große Metallvolieren mit Sichtschutz für Weibchen, da die Männchen während der Brutzeit aggressiv werden können, was zu Verletzungen oder gar zum Tod des Weibchens führen kann. Sie schlafen auch im Nistkasten. Die Vögel haben ein starkes Nagebedürfnis, deshalb sollte ihnen viel Frischholz zum Benagen zur Verfügung gestellt werden.
Ernährung: Kakadu-Diätfuttermischung und Obst-/Gemüseanteil bis zu 50 % der Gesamtmenge.
Zucht: Gelingt gelegentlich, dazu den Paaren einen vertikalen Nistkasten anbieten.
Besonderheiten: Die Vögel können laut schreien. Da sie in der Natur sehr selten geworden (wohl weniger als 500 Tiere), sollte stets die Zucht der Tiere im Vordergrund stehen, um die Unterart in Menschenobhut zu erhalten.

Cacatua sulphurea sulphurea (Nominatform)

Gelbwangenkakadu

Englisch: Lesser Sulphur-crested Cockatoo
Französisch: Cacatoès soufré
Spanisch: Cacatúa sulfúrea

Herkunft: Asien
Status Freiland: Stark bedroht, 2500–10 000 Tiere, Tendenz abnehmend.
Status Menschenobhut: Gelegentlich.

Geschlechtsunterschiede: Männchen haben schwarze Augen, Weibchen eine rötliche Iris.
Haltungsansprüche: Große Metallvolieren. Da die Vögel ein starkes Nagebedürfnis haben, viel Frischholz zum Benagen bieten. Sie schlafen auch im Nistkasten.
Ernährung: Kakadu-Diätfuttermischung und Obst-/Gemüseanteil bis zu 50 % der Gesamtmenge.
Zucht: Gelingt gelegentlich, vertikalen Nistkasten anbieten. Große Volieren mit Sichtschutz für Weibchen, da Männchen während der Brutzeit aggressiv werden können, dies kann zu Verletzungen oder gar zum Tod des Weibchens führen.
Besonderheiten: Laute Papageien. Da in der Natur sehr selten geworden, sollten alle Unterarten nur zur Zucht gehalten werden, um sie zu erhalten. Es gibt fünf weitere Unterarten: darunter der Timor-Gelbwangenkakadu, *C. s. parvula* mit 33 cm und mit blassgelbem Ohrfleck, der Mittlere Gelbhaubenkakadu, *C. s. abbotti*, mit blassgelbem Ohrfleck, aber mit 40 cm deutlich größer sowie *C. s. djampeana* und *C. s. occidentalis*. Unbedingt unterartenrein züchten. Vorsicht, gelegentlich werden Unterartenmischlinge angeboten!

Cacatua tenuirostris

Nasenkakadu

Englisch: Slender-billed Corella
Französisch: Cacatoès nasique
Spanisch: Cacatúa picofina

Herkunft: Australien
Status Freiland: Regelmäßig.
Status Menschenobhut: Gelegentlich.

Geschlechtsunterschiede: Keine.
Haltungsansprüche: Große Flugvoliere von mindestens 6 m Länge. Den Vögeln viel Holz zum Benagen geben. Sie sitzen gerne auf dem Boden und graben in der Erde. Vielerlei Beschäftigungsmöglichkeiten aus Naturmaterialien bieten wie kleine Stöckchen, ausgestochene Rasen- oder Wiesenstücke.
Ernährung: Diätfuttermischung für Kakadus, mindestens 50 % Obst- und Gemüse.
Zucht: Gelingt gelegentlich, dazu den Paaren einen vertikalen Nistkasten anbieten.
Besonderheiten: Ihre Stimme ist erträglich und es wird eine paarweise Haltung empfohlen. Sie zeigen sich als sehr verspielte, intelligente Vögel und werden im Volksmund auch als weiße Keas bezeichnet. Sie sind wegen ihrer Bewegungsfreudigkeit nicht für Käfighaltung im Haus geeignet. Um langfristig einen sich selbst erhaltenden Zuchtstamm aufzubauen, sollten sie unbedingt zur Zucht verwendet werden, noch sind dazu genügend Tiere in der Haltung vorhanden.

Callocephalon fimbriatum

Helmkakadu

Englisch: Gang Gang Cockatoo
Französisch: Cacatoès à tete rouge
Spanisch: Cacatúa gang gang

Herkunft: Australien
Status Freiland: Regelmäßig.
Status Menschenobhut: Selten.

Geschlechtsunterschiede: Männchen mit rotem, Weibchen mit grauem Kopf.
Haltungsansprüche: Sehr anspruchsvoll, brauchen täglich frische Zweige zur Beschäftigung, neigen bei Langeweile zum Rupfen. Sie sind nicht für Wohnungshaltung geeignet, brauchen eine mindestens 5 m lange Voliere, größer wäre besser, mit vielen abwechselnden Einrichtungsgegenständen. Die Vögel vertragen leichte Minusgrade.

Ernährung: Kakadu-Diätfuttermischung, hoher Anteil kleiner Samen, fressen gerne Kasuarinensamen, Obst-/Gemüsemischung, besonders Äpfel, tierisches Protein in Form von gekochtem Hühnchenfleisch zweimal wöchentlich.
Zucht: Gelingt selten, jährlich ein neuer Naturstamm zum Benagen und zur Bearbeitung der Nisthöhle steigert den Bruttrieb.
Besonderheiten: Die Lautäußerungen der Helmkakadus erinnern an alte knarrende Holztüren. Sie sind sehr sensible Tiere und daher nur für erfahrene Kakaduhalter geeignet. Unbedingt zur Zucht verwenden, um die Art langfristig in europäischen Volieren zu erhalten.

0 °C

60 cm

12 mm

1–2 Eier

nein

Calyptorhynchus banksii banksii (Nominatform)

Banks-Rabenkakadu

Englisch: Red-tailed Black Cockatoo
Französisch: Cacatoès banksien
Spanisch: Cacatúa fúnebre colirroja

Herkunft: Australien
Status Freiland: Regelmäßig.
Status Menschenobhut: Selten.

Geschlechtsunterschiede: Männchen mit dunkelgrauem Schnabel, ohne Punkte, Schwanz schwarz mit roter Binde. Weibchen mit gelbbraunen Punkten am Kopf, Brust und Bauch gesäumt, das Band ist auf dem Schwanz gelblich, der Schnabel hornfarben.
Haltungsansprüche: die Vögel fliegen gerne, deshalb sollte Voliere nicht unter 8 m Länge sein, ständig Frischholz zum Benagen geben.
Ernährung: Kakadu-Diätfutter, mit Kleinsämereien, Obst-/Gemüsemischung, gerne geöffnete Walnüsse, höchstens eine pro Tag.
Zucht: Gelingt selten, dazu mehrere, oben offene Nistkästen zu Auswahl anbieten.
Besonderheiten: Mäßig laute, robuste Vögel. Früher unter dem wissenschaftlichen Namen *Calyptorhynchus magnificus* bekannt, wurde der Name 1994 offiziell in *C. banksii* geändert. Neben der Nominatform existieren vier weitere Unterarten, von denen aber wahrscheinlich nur der Matthews-Rotschwanz-Rabenkakadu. *C. b. samueli*, derzeit in Europa gehalten wird. Er ist mit 55 cm kleiner als die Nominatform, wird häufiger als diese gehalten, meist aber nicht als solche erkannt. Unbedingt unterartenrein züchten.

0 °C

46–50 cm

12 mm

1–2 Eier

nein

Calyptorhynchus lathami lathami (Nominatform)

Braunkopfkakadu

Englisch: Glossy Black Cockatoo
Französisch: Cacatoès de Latham
Spanisch: Cacatúa lustrosa

Herkunft: Australien
Status Freiland: Gelegentlich.
Status Menschenobhut: Sehr selten.

Geschlechtsunterschiede: Männchen mit dunkelgrauem Schnabel und mit roten Schwanzbinden, Weibchen mit hellerem Schnabel und schwarzen Streifen in den roten Schwanzbinden sowie unterschiedlich ausgeprägte gelbe Federn am Kopf, die den Männchen ganz fehlen.
Haltungsansprüche: Gute Flieger, deshalb sollte die Voliere eine Mindestlänge von 8 m haben, länger wäre besser. Dem Nagebedürfnis entsprechend regelmäßig frische Äste oder morsche Baumstämme zur Beschäftigung anbieten.

Ernährung: Kakadu-Diätfutter, mit Kleinsämereien, Obst-/Gemüsemischung, gerne auch geöffnete Walnüsse, aber nicht mehr als eine pro Tier am Tag.
Zucht: Gelingt bei einigen Züchtern im Ursprungsland Australien regelmäßig, in Europa sehr selten, mehrere oben offene Nisthöhlen zur Auswahl anbieten.
Besonderheiten: In Europa ist derzeit nur eine Haltung bekannt in der es offensichtlich auch schon zur erfolgreichen Nachzucht kam. Dabei dürfte es sich um die Nominatform handeln, die beiden Unterarten C. l. erebus und C. l. halmaturinus werden in Europa wohl nicht gehalten. Es ist sehr fraglich, ob sich mit den wenigen derzeit in Europa vorhandenen Vögeln langfristig ein sich selbst erhaltender Zuchtstamm aufbauen lässt, aber vielleicht gelingt es auch nachgezüchtete Vögel aus Australien zu importieren.

Eolophus roseicapilla roseicapilla (Nominatform)

Rosakakadu

Englisch: Galah
Französisch: Cacatoès rosalbin
Spanisch: Cacatúa galah o. rosada

Herkunft: Australien
Status Freiland: Sehr häufig.
Status Menschenobhut: Regelmäßig.

Geschlechtsunterschiede: Männchen haben schwarze Augen, Weibchen mit rötlicher Iris.
Haltungsansprüche: Die Vögel fliegen gerne, deshalb sollte die Voliere mindestens 4 m, besser länger sein.
Ernährung: Diätfuttermischung mit hohem Anteil kleiner Samen, auch Grassamen, viel Grünfutter, zerlegen gerne ausgestochene Rasenstücke. Verfetten bei zu energiereicher Fütterung sehr schnell und werden träge.
Zucht: Gelingt regelmäßig, sie bauen Nest im Nistkasten. In großen Volieren ist ihre Haltung auch in der Gruppe möglich. Sie benagen gerne Weiden und bauen damit auch ein Nest im Nistkasten.
Besonderheiten: Rosakakdus sind sehr robuste Vögel, deren Stimme nur mäßig laut und meist in den Morgen- und Abendstunden ertönt.
Sie sind auch für Anfänger der Kakaduhaltung geeignet. Es gibt Farbmutationen in Grau, Zimt, Lutino. Neben der Nominatform existieren zwei Unterarten: *E. r. kuhli*, Kuhls Rosakakadu, und *E. r. albiceps*, Westlicher Rosakakadu. In Europa wurde in der Vergangenheit wenig Wert auf Unterartenreinheit gelegt, so dass man in der heutigen Volierenpopulation kaum noch unterartenreine Tiere findet.

0

32 cm

6,0 mm

4–5 Eier

nein

Nymphicus hollandicus

Nymphensittich

Englisch: Cockatiel
Französisch: Calopsitte élégante
Spanisch: Ninfa o. Carolina

Herkunft: Australien
Status Freiland: Sehr häufig.
Status Menschenobhut: Sehr häufig.

Geschlechtsunterschiede: Wildfarbene Männchen haben einen gelben Kopf mit orangefarbenen Wangenfedern, beim Weibchen ist er grau.
Haltungsansprüche: Der Nymphensittich zeichnet sich als anspruchsloser Heimvogel aus, der am besten in der Gruppe in der Voliere, aber auch im Käfig mit täglichem Freiflug im Zimmer gepflegt werden kann. Er ist weitgehend winterhart.
Ernährung: Großsittichfuttermischung, Grünfutter wie Löwenzahn, Grassamenstände direkt aus dem Garten, die Vögel lieben Kolbenhirse.
Zucht: Gelingt sehr häufig, die Tiere sind bereits ab dem achten Lebensmonat zuchtreif.
Besonderheiten: Domestizierte Vögel, die oft schrille Schreie in hohen Tonlagen ausstoßen. Zahlreiche Farbschläge wie Gescheckt, Geperlt, Zimt, Lutino, Albino und viele andere werden inzwischen gezüchtet. Nymphensittiche werden schnell zahm und sind auch gut geeignet, um erste Erfahrungen in der Papageienhaltung und -zucht zu sammeln.

Probosciger aterrimus aterrimus (Nominatform)

Palmkakadu

Englisch: Palm Cockatoo
Französisch: Cacatoès noir
Spanisch: Cacatua palmera

Herkunft: Asien/Australien
Status Freiland: Bedroht.
Status Menschenobhut: Selten.

Geschlechtsunterschiede: Männchen deutlich größer, Weibchen mit kleinerem Schnabel.
Haltungsansprüche: Hoch, die Vögel brauchen viel Platz zum Fliegen und eine Flugvoliere von mindestens 8 m Länge. Viel Frischholz zum Benagen, damit wird auch das Nest im nach oben offenen Nistkasten gebaut.
Ernährung: Fetthaltige Körnerfuttermischung wie für Aras, täglich Nüsse, Palmnüsse, viel Obst und Gemüse, die Vögel lieben Granatäpfel.
Zucht: Gelingt selten, nach oben offenen Nistkasten bieten.
Besonderheiten: Für Halter mit Erfahrung. Palmkakadus pfeifen laut, aber melodisch. Sie sind sehr bewegungsaktiv und zeigen ein abwechslungsreiches Balzverhalten, Jungvögel haben einen hell hornfarbenen Oberschnabel. Die Farbe der roten Wangenhaut zeigt Stimmung an, je tiefer rot, desto besser das Befinden des Tieres, weißliche Wangenhaut ist ein Alarmzeichen. Die Unterart Großer Palmkakadu, *P. a. goliath*, ist mit 68 cm größer. Unbedingt zur unterartenreinen Zucht verwenden, um die Art auch langfristig in den Volieren zu erhalten. Die anderen beiden Unterarten wurden in Europa wohl nicht gehalten oder nicht erkannt.

Zanda funera funera (Nominatform)

Gelbohr-Rabenkakadu

Englisch: Yellow-tailed Black Cockatoo
Französisch: Cacatoès funèbre
Spanisch: Cacatúa fúnebre coliamarilla

Herkunft: Australien
Status Freiland: Regelmäßig.
Status Menschenobhut: Sehr selten.

Geschlechtsunterschiede: Männchen mit schwarzem Oberschnabel, Augenringe rosa fleischfarben, Weibchen mit hornfarbenen Oberschnabel und dunkelgrauem Augenring.
Haltungsansprüche: Hoch, die Vögel brauchen viel Platz zum Fliegen. Um sich wohlzufühlen, sollte eine Flugvoliere von 8 m Länge das Minimum sein, länger wäre besser. Den Vögeln viel Frischholz zum Benagen zur Verfügung stellen.

Ernährung: Diät-Körnerfuttermischung für Kakadus, Obst-/Gemüsemischung.
Zucht: Gelingt sehr selten, dazu den Paaren unterschiedliche, nach oben offene Nistkästen zur Auswahl anbieten.
Besonderheiten: Ihre Lautäußerungen sind mäßig laut, zur Balz wird der Schwanz breit gespreizt. Die Unterart, Tasmanischer Gelbohr-Rabenkakadu, *Zanda f. xanthanota* ist mit 58 cm deutlich kleiner. Die Vögel sollten unbedingt zur Zucht verwendet werden, um die Art langfristig in den europäischen Volieren zu erhalten, dazu benötigt man jeden einzelnen, derzeit vorhandenen Vogel.

Zanda funera xanthanota

Tasmanischer Gelbohr-Rabenkakadu

Englisch: Tasmanian Yellow-tailed Black Cockatoo
Französisch: Cacatoès funébre de Tasman
Spanisch: Cacatúa fúnebre colliamarilla de tasmania

Herkunft: Australien
Status Freiland: Gelegentlich.
Status Menschenobhut: Sehr selten.

Geschlechtsunterschiede: Männchen mit dunkelgrauem schwärzlichen Schnabel, Weibchen mit hellerem Schnabel und schwarzen Punkten in der gelben Schwanzbinde.
Haltungsansprüche: Gute Flieger, deshalb sollte die Voliere eine Mindestlänge von 8 m haben, länger wäre besser. Dem Nagebedürfnis entsprechend regelmäßig frische Äste oder morsche Baumstämme zur Beschäftigung anbieten.
Ernährung: Kakadu-Diätfutter, mit Kleinsämereien, Obst-/Gemüsemischung, gerne auch geöffnete Walnüsse, aber nicht mehr als eine pro Tier am Tag.
Zucht: In Europa sehr selten, mehrere oben offene Nisthöhlen zur Auswahl anbieten.
Besonderheiten: In Europa ist diese Kakaduart nur bei wenigen spezialisierten Züchtern anzutreffen. Im Loro Parque auf Teneriffa gelang 2016 erstmals die Aufzucht, nachdem das Paar schon über 10 Jahre im Bestand war. In Deutschland schon mehrmals nachgezogen. Es ist sehr fraglich, ob sich mit den derzeit wenigen in Europa vorhandenen Vögeln langfristig ein sich selbst erhaltender Zuchtstamm aufbauen lässt, dennoch sollte man es unbedingt versuchen.

0 °C

58 cm

12 mm

1–2 Eier

nein

Zanda latirostris

Carnabys Weißohr-Rabenkakadu

Englisch: White-tailed Black Cockatoo
Französisch: Cacatoès à rectrices blanches
Spanisch: Cacatúa fúnebre piquicorta

Herkunft: Australien
Status Freiland: Bedroht, 60 000 Tiere, Tendenz abnehmend.
Status Menschenobhut: Sehr selten.

Geschlechtsunterschiede: Männchen mit schwarzem, Weibchen mit hornfarbenen Oberschnabel.
Haltungsansprüche: Hoch, die Vögel brauchen viel Platz zum Fliegen und um sich wohlzufühlen eine Flugvoliere von Minimum 8 m Länge, länger wäre besser. Außerdem den Kakadus regelmäßig viel Frischholz zum Benagen zur Verfügung stellen.

Ernährung: Diät-Körnerfuttermischung für Kakadus, Obst-/Gemüsemischung.
Zucht: Gelingt sehr selten, dazu den Paaren unterschiedliche, oben offene Nistkästen zur Auswahl anbieten.
Besonderheiten: ihre Lautäußerungen sind nur mäßig laut, die Vögel zeigen bei der Balz den gefächerten Schwanz. Die Schwesterart Baudins Weißohr-Rabenkakadu, *Zanda baudinii* besitzt einen länglicheren, dünneren Schnabel. Unbedingt beide Arten artenrein züchten, um langfristig diese in Europa zu erhalten, sind dazu alle vorhandenen Tiere notwendig.

Chalcopsitta atra atra (Nominatform)

Schwarzlori

Englisch: Black Lory
Französisch: Loro noir
Spanisch: Lori negro

Herkunft: Asien
Status Freiland: Häufig.
Status Menschenobhut: Selten.

Geschlechtsunterschiede: Die Weibchen sind geringfügig kleiner, ansonsten sind die Geschlechter gleich gezeichnet.
Haltungsansprüche: Eine 3 m lange Voliere sollte als als Mindestgröße angesehen werden.
Ernährung: Loribrei und Obstmischung, verschiedene Blüten.
Zucht: Gelingt gelegentlich, dazu wird von den Paaren ein hochformatiger Nistkasten bevorzugt.

Besonderheiten: Für Schwarzloris wird paarweise Unterbringung empfohlen. Es existieren zwei weitere Unterarten: *C. a. bernsteini*, der in Europa in Menschenhand praktisch nicht mehr vorhanden ist, und *C. a. insignis*, der separat im Porträt vorgestellt wird. Diese Loris sollten unbedingt unterartenrein gezüchtet werden.

10 °C

31 cm

7,0 mm

2 Eier

nein

Chalcopsitta atra insignis

Sammetlori

Englisch: Rajah Lory
Französisch: Lori rajah
Spanisch: Lori rajah

Herkunft: Asien
Status Freiland: Häufig.
Status Menschenobhut: Selten.

Geschlechtsunterschiede: Keine.
Haltungsansprüche: Eine Voliere von 3 m Länge sollte als Mindestgröße für die Sammetloris angesehen werden.
Ernährung: Loribrei und Obstmischung, verschiedene Blüten.
Zucht: Gelingt selten, dabei wird ein hochformatiger Nistkasten von den Vögeln bevorzugt.
Besonderheiten: Für die Sammetloris wird die paarweise Unterbringung empfohlen. Zum Erhalt dieser Unterart sollte unbedingt eine unterartenreine Zucht in Menschenobhut angestrebt werden.

Chalcopsitta cardinalis

Kardinallori

Englisch: Cardinal Lory
Französisch: Lori cardinal
Spanisch: Lori cardenal

Herkunft: Asien
Status Freiland: Häufig.
Status Menschenobhut: Gelegentlich.

Geschlechtsunterschiede: Keine.
Haltungsansprüche: Eine 3 m lange Voliere sollte als Mindestgröße angesehen werden.
Ernährung: Loribrei und Obstmischung, Blüten.
Zucht: Gelingt gelegentlich, ein hochformatiger Nistkasten wird von den Vögeln bevorzugt.
Besonderheiten: Kardinalloris haben eine laute Stimme, die sie auch sehr oft hören lassen. Es wird eine paarweise Unterbringung für sie empfohlen. Gegenüber anderen Loriarten können sie sehr aggressiv werden. Wegen ihrer intensiven Färbung sind sie bei Züchtern sehr begehrt.

Chalcopsitta duivenbodei duivenbodei (Nominatform)

Braunlori

Englisch: Duyvenbode's Lory
Französisch: Lori de Duyvenbode
Spanisch: Lori pardo

Herkunft: Asien
Status Freiland: Selten.
Status Menschenobhut: Gelegentlich.

Geschlechtsunterschiede: Den Weibchen fehlt in der Regel der gelbe Anflug auf den äußeren Schwanzfedern.
Haltungsansprüche: Ein 3 m lange Voliere sollte als das Mindestmaß angesehen werden. Braunloris nagen viel, duschen und baden gerne täglich.
Ernährung: Loribrei und Obstmischung, Blüten.
Zucht: Gelingt gelegentlich, die Vögel bevorzugen dabei eher einen hochformatigen Nistkasten.

Besonderheiten: Es sind laute Vögel mit durchdringender Stimme. Zur Brutzeit sollten sie nur paarweise gehalten werden, weil sie in dieser Zeit aggressiv sind. Es existiert eine weitere Unterart, *C. d. syringanuchalis*, Neumanns Braunlori, die aber derzeit wohl in der Haltung nicht in Europa vorhanden ist.

Chalcopsitta scintillata scintillata (Nominatform)

Schimmerlori

Englisch: Yellow-streaked Lory
Französisch: Lori flamméché
Spanisch: Lori chispeado

Herkunft: Asien
Status Freiland: Häufig.
Status Menschenobhut: Gelegentlich.

Geschlechtsunterschiede: Weibchen zeigen weniger Rot auf der Stirn.
Haltungsansprüche: Eine 3 m lange Voliere sollte als Mindestgröße angesehen werden.
Ernährung: Loribrei und Obstmischung, Blüten.
Zucht: Gelingt gelegentlich, den Vögeln dazu einen hochformatigen Nistkasten zur Verfügung stellen.
Besonderheiten: Die paarweise Unterbringung wird für die Schimmerloris empfohlen. Es sind laute Vögel mit durchdringender Stimme. Neben der Nominatform existieren zwei weitere Unterarten: *C. s. chloroptera*, Grünstrichel-Schimmerlori, und *C. s. rubrifrons*, Aru-Schimmerlori, die derzeit wohl nicht in Europa vorhanden sind.

15 °C

24 cm

5,5 mm

2 Eier

nein

Charmosyna josephinae josephinae (Nominatform)

Josephinenlori

Englisch: Josephine's Lorikeet
Französisch: Lori Joséphine
Spanisch: Lori de Josefina

Herkunft: Asien
Status Freiland: Regelmäßig.
Status Menschenobhut: Gelegentlich.

Geschlechtsunterschiede: Weibchen haben gelbe Flecken auf beiden Seiten des Unterrückens.
Haltungsansprüche: Eine 3 m lange Voliere gilt als Mindestgröße. Viele bewegliche Elemente sollten in der Voliere angebracht werden, denn die Loris sind sehr bewegungsaktiv.
Ernährung: Lorinektar und Obstmischung, Trockenpulver auf Getreideflockenbasis für Loris, Blüten.
Zucht: Gelingt gelegentlich, den Vögeln mehrere Nistkästen zur Auswahl anbieten.
Besonderheiten: Paarweise Unterbringung wird empfohlen. Es handelt sich um leise Papageien, die sehr bewegungsaktiv und verspielt sind. Neben der Nominatform gibt es die beiden Unterarten *C. j. sepikiana* und *C. j. cyclopum*. In Europa ist meist die Unterart *C. j. sepikiana* vorhanden. Unbedingt unterartenrein züchten.

Charmosyna multistriata

Vielstrichellori

Englisch: Striated Lorikeet
Französisch: Lori strié
Spanisch: Lori estriado

Herkunft: Asien
Status Freiland: Selten.
Status Menschenobhut: Sehr selten.

Geschlechtsunterschiede: Keine.
Haltungsansprüche: Voliere von einem Kubikmeter Rauminhalt sollte als Mindestgröße angesehen werden. Zur Beschäftigung für die Vögel viele bewegliche Elemente in der Voliere anbringen.
Ernährung: Lorinektar und Obstmischung, Blüten.
Zucht: Gelingt sehr selten. Den Vögeln mehrere Nistkästen zur Auswahl anbieten.

Besonderheiten: Paarweise Unterbringung wird empfohlen. Es sind leise Papageien, sehr bewegungsaktiv und verspielt. Die Zucht sollte man unbedingt versuchen, denn es gibt nur noch sehr wenige Exemplare in Menschenobhut. Da keine neuen Tiere aus ihrer Heimat mehr eingeführt werden dürfen, wird diese Vogelart in Kürze in Europa sonst wohl bald verschwunden sein.

Charmosyna placentis placentis (Nominatform)

Schönlori

Englisch: Red-flanked Lorikeet
Französisch: Lori coquet
Spanisch: Lori flanquirrojo

Herkunft: Asien
Status Freiland: Häufig.
Status Menschenobhut: Regelmäßig.

Geschlechtsunterschiede: Die Weibchen sind ohne Rot an Wangen, Flanken und Unterflügeldecken, ihre Ohrdecken mit gelber Strichelzeichnung.
Haltungsansprüche: Eine ein Kubikmeter große Voliere gilt als Mindestmaß. Viele bewegliche Elemente sollten in der Voliere angebracht werden, da die Vögel sehr bewegungsaktiv sind.
Ernährung: Lorinektar und Obstmischung, Trockenpulver, Blüten.
Zucht: Gelingt regelmäßig, dazu den Paaren mehrere Nistkästen zur Auswahl zur Verfügung stellen.
Besonderheiten: Eine paarweise Unterbringung wird empfohlen. Diese Papageien sind leise, aktiv und verspielt. Neben der Nominatform existieren vier weitere Unterarten: *C. p. intensior*, Halmahera-Schönlori; *C. p. ornata*, Blaubürzeliger Schönlori; *C. p. pallidor*, Salomonen-Schönlori und *C. p. subplacentis*, Grünbürzeliger Schönlori. Daher sollte bei der Zucht auf Unterartenreinheit geachtet werden.

Charmosyna placentis subplacentis

Grünbürzeliger Schönlori

Englisch: Sclater's Red-flanked Lorikeet
Französisch: Loriquet de Sclater
Spanisch: Lori de flancos rojos

Herkunft: Asien
Status Freiland: Häufig.
Status Menschenobhut: Selten.

Geschlechtsunterschiede: Weibchen ohne Rot an Wangen, Flanken und Unterflügeldecken, die Ohrdecken mit gelber Strichelzeichnung.
Haltungsansprüche: Eine Voliere von mindestens einem Kubikmeter Rauminhalt gilt als Minimum. Viele bewegliche Elemente sollten in der Voliere angebracht werden, um den sehr bewegungsaktiven Vögeln gerecht zu werden.
Ernährung: Lorinektar und Obstmischung, Trockenpulver, Blüten.
Zucht: Gelingt selten, den Loris mehrere Nistkästen zur Auswahl anbieten.
Besonderheiten: Paarweise Unterbringung wird empfohlen. Es handelt sich um leise, sehr aktive und verspielte Papageien. Sie sind gefärbt wie Nominatform, aber das Bürzelgefieder ist grün ohne blauen Fleck. Bei der Zucht sollte unbedingt auf Unterartenreinheit geachtet werden.

20 °C

18 cm

4,5 mm

2 Eier

nein

Charmosyna pulchella pulchella (Nominatform)

Goldstrichellori

Englisch: Fairy Lorikeet
Französisch: Lori féérique
Spanisch: Lori lindo

Herkunft: Asien
Status Freiland: Regelmäßig.
Status Menschenobhut: Sehr selten.

Geschlechtsunterschiede: Die Weibchen haben einen gelben Fleck auf dem Unterrücken.
Haltungsansprüche: Eine Voliere von einem Kubikmeter Rauminhalt gilt als Mindestgröße, mit vielen beweglichen Elementen innerhalb der Voliere, da die Vögel sehr bewegungsaktiv sind.
Ernährung: Lorinektar und Obstmischung, Trockenpulver, Blüten.
Zucht: Gelingt selten, den Paaren mehrere Nistkästen zur Auswahl anbieten.

Besonderheiten: Paarweise Unterbringung wird empfohlen. Diese leisen Papageien sind sehr aktiv und verspielt. Es gibt noch die Unterart *C. p. rothschildi*, Harterts Goldstrichellori, die sich durch ein breites grünes Brustband mit gelber Strichelzeichnung unterscheidet. Bei der Zucht auf Unterartenreinheit achten! Beide Unterarten sind nur in wenigen Exemplaren in Menschenobhut vorhanden, deshalb unbedingt zur Zucht einsetzen, um sie zu erhalten!

Charmosyna rubronotata

Rotbürzellori

Englisch: Red-spotted Lorikeet
Französisch: Lori à front rouge
Spanisch: Lori frentirrojo

Herkunft: Asien
Status Freiland: Regelmäßig.
Status Menschenobhut: Selten.

Geschlechtsunterschiede: Die Weibchen sind ohne Rot auf der Stirn, die Ohrdecken zeigen gelbe Strichelzeichnung.
Haltungsansprüche: Ein Kubikmeter Rauminhalt für die Voliere gilt als Mindestgröße. Viele bewegliche Elemente in der Voliere anbringen, da die Vögel sehr bewegungsaktiv sind.
Ernährung: Lorinektar und Obstmischung, Trockenpulver auf Getreideflockenbasis für Loris, verschiedene Blüten.
Zucht: Gelingt selten, dazu den Paaren mehrere Nistkästen zur Auswahl zur Verfügung stellen.
Besonderheiten: Paarweise Unterbringung wird empfohlen, es sind keine Anfängervögel. Es handelt sich um leise Papageien, die sehr agil und verspielt sind. Unbedingt eine Zucht versuchen, um einen gesicherten Bestand in Menschenobhut aufzubauen. Es existiert eine Unterart, *C. r. kordoana*, der Biak-Rotstirnlori, der aber derzeit wohl nicht in Europa gehalten wird.

10 °C

45 cm

6,0 mm

2 Eier

nein

Charmosyna stellae goliathina

Mount-Goliath-Papualori

Englisch: Papuan Lory
Französisch: Lori papou
Spanisch: Lori rabilargo

Herkunft: Asien
Status Freiland: Häufig.
Status Menschenobhut: Häufig.

Geschlechtsunterschiede: Bei den Weibchen sind Unterrücken und Flanken gelb gefärbt.
Haltungsansprüche: Eine 3 m lange Voliere gilt als Mindestgröße. Viele bewegliche Elemente in der Voliere anbringen, da die Vögel sehr bewegungsaktiv sind.
Ernährung: Lorinektar und Obstmischung, Trockenpulver, Blüten.
Zucht: Gelingt häufig, den Vögeln mehrere Nistkästen zur Auswahl anbieten.

Besonderheiten: Paarweise Unterbringung wird empfohlen. Es sind leise Papageien, sehr aktiv und verspielt. Der Mount-Goliath-Papualori kommt in zwei Erscheinungsformen vor, einer roten und einer melanistischen, also schwarzen. Sowohl Männchen als auch Weibchen treten in beiden Farbmorphen auf. Neben der beschriebenen und der Nominatform gibt es zwei weitere Unterarten: *C. s. stellae*, Stellas Papualori, und *C. s. wahnesi*, Wahnes-Papualori, die aber nicht in Menschenobhut gepflegt werden oder nicht als solche erkannt worden sind.

Eos bornea bornea (Nominatform)

Rotlori

Englisch: Red Lory
Französisch: Lori écarlate
Spanisch: Lori rojo

Herkunft: Asien
Status Freiland: Regelmäßig.
Status Menschenobhut: Regelmäßig.

Geschlechtsunterschiede: Keine.
Haltungsansprüche: Eine 3 m lange Voliere sollte als Mindestgröße angesehen werden.
Ernährung: Loribrei und Obstmischung, verschiedene Blüten.
Zucht: Gelingt regelmäßig.
Besonderheiten: Es wird eine paarweise Unterbringung empfohlen. Der Rotlori zeigt gelegentlich Gefiederprobleme wie Rupfen. Die Unterart *E. b. cyanonothas* zeigt dunkleres Rot und ist mit 28 cm kleiner als die Nominatform. Sie wird aber oft nicht erkannt und mit dieser verwechselt, daher unbedingt unterartenrein züchten.

Eos cyanogenia

Blauohrlori

Englisch: Black-winged Lory
Französisch: Lori à joues bleues
Spanisch: Lori alinegro

Herkunft: Asien
Status Freiland: Bedroht, 2500–10 000 Tiere, Tendenz abnehmend.
Status Menschenobhut: Sehr selten.

Geschlechtsunterschiede: Keine.
Haltungsansprüche: Eine 3 m lange Voliere sollte als Mindestgröße betrachtet werden.
Ernährung: Loribrei und Obstmischung, Blüten.
Zucht: Gelingt selten, ein hochformatiger Nistkasten wird von den Vögeln bevorzugt.
Besonderheiten: Die Blauohrloris haben eine laute Stimme, die sie hören lassen. Paarweise Unterbringung wird empfohlen. Unbedingt zur Zucht verwenden, um einen, sich langfristig selbst erhaltenden Zuchtstamm aufzubauen. Noch sind dazu genügend Tiere in Menschenobhut vorhanden, wenn auch der Bestand schon weitgehend überaltert ist.

Eos histrio histrio (Nominatform)

Diademlori

Englisch: Red and Blue Lory
Französisch: Lori harlekin
Spanisch: Lori de las Sangihe

Herkunft: Asien
Status Freiland: Bedroht, 5000–10 000 Tiere, Tendenz abnehmend.
Status Menschenobhut: Selten.

Geschlechtsunterschiede: Keine.
Haltungsansprüche: Eine 3 m lange Voliere sollte als Mindestgröße angesehen werden.
Ernährung: Loribrei und Obstmischung, Blüten.
Zucht: Gelingt selten.
Besonderheiten: Paarweise Unterbringung wird empfohlen. Diademloris sollten unbedingt zur unterartenreinen Zucht eingesetzt werden, um einen Bestand in Menschenobhut als Reservepopulation für die bedrohte Art im Freiland aufzubauen. Neben der Nominatform existiert eine Unterart *Eos h. talautensis*, der Talaud-Diademlori, der aber derzeit wohl nicht in Europa vorhanden ist oder nicht als solcher erkannt wurde.

10 °C

31 cm

6,5 mm

2 Eier

nein

Eos reticulata

Blaustrichellori

Englisch: Blue-streaked Lory
Französisch: Lori réticulé
Spanisch: Lori de las Tanimbar

Herkunft: Asien
Status Freiland: Regelmäßig.
Status Menschenobhut: Gelegentlich.

Geschlechtsunterschiede: Keine.
Haltungsansprüche: Eine 3 m lange Voliere sollte als Mindestgröße für die Blaustrichelloris betrachtet werden.
Ernährung: Loribrei und Obstmischung, verschiedene Blüten.
Zucht: Gelingt gelegentlich.
Besonderheiten: Paarweise Unterbringung wird empfohlen. Die Blaustrichelloris schlafen im Nistkasten. Zur Bestandserhaltung sollten unbedingt alle vorhandenen Tiere zur Zucht verwendet werden, denn die derzeitige Population in Menschenobhut erscheint teilweise überaltert.

Eos semilarvata

Halbmaskenlori

Englisch: Blue-eared Lory
Französisch: Lori masqué
Spanisch: Lori de Seram

Herkunft: Asien
Status Freiland: Regelmäßig.
Status Menschenobhut: Selten.

Geschlechtsunterschiede: Keine.
Haltungsansprüche: Eine 3 m lange Voliere sollte als Mindestgröße betrachtet werden.
Ernährung: Loribrei und Obstmischung, verschiedene Blüten.
Zucht: Gelingt selten.
Besonderheiten: Eine paarweise Unterbringung wird empfohlen. Halbmaskenloris sind erst seit einigen Jahren bei wenigen spezialisierten Lorizüchtern im Bestand und die Zucht sollte deshalb unbedingt zum Aufbau und zur Sicherung des Bestands angestrebt werden.

10 °C

26 cm

6,0 mm

2 Eier

nein

Eos squamata riciniata

Bechsteins Kapuzenlori

Englisch: Bechstein's Violet-necked Lory
Französisch: Lori à nuque violette de Bechstein
Spanisch: Lori rojo acollarado

Herkunft: Asien
Status Freiland: Häufig.
Status Menschenobhut: Selten.

Geschlechtsunterschiede: Keine.
Haltungsansprüche: Eine 3 m lange Voliere sollte als Mindestgröße angesehen werden.
Ernährung: Loribrei und Obstmischung, Blüten.
Zucht: Gelingt selten.
Besonderheiten: Die paarweise Unterbringung wird empfohlen. Bechsteins Kapuzenloris sollten unbedingt zur unterartenreinen Zucht eingesetzt werden, um den geringen Bestand in Menschenobhut zu erhalten. Vorsicht, es existieren einige Mischlinge zwischen den Unterarten, die oft als *E. s. riciniata* angeboten werden.

Eos squamata squamata (Nominatform)

Kapuzenlori

Englisch: Violet-necked Lory
Französisch: Lori écaillé
Spanisch: Lori escamoso

Herkunft: Asien
Status Freiland: Häufig.
Status Menschenobhut: Sehr selten.

Geschlechtsunterschiede: Keine.
Haltungsansprüche: Eine 3 m lange Voliere sollte als Mindestgröße angesehen werden.
Ernährung: Loribrei und Obstmischung, Blüten.
Zucht: Gelingt selten.
Besonderheiten: Paarweise Unterbringung wird empfohlen. Kapuzenloris sollten unbedingt zur unterartenreinen Zucht eingesetzt werden, um den geringen Bestand in Menschenobhut zu erhalten. Neben der Nominatform existieren zwei weitere Unterarten, *E. s. obiensi*, der Obi-Kapuzenlori, wird in Europa nur noch sehr selten in Menschenobhut gehalten und *E. s. riciniata*, Bechsteins Kapuzenlori, siehe dort.

10 °C

22 cm

5,5 mm

2 Eier

nein

Glossopsitta concinna concinna (Nominatform)

Moschuslori

Englisch: Musk Lorikeet
Französisch: Lori à bandeau rouge
Spanisch: Lori almizclero

Herkunft: Australien
Status Freiland: Häufig.
Status Menschenobhut: Regelmäßig.

Geschlechtsunterschiede: Weibchen etwas blasser im Gefieder und weniger ausgedehnte Scheitelzeichnung
Haltungsansprüche: Eine 3 m lange Voliere sollte als Mindestgröße angesehen werden. Viele bewegliche Elemente in der Voliere anbringen.
Ernährung: Loribrei und Obstmischung, Blüten, wenige Kleinsämereien.
Zucht: Gelingt regelmäßig, den Vögeln mehrere Nistkästen zur Auswahl anbieten.

Besonderheiten: Für die Moschusloris wird eine paarweise Unterbringung empfohlen. Diese leisen Papageien sind sehr bewegungsaktiv und verspielt. Die Unterart *G. c. didimus* wird wohl in Europa nicht gehalten oder als solche erkannt.

Lorius chlorocercus

Grünschwanzlori

Englisch: Yellow-bibbed Lory
Französisch: Lori à collier jaune
Spanisch: Lori acollarado

Herkunft: Asien
Status Freiland: Häufig.
Status Menschenobhut: Häufig.

Geschlechtsunterschiede: Keine.
Haltungsansprüche: Eine 3 m lange Voliere sollte als Mindestgröße angesehen werden.
Ernährung: Loribrei und Obstmischung, verschiedene Blüten.
Zucht: Gelingt regelmäßig, den Loris mehrere Nistkästen zur Auswahl geben.
Besonderheiten: Es wird paarweise Unterbringung empfohlen. Der Grünschwanzlori ist wegen seiner Vielfarbigkeit einer der beliebtesten Loriarten, die in Menschenobhut existieren. Er lernt auch, einige Worte und Pfiffe nachzuahmen.

Lorius domicella

Erzlori

Englisch: Purple-naped Lory
Französisch: Lori des dames
Spanisch: Lori damisela

Herkunft: Asien
Status Freiland: Bedroht, 2500–10 000 Tiere, Tendenz abnehmend.
Status Menschenobhut: Selten.

Geschlechtsunterschiede: Keine.
Haltungsansprüche: Eine 3 m lange Voliere sollte als Mindestgröße angesehen werden.
Ernährung: Loribrei und Obstmischung, Blüten.
Zucht: Gelingt regelmäßig, den Vögeln mehrere Nistkästen zur Auswahl geben.
Besonderheiten: Es wird paarweise Unterbringung empfohlen. Da die Erzloris im Freiland bedroht sind, sollte in Menschenobhut mehr Wert auf den Aufbau eines gut züchtenden, sich selbst erhaltenden Bestandes gelegt werden, noch sind genügend Tiere dafür vorhanden.

Lorius garrulus flavopalliatus

Prachtgelbmantellori

Englisch: Yellow-backed Lory
Französisch: Lori à dos jaune
Spanisch: Lori de espalda dorada

Herkunft: Asien
Status Freiland: Bedroht.
Status Menschenobhut: Regelmäßig.

Geschlechtsunterschiede: Keine.
Haltungsansprüche: Eine 3 m lange Voliere sollte als Mindestgröße angesehen werden.
Ernährung: Loribrei und Obstmischung, Blüten.
Zucht: Gelingt regelmäßig, mehrere Nistkästen anbieten.
Besonderheiten: Es wird paarweise Unterbringung empfohlen. Die Vögel sind laut und können aggressiv sein, zur Brutzeit nicht mit anderen Loris oder anderen Papageien in einer Voliere halten. Da bedroht, sollte in Menschenobhut Wert auf den Aufbau eines sich selbst erhaltenden Bestandes gelegt werden. Der Prachtgelbmantellori ist der häufigste der drei Unterarten in Menschenobhut, sein gelber Nackenfleck ist am stärksten ausgedehnt.

10 °C

30 cm

7,5 mm

2 Eier

nein

Lorius garrulus garrulus (Nominatform)

Gelbmantellori

Englisch: Chattering Lory
Französisch: Lori noira
Spanisch: Lori gárrulo

Herkunft: Asien
Status Freiland: Bedroht, 31 000–220 000 Tiere, Tendenz abnehmend.
Status Menschenobhut: Gelegentlich.

Geschlechtsunterschiede: Keine.
Haltungsansprüche: Eine 3 m lange Voliere sollte als Mindestgröße angesehen werden.
Ernährung: Loribrei und Obstmischung, Blüten.
Zucht: Gelingt gelegentlich, den Vögeln mehrere Nistkästen zur Auswahl anbieten.
Besonderheiten: Es wird paarweise Unterbringung empfohlen. Gelbmantelloris haben eine laute Stimme, können aggressiv sein und sollten zur Brutzeit nicht mit anderen Loris oder anderen Papageien in einer Voliere gehalten werden. Da im Freiland bedroht, sollte Wert auf den Aufbau eines sich selbst erhaltenden Bestandes gelegt werden. Neben der Nominatform werden zwei weitere Unterarten gehalten, die in den folgenden Portraits vorgestellt werden. Bei der Zucht auf Unterartenreinheit achten.

Lorius garrulus morotaianus

Morotai-Gelbmantellori

Englisch: Morotai Yellow-backed Lory
Französisch: Lori de Morotai
Spanisch: Lori espalda dorada de Morotai

Herkunft: Asien
Status Freiland: Bedroht.
Status Menschenobhut: Selten.

Geschlechtsunterschiede: Keine.
Haltungsansprüche: Eine 3 m lange Voliere sollte als Mindestgröße angesehen werden.
Ernährung: Loribrei und Obstmischung, Blüten.
Zucht: Gelingt selten, den Vögeln mehrere Nistkästen zur Auswahl geben.
Besonderheiten: Paarweise Unterbringung wird empfohlen. Diese lauten Loris können aggressiv sein, zur Brutzeit nicht mit anderen Loris oder anderen Papageien in einer Voliere halten. Da im Freiland bedroht, sollte in Menschenobhut Wert auf den Aufbau eines gut züchtenden Bestandes gelegt werden. Der Morotai-Gelbmantellori ist seltenste der drei Unterarten in Menschenobhut, er hat einen weniger stark ausgedehnten gelben Nackenfleck.

Lorius hypoinochrous devittatus

Fergusson-Schwarzsteißlori

Englisch: Fergusson Island Lory
Französisch: Lori à ventre violet
Spanisch: Lori ventrivinoso

Herkunft: Asien
Status Freiland: Häufig.
Status Menschenobhut: Selten.

Geschlechtsunterschiede: Keine.
Haltungsansprüche: Eine 3 m lange Voliere sollte als Mindestgröße angesehen werden.
Ernährung: Loribrei und Obstmischung, Blüten.
Zucht: Gelingt gelegentlich, den Vögeln mehrere Nistkästen zur Auswahl anbieten.
Besonderheiten: Es wird paarweise Unterbringung empfohlen. Der Fergusson-Schwarzsteißlori ist erst seit einigen Jahren bei sehr wenigen spezialisierten Züchtern in Europa in der Haltung. Die Nominatform sowie die Unterart *L. h. rosselianus* werden derzeit in Europa überhaupt nicht gehalten.

Lorius lory erythrothorax

Salvadori-Frauenlori

Englisch: Red-breasted Lory
Französisch: Lori à gorge rouge
Spanisch: Lori de casco negro y pecho rojo

Herkunft: Asien
Status Freiland: Häufig.
Status Menschenobhut: Gelegentlich.

Geschlechtsunterschiede: Keine.
Haltungsansprüche: Eine 3 m lange Voliere sollte als Mindestgröße angesehen werden.
Ernährung: Loribrei und Obstmischung, Blüten.
Zucht: Gelingt gelegentlich, den Vögeln mehrere Nistkästen zur Auswahl geben.
Besonderheiten: Es wird paarweise Unterbringung empfohlen. Der Salvadori-Frauenlori unterscheidet sich von der Nominatform mit seiner dunkelblauen Oberbrust durch den roten unteren Brustbereich und rote Unterflügeldecken. Es gibt bereits viele Unterartenhybriden in Menschenobhut, also unbedingt unterartenrein züchten.

Lorius lory lory (Nominatform)

Frauenlori

Englisch: Black-capped Lory
Französisch: Lori tricolore
Spanisch: Lori charlatan tricolor

Herkunft: Asien
Status Freiland: Häufig.
Status Menschenobhut: Gelegentlich.

Geschlechtsunterschiede: Keine.
Haltungsansprüche: Eine 3 m lange Voliere sollte als Mindestgröße angesehen werden.
Ernährung: Loribrei und Obstmischung, Blüten.
Zucht: Gelingt gelegentlich, die Vögel sollten mehrere Nistkästen zur Auswahl haben.
Besonderheiten: Es wird paarweise Unterbringung empfohlen. Neben der Nominatform existieren sechs weitere Unterarten des Frauenloris, von denen einer in folgenden Porträts beschrieben wird. Bei der Zucht sollte auf Unterartenreinheit geachtet werden, denn es gibt viele Unterartenhybriden in Menschenobhut, die aus Unkenntnis entstanden sind. Daher sind sie oft schwer zu unterscheiden.

Neopsittacus musschenbroekii musschenbroekii (Nominatform)

Gualori

Englisch: Musschenbroeks Lori
Französisch: Lori de Musschenbroek
Spanisch: Lori alpino mayor

Herkunft: Asien
Status Freiland: Häufig.
Status Menschenobhut: Selten.

Geschlechtsunterschiede: Keine.
Haltungsansprüche: Eine zwei Kubikmeter große Voliere gilt als Minimum. Dazu sollten viele bewegliche Elemente in der Voliere angebracht werden, denn die Vögel sind sehr bewegungsaktiv.
Ernährung: Lorinektar und Früchtemischung, Trockenpulver, Blüten, wenige kleine Sämereien.
Zucht: Gelingt selten, den Vögeln mehrere Nistkästen zur Auswahl anbieten.
Besonderheiten: Es wird paarweise Unterbringung empfohlen. Die leisen Papageien sind sehr agil und verspielt, sie neigen zum Rupfen. Die Unterart *N. m. major* wird wohl nicht in Europa gehalten, oder wird zumindest nicht als solche erkannt. Die Zucht sollte zum Aufbau eines gesicherten Bestandes im Vordergrund stehen.

15 °C

18 cm

5,0 mm

2 Eier

nein

Neopsittacus pullicauda pullicauda (Nominatform)

Smaragd-Gualori

Englisch: Emerald Lorikeet
Französisch: Lori émeraude
Spanisch: Lori alpino menor

Herkunft: Asien
Status Freiland: Häufig.
Status Menschenobhut: Gelegentlich.

Geschlechtsunterschiede: Keine.
Haltungsansprüche: Eine einen Kubikmeter große Voliere gilt als Mindestgröße. Es sollten viele bewegliche Elemente in der Voliere für die bewegungsaktiven Vögel angebracht werden.
Ernährung: Lorinektar und Früchtemischung, Trockenpulver auf Getreideflockenbasis für Loris, Blüten, wenige kleine Sämereien.
Zucht: Gelingt gelegentlich, den Vögeln mehrere Nistkästen zur Auswahl anbieten.

Besonderheiten: Es wird paarweise Unterbringung empfohlen. Die leisen Papageien sind äußerst agil und verspielt, sie neigen zum Rupfen. Unterart *N. p. alpinus* wird gelegentlich gehalten, Brust blasser und orangerot, Unterart *N. p. socialis* werden nicht in Europa gehalten oder wurden nicht als solche erkannt. Unbedingt unterartenrein züchten.

Oreopsittacus arfaki major

Großer Bergzierlori

Englisch: Whiskered Lorikeet
Französisch: Lori bridé
Spanisch: Lori bigotudo

Herkunft: Asien
Status Freiland: Häufig.
Status Menschenobhut: Selten.

Geschlechtsunterschiede: Bei den Weibchen sind Stirn und Scheitel grün.
Haltungsansprüche: Eine einen Kubikmeter große Voliere als Mindestmaß. Viele bewegliche Elemente in der Voliere anbringen.
Ernährung: Lorinektar und süße Äpfel wie Golden Delicious, Trockenpulver, Blüten.
Zucht: Gelingt regelmäßig, den Vögeln mehrere Nistkästen zur Auswahl anbieten. Mehrere Bruten im sind Jahr möglich.

Besonderheiten: Es wird paarweise Unterbringung empfohlen. Diese Papageien sind sehr bewegungsfreudig und verspielt. Von den drei Unterarten *Oreopsittacus arfaki arfaki*, Arfakbergzierlori, *O. a. grandis*, Südlicher Bergzierlori, wird höchstwahrscheinlich nur *O. a. major* in Europa gehalten.

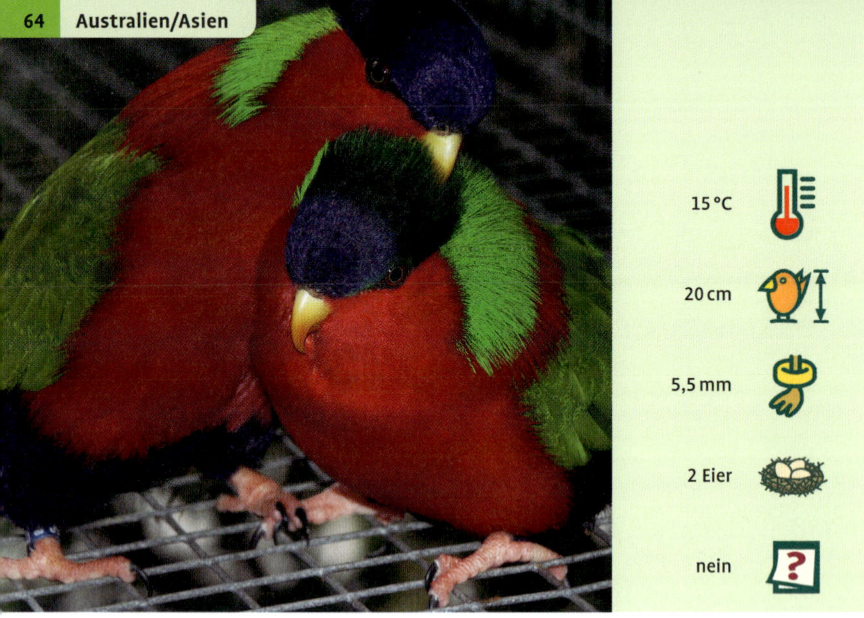

15 °C

20 cm

5,5 mm

2 Eier

nein

Phigys solitarius

Einsiedlerlori

Englisch: Collared Lory
Französisch: Lori de Fidji
Spanisch: Lori solitario

Herkunft: Asien
Status Freiland: Häufig.
Status Menschenobhut: Gelegentlich.

Geschlechtsunterschiede: Weibchen zeigen mehr Grün am Kragen.
Haltungsansprüche: Eine 3 m lange Voliere sollte als Mindestgröße angesehen werden. Die Vögel sind sehr bewegungsaktiv, daher die Voliere entsprechend einrichten, sonst besteht das Risiko, dass die Vögel verfetten.
Ernährung: Loribrei und Obstmischung, Blüten.
Zucht: Gelingt gelegentlich, Einsiedlerloris bevorzugen zweikammrige, querformatige Nistkästen. Es sind mehrere Gelege pro Jahr möglich.
Besonderheiten: Paarweise Unterbringung wird empfohlen, die Vögel können in zu kleinen Volieren aggressiv sein. Bis vor wenigen Jahren gehörten diese Loris zu den absoluten Raritäten, inzwischen gibt es einen kleinen etablierten Bestand bei spezialisierten Züchtern in Europa. Ihr Gefieder zeigt in der Sonne eine wunderbare Brillanz.

Pseudeos fuscata

Weißbürzellori

Englisch: Dusky Lory
Französisch: Lori sombre
Spanisch: Lori sombrío

Herkunft: Asien
Status Freiland: Häufig.
Status Menschenobhut: Regelmäßig.

Geschlechtsunterschiede: Keine.
Haltungsansprüche: Eine 3 m lange Voliere sollte als Mindestgröße angesehen werden.
Ernährung: Loribrei und Obstmischung, Blüten.
Zucht: Gelingt regelmäßig, ein hochformatiger Nistkasten wird von den Vögeln bevorzugt.
Besonderheiten: Es wird eine paarweise Unterbringung empfohlen. Die Art kommt in drei Farbvarianten vor: Rot, Orange und Gelb. Dabei handelt es sich nicht um Unterarten, sondern um Farbmorphen, die auch untereinander verpaart werden können. Können gegenüber anderen Loriarten aggressiv werden. Die laute Stimme kann unangenehm empfunden werden, ansonsten sehr verspieltes Verhalten.

Psitteuteles goldiei

Veilchenlori

Englisch: Goldie's Lorikeet
Französisch: Loriquet de Goldei
Spanisch: Lori de Goldie

Herkunft: Asien
Status Freiland: Regelmäßig.
Status Menschenobhut: Häufig.

Geschlechtsunterschiede: Weibchen mit matterem und weniger ausgedehntem Rot auf Stirn und Scheitel.
Haltungsansprüche: Eine einen Kubikmeter große Voliere als Mindestmaß.
Ernährung: Loribrei und Obstmischung, verschiedene Blüten.
Zucht: Gelingt häufig, den Vögeln mehrere Nistkästen in für Wellensittiche geeigneter Größe zur Auswahl geben.

Besonderheiten: Es wird paarweise Unterbringung empfohlen. Der Veilchenlori gehört in Europa zu den beliebtesten Loriarten, die oft auch in größeren Zuchtboxen gehalten und gezüchtet werden, deshalb auch für Anfänger in der Lorizucht zu empfehlen.

Psitteuteles iris iris (Nominatform)

Irislori

Englisch: Iris Lorikeet
Französisch: Loriquet iris
Spanisch: Lori iris

Herkunft: Asien
Status Freiland: Regelmäßig.
Status Menschenobhut: Regelmäßig.

Geschlechtsunterschiede: Weibchen mit grün durchsetztem, vorderen Scheitel.
Haltungsansprüche: Eine 3 m lange Voliere sollte als Mindestgröße angesehen werden.
Ernährung: Loribrei und Obstmischung, Blüten verschiedener Art, wenige Kleinsämereien und Kolbenhirse, milchreifer Mais.
Zucht: Gelingt regelmäßig, dazu sollten den Vögeln mehrere Nistkästen zur Auswahl angeboten werden.

Besonderheiten: Es wird paarweise Unterbringung empfohlen. In Europa ist nur Nominatform bekannt, falls die beiden Unterarten *P. i. rubripileum* und *P. i. wetterensis* in der menschlichen Pflege vorhanden waren, wurden sie nicht als solche erkannt.

Psitteuteles versicolor

Buntlori

Englisch: Varied Lorikeet
Französisch: Loriquet versicolore
Spanisch: Lori versicolor

Herkunft: Australien
Status Freiland: Regelmäßig.
Status Menschenobhut: Sehr selten.

Geschlechtsunterschiede: Die Weibchen zeigen matteres und weniger ausgeprägtes Rot auf der Stirn, die Iris beim Männchen ist beige orange, beim Weibchen braun.
Haltungsansprüche: Eine 3 m lange Voliere sollte für die Buntloris als Mindestgröße angesehen werden.
Ernährung: Loribrei und Obstmischung, Blüten, wenige Kleinsämereien und Kolbenhirse, milchreifer Mais.
Zucht: Gelingt selten, den Vögeln mehrere Nistkästen zur Auswahl anbieten.
Besonderheiten: Es wird paarweise Unterbringung empfohlen. Buntloris sind in Europa nur bei einem Züchter bekannt, noch ist fraglich, ob sich hier ein sich selbst erhaltender Zuchtstamm dieser Papageienart aufbauen lässt. In Australien sind diese Loris bei wenigen, spezialisierten Züchtern vorhanden.

Trichoglossus capistratus capistratus (Nominatform)

Edward-Allfarblori

Englisch: Edward's Lorikeet
Französisch: Lori de Edward
Spanisch: Lori arcoiris de Edward

Herkunft: Asien
Status Freiland: Häufig.
Status Menschenobhut: Gelegentlich.

Geschlechtsunterschiede: Keine.
Haltungsansprüche: Eine 3 m lange Voliere sollte für die Edward-Allfarbloris als Mindestgröße angesehen werden.
Ernährung: Loribrei und Obstmischung, Blüten, wenige gekochte oder gekeimte Samen, milchreifer Mais.
Zucht: Gelingt gelegentlich, je einen hochformatigen und querformatigen Nistkasten den Vögeln zur Auswahl anbieten.

Besonderheiten: Es wird eine paarweise Unterbringung empfohlen. Diese Unterart sollte unbedingt rein weitergezüchtet werden. Kann leicht mit der sehr ähnlichen und in Europa wohl nur vereinzelt vorhandenen Unterart *T. c. fortis* verwechselt werden. Früher wurde die Art von *T. h. haematodus* geführt, heute ist sie eine eigenständige Art mit zwei weiteren Unterarten: *T. c. fortis* und *T. c. flavotectus*.

Trichoglossus chlorolepidotus

Schuppenlori

Englisch: Scaly-beated Lorikeet
Französisch: Loriquet vert
Spanisch: Lori escuamiverde

Herkunft: Australien
Status Freiland: Sehr häufig.
Status Menschenobhut: Gelegentlich.

Geschlechtsunterschiede: Keine.
Haltungsansprüche: Eine 3 m lange Voliere sollte als Mindestgröße angesehen werden.
Ernährung: Loribrei und Obstmischung, Blüten, wenige Kleinsämereien und Kolbenhirse, milchreifer Mais.
Zucht: Gelingt regelmäßig, mehrere Nistkästen zur Auswahl geben. Der Schuppenlori bevorzugt einen hochformatigen Nistkasten mit saugfähiger Einstreu.

Besonderheiten: Es wird paarweise Unterbringung empfohlen. In Europa ist ein kleiner, sich selbst erhaltender Bestand vorhanden. In Australien werden verschiedene Farbmutationen, unter anderem Lutinos, gezüchtet.

Trichoglossus euteles

Gelbkopflori

Englisch: Perfect Lorikeet
Französisch: Loriquet eutèle
Spanisch: Lori humilde

Herkunft: Asien
Status Freiland: Regelmäßig.
Status Menschenobhut: Gelegentlich.

Geschlechtsunterschiede: Keine.
Haltungsansprüche: Eine 3 m lange Voliere sollte für die Gelbkopfloris als Mindestgröße angesehen werden.
Ernährung: Loribrei und Obstmischung, Blüten, wenige Kleinsämereien und Kolbenhirse, milchreifer Mais.
Zucht: Gelingt regelmäßig, dazu den Zuchtpaaren mehrere Nistkästen zur Auswahl zur Verfügung stellen.

Besonderheiten: Es wird eine paarweise Unterbringung empfohlen. Gelbkopfloris neigen zum Federrupfen.

Trichoglossus flavoviridis

Gelbgrüner Lori

Englisch: Yellow and Green Lorikeet
Französisch: Loriquet jaune et vert
Spanisch: Lori verdigualdo

Herkunft: Asien
Status Freiland: Häufig.
Status Menschenobhut: Selten.

Geschlechtsunterschiede: Keine.
Haltungsansprüche: Eine einen Kubikmeter große Voliere gilt als Mindestmaß.
Ernährung: Loribrei und Obstmischung, Blüten, wenige Kleinsämereien und Kolbenhirse, milchreifer Mais.
Zucht: Gelingt selten, mehrere Nistkästen zur Auswahl bieten. Der Gelbgrüne Lori bevorzugt einen hochformatigen Nistkasten in der Größe- für Wellensittiche mit saugfähiger Einstreu.

Besonderheiten: Es wird paarweise Unterbringung empfohlen. Diese Loris sollten unbedingt zur Zucht verwendet werden, da sie in Menschenhand inzwischen selten geworden sind. Die früher als Unterart geführte *T. f. meyere*, stellt heute eine eigene Art da.

Trichoglossus forsteni forsteni (Nominatform)

Forstenlori

Englisch: Forsten's Lorikeet
Französisch: Lori de Forsten
Spanisch: Lori arcoiris de Forsten

Herkunft: Asien
Status Freiland: Bedroht.
Status Menschenobhut: Gelegentlich.

Geschlechtsunterschiede: Keine
Haltungsansprüche: Eine 3 m lange Voliere sollte für die Forstenloris als Mindestgröße angesehen werden.
Ernährung: Loribrei und Obstmischung, Blüten, wenige gekochte oder gekeimte Samen, milchreifer Mais.
Zucht: Gelingt gelegentlich, den Vögeln je einen hochformatigen und querformatigen Nistkasten zur Auswahl anbieten.

Besonderheiten: Paarweise Unterbringung wird empfohlen. Die Unterart sollte unbedingt rein weitergezüchtet werden, sie wird leicht mit *T. f. mitchellii* verwechselt. Bei der Haltung sollte generell Wert auf Zucht gelegt werden, um die Unterart in Menschenobhut zu erhalten. Früher als Unterart geführt, heute Nominatform mit drei Unterarten: *T. f. mitchellii*, *T. f. djampeanus* und *T. f. stresemanni*.

Trichoglossus forsteni mitchellii

Mitchell-Allfarblori

Englisch: Mitchell's Lorikeet
Französisch: Lori de Mitchell
Spanisch: Lori arcoiris de Mitchell

Herkunft: Asien
Status Freiland: Bedroht.
Status Menschenobhut: Selten.

Geschlechtsunterschiede: Keine.
Haltungsansprüche: Eine 3 m lange Voliere sollte als Mindestgröße angesehen werden.
Ernährung: Loribrei und Obstmischung, Blüten, wenige gekochte oder gekeimte Samen, milchreifer Mais.
Zucht: Gelingt selten, dazu den Zuchtpaaren je einen hochformatigen und querformatigen Nistkasten zur Auswahl zur Verfügung stellen.

Besonderheiten: Es wird paarweise Unterbringung empfohlen. Diese Unterart sollte unbedingt rein weitergezüchtet werden, sie wird leicht mit *T. f. forsteni* verwechselt. Bei der Pflege dieser Vögel unbedingt Wert auf Zucht legen, um die Unterart in Menschenobhut zu erhalten. Früher als Unterart von *T. h. haematodus* geführt, heute als Unterart von *T. f. forsteni*.

Trichoglossus forsteni stresemanni

Stresemann-Allfarblori

Englisch: Stresemann's Lorikeet
Französisch: Lori de Stresemann
Spanisch: Lori arcoiris de Stresemann

Herkunft: Asien
Status Freiland: Häufig.
Status Menschenobhut: Sehr selten.

Geschlechtsunterschiede: Keine.
Haltungsansprüche: Eine 3 m lange Voliere sollte als Mindestgröße angesehen werden.
Ernährung: Loribrei und Obstmischung, Blüten, wenige gekochte oder gekeimte Samen, milchreifer Mais.
Zucht: Gelingt sehr selten. Dazu den Zuchtpaaren je einen hochformatigen und querformatigen Nistkasten zur Auswahl zur Verfügung stellen.

Besonderheiten: Es wird paarweise Unterbringung empfohlen. Die Unterart sollte unbedingt rein weitergezüchtet werden, denn es sind nur ganz wenige Tiere in Züchterhand, die unbedingt zum Erhalt der Unterart in Menschenobhut verwendet werden müssen. Der Aufbau eines Zuchtstammes ist das oberste Ziel. Früher als Unterart von *T. h. haematodus* geführt, heute als Unterart von *T. f. forsteni*.

10 °C

26 cm

6,5 mm

2 Eier

nein

Trichoglossus haematodus caeruleiceps

Blasskopf-Allfarblori

Englisch: Pale-headed Lorikeet
Französisch: Lori à tête bleu
Spanisch: Lori arcoiris pintado

Herkunft: Asien
Status Freiland: Häufig.
Status Menschenobhut: Regelmäßig.

Geschlechtsunterschiede: Keine.
Haltungsansprüche: Eine 3 m lange Voliere sollte für die Blasskopf-Allfarbloris als Mindestgröße angesehen werden.
Ernährung: Loribrei und Obstmischung, Blüten, wenige gekochte oder gekeimte Samen, milchreifer Mais.
Zucht: Gelingt gelegentlich, den Vögeln dabei je einen hochformatigen und querformatigen Nistkasten zur Auswahl anbieten.

Besonderheiten: Es wird paarweise Unterbringung empfohlen. Diese Unterart sollte unbedingt rein weitergezüchtet werden. Sie kann leicht mit anderen Unterarten von T. *haematodus* verwechselt werden. Die Unterart *T. h. caeruleiceps* wird heute zu *T. h. nigrogularis* hinzugerechnet.

Trichoglossus haematodus deplanchii

Neukaledonien-Allfarblori

Englisch: Deplanche's Lorikeet
Französisch: Loriquet de Nouvelle-calédonie
Spanisch: Lori arcoiris deplanchii

Herkunft: Asien
Status Freiland: Häufig.
Status Menschenobhut: Selten.

Geschlechtsunterschiede: Keine.
Haltungsansprüche: Eine 3 m lange Voliere sollte als Mindestgröße angesehen werden.
Ernährung: Loribrei und Obstmischung, Blüten, wenige gekochte oder gekeimte Samen, milchreifer Mais.
Zucht: Gelingt gelegentlich. Den Zuchtpaaren dazu je einen hochformatigen und querformatigen Nistkasten zur Auswahl zur Verfügung stellen.

Besonderheiten: Es wird paarweise Unterbringung empfohlen. Diese Unterart sollte unbedingt rein weitergezüchtet werden. Auch sie kann leicht mit anderen Arten und Unterarten der Gattung Trichoglossus verwechselt werden.

10 °C

26 cm

6,5 mm

2 Eier

nein

Trichoglossus haematodus haematodus (Nominatform)

Breitbinden-Allfarblori

Englisch: Rainbow Lorikeet
Französisch: Loriquet à tete bleue
Spanisch: Lori arcoiris

Herkunft: Asien
Status Freiland: Häufig.
Status Menschenobhut: Regelmäßig.

Geschlechtsunterschiede: Keine.
Haltungsansprüche: Eine 3 m lange Voliere sollte als Mindestgröße für die Breitbinden-Allfarbloris angesehen werden.
Ernährung: Loribrei und Obstmischung, Blüten, wenige gekochte oder gekeimte Samen, milchreifer Mais.
Zucht: Gelingt regelmäßig, dazu den Zuchtpaaren einen hoch- und einen querformatigen Nistkasten zur Auswahl geben.

Besonderheiten: Es wird paarweise Unterbringung empfohlen. Die Art wurde früher in 21 Unterarten aufgeteilt. Viele in Europa gehaltene werden in eigenen Portraits vorgestellt. Unbedingt unterartenrein züchten. Vorsicht, es existieren zahlreiche Unterartenmischlinge! Heute hat die Nominatform nur noch acht Unterarten von denen zwei in eigenen Portrais dargestellt werden: *T. h. massena* und *T. h. deplanchii*. Andere Unterarten wurden als eigenständige Arten abgespalten.

Trichoglossus haematodus massena

Massena-Allfarblori

Englisch: Massena's Lorikeet
Französisch: Lori coco
Spanisch: Lori arcoiris de Massena

Herkunft: Asien
Status Freiland: Häufig.
Status Menschenobhut: Regelmäßig.

Geschlechtsunterschiede: Keine.
Haltungsansprüche: Eine 3 m lange Voliere sollte als Mindestgröße angesehen werden.
Ernährung: Loribrei und Obstmischung, Blüten, wenige gekochte oder gekeimte Samen, milchreifer Mais.
Zucht: Gelingt regelmäßig, dazu den Zuchtpaaren je einen hochformatigen und querformatigen Nistkasten zur Auswahl zur Verfügung stellen.

Besonderheiten: Es wird paarweise Unterbringung empfohlen. Massena-Allfarbloris sind *T. h. haematodus* ähnlich, das Gefieder ist aber blasser und das Nackenband hell gelblich grün. Die Unterart sollte unbedingt rein weitergezüchtet werden. Vorsicht, es existieren bereits zahlreiche Unterartenmischlinge!

15 °C

20 cm

5,0 mm

2 Eier

nein

Trichoglossus johnstoniae

Apolori

Englisch: Johnstone's Lorikeet
Französisch: Loriquet de Johnstone
Spanisch: Lori de Mindanao

Herkunft: Asien
Status Freiland: Bedroht.
Status Menschenobhut: Sehr selten.

Geschlechtsunterschiede: Keine.
Haltungsansprüche: Eine einen Kubikmeter große Voliere als Mindestmaß.
Ernährung: Loribrei und Obstmischung, Blüten, wenige Kleinsämereien und Kolbenhirse, milchreifer Mais.
Zucht: Gelingt selten, mehrere Nistkästen zur Auswahl geben. Der Apolori bevorzugt einen hochformatigen Nistkasten in der Größe für Wellensittiche mit saugfähiger Einstreu.

Besonderheiten: Es wird paarweise Unterbringung empfohlen. Diese Vögel unbedingt zur Zucht verwenden, da nur sehr wenige Tiere in Menschenobhut vorhanden sind. Jedes einzelne Exemplar zählt. Apoloris neigen stark zum Rupfen.

Trichoglossus meyeri

Meyers Lori

Englisch: Meyer's Lorikeet
Französisch: Lori ecailleux de Meyer
Spanisch: Lori de Meyer

Herkunft: Asien
Status Freiland: Häufig.
Status Menschenobhut: Selten.

Geschlechtsunterschiede: Keine.
Haltungsansprüche: Eine einen Kubikmeter große Voliere gilt als Mindestmaß.
Ernährung: Loribrei, Obstmischung, Blüten, wenige Kleinsämereien, Kolbenhirse, milchreifer Mais.
Zucht: Gelingt selten, dabei mehrere Nistkästen anbieten. Die Vögel bevorzugen einen hochformatigen Nistkasten in der Größe für Wellensittiche mit saugfähiger Einstreu.

Besonderheiten: Es wird die paarweise Unterbringung empfohlen. Die Zucht sollte zur Bestandserhaltung in Menschenobhut im Vordergrund stehen. Früher wurde *T. meyeri* als Unterart von *T. flavoviridis* geführt, heute jedoch als eigenständige monotypische Art.

Trichoglossus moluccanus moluccanus (Nominatform)

Gebirgslori

Englisch: Rainbow Lory
Französisch: Loriquet de Swainson
Spanisch: Lori arcoiris de collar verde

Herkunft: Australien
Status Freiland: Sehr häufig.
Status Menschenobhut: Sehr häufig.

Geschlechtsunterschiede: Keine.
Haltungsansprüche: Eine 3 m lange Voliere sollte als Mindestgröße angesehen werden.
Ernährung: Loribrei und Obstmischung, Blüten, wenige gekochte oder gekeimte Samen, milchreifer Mais.
Zucht: Gelingt sehr häufig. Dazu den Zuchtpaaren je einen hochformatigen und querformatigen Nistkasten zur Auswahl zur Verfügung stellen.

Besonderheiten: Es wird paarweise Unterbringung empfohlen. Durch seine bunte Färbung ist er der beliebteste Lori überhaupt. Inzwischen wird er in zahlreichen Farbmutationen gezüchtet, da er bereits seit vielen Generationen in Menschenobhut existiert. Der Gebirgslori eignet sich auch für Anfänger in der Lorihaltung. Früher wurde T. moluccanus als Unterart von *T. h. haematodus* geführt, heute ist sie eine eigene Art mit einer Unterart: *T. m. septentrionalis*, die aber nicht in Europa gehalten wird.

Trichoglossus ornatus

Schmucklori

Englisch: Ornate Lory
Französisch: Loriquet orné
Spanisch: Lori adornado

Herkunft: Asien
Status Freiland: Häufig.
Status Menschenobhut: Regelmäßig.

Geschlechtsunterschiede: Keine.
Haltungsansprüche: Eine 3 m lange Voliere sollte als Mindestgröße angesehen werden.
Ernährung: Loribrei und Obst- und Gemüsemischung, Blüten.
Zucht: Gelingt regelmäßig, den Vögeln je einen hoch- und einen querformatigen Nistkasten zur Auswahl anbieten.

Besonderheiten: Es wird eine paarweise Unterbringung empfohlen. Schmuckloris sind äußerst farbenfroh gezeichnet und aufgrund dessen bei den Haltern sehr beliebt.

Trichoglossus rosenbergii

Rosenbergs Allfarblori

Englisch: Rosenberg's Lorikeet
Französisch: Lori de Rosenberg
Spanisch: Lori arcoiris de Rosenberg

Herkunft: Asien
Status Freiland: Selten.
Status Menschenobhut: Gelegentlich.

Geschlechtsunterschiede: Keine.
Haltungsansprüche: Eine 3 m lange Voliere sollte als Mindestgröße angesehen werden.
Ernährung: Loribrei und Obstmischung, Blüten, wenige gekochte oder gekeimte Samen, milchreifer Mais.
Zucht: Gelingt gelegentlich. Dazu den Zuchtpaaren je einen hochformatigen und querformatigen Nistkasten zur Auswahl zur Verfügung stellen.

Besonderheiten: Paarweise Unterbringung wird empfohlen. Die Art sollte unbedingt rein weitergezüchtet werden. Sie ist leicht an dem breiten gelben Nackenband erkennbar. Unbedingt Wert auf Zucht legen, als Genreserve zum Erhalt der Art in Menschenobhut. Früher wurde T. rosenbergii als Unterart von T. h. haematodus geführt, heute als eigenständige monotypische Art.

Trichoglossus rubritorquis

Rotnackenlori

Englisch: Red-collared Lorikeet
Französisch: Lori à collier rouge
Spanisch: Lori arcoiris de cuello rojo

Herkunft: Australien
Status Freiland: Sehr häufig.
Status Menschenobhut: Regelmäßig.

Geschlechtsunterschiede: Keine.
Haltungsansprüche: Eine 3 m lange Voliere sollte für die Rotnackenloris als Mindestgröße angesehen werden.
Ernährung: Loribrei und Obstmischung, Blüten, wenige gekochte oder gekeimte Samen, milchreifer Mais.
Zucht: Gelingt regelmäßig, je einen hoch- und einen querformatigen Nistkasten den Vögeln zur Auswahl anbieten.

Besonderheiten: Es wird paarweise Unterbringung empfohlen. Aufgrund seiner schönen Färbung ist der Rotnackenlori bei den Lorizüchtern sehr beliebt und begehrt. Früher wurde *T. rubritorquis* als Unterart von *T. h. haematodus* geführt, heute als eigenständige monotypische Art.

10 °C

23 cm

6,0 mm

2 Eier

nein

Trichoglossus weberi

Weber-Lori

Englisch: Weber's Lorikeet
Französisch: Lori de Weber
Spanisch: Lori arcoiris de Weber

Herkunft: Asien
Status Freiland: Häufig.
Status Menschenobhut: Selten.

Geschlechtsunterschiede: Keine.
Haltungsansprüche: Eine 3 m lange Voliere sollte für die Weber-Allfarbloris als Mindestgröße angesehen werden.
Ernährung: Loribrei und Obstmischung, Blüten, wenige gekochte oder gekeimte Samen, milchreifer Mais.
Zucht: Gelingt gelegentlich, dabei den Vögeln je einen hoch- und einen querformatigen Nistkasten zur Auswahl anbieten.

Besonderheiten: Paarweise Unterbringung wird empfohlen. Die Unterart sollte unbedingt rein weitergezüchtet werden, unterscheidet sich auch deutlich durch die vorwiegend grünliche Färbung von den anderen Vertretern der Gattung. Früher wurde die Art als Unterart von *T. h. haemotodus* geführt, heute ist sie eine monotypische Art.

Vini australis

Blaukäppchenlori

Englisch: Blue-crowned Lory
Französisch: Lori fringillaire
Spanisch: Lori de Samoa

Herkunft: Asien
Status Freiland: Regelmäßig.
Status Menschenobhut: Gelegentlich.

Geschlechtsunterschiede: Keine.
Haltungsansprüche: Voliere von einem Kubikmeter Rauminhalt als Mindestgröße. Viele bewegliche Elemente in die Voliere bringen, wie Schaukeln, Seile und Ähnliches, denn die Vögel sind sehr bewegungsaktiv.
Ernährung: Lorinektar und Obstmischung, Blüten.
Zucht: Gelingt gelegentlich, Blaukäppchenloris bevorzugen hochformatige Nistkästen in der Größe für Wellensittiche. Mehrere Gelege pro Jahr sind möglich.
Besonderheiten: Paarweise Unterbringung wird empfohlen. Bei zu energiereicher Fütterung besteht Verfettungsgefahr, die Brutergebnisse verschlechtern sich und viele Paare legen dann unbefruchtete Gelege.

20 °C

18 cm

4,5 mm

2 Eier

ja

Vini peruviana

Saphirlori

Englisch: Tahitian Lory
Französisch: Lori nonnette
Spanisch: Lori monjita

Herkunft: Asien
Status Freiland: Bedroht, 2500–10 000 Tiere, Tendenz abnehmend.
Status Menschenobhut: Sehr selten.

Geschlechtsunterschiede: Keine.
Haltungsansprüche: Eine 3 m lange Voliere sollte als absolute Mindestgröße angesehen werden. Viele bewegliche Elemente für die bewegungsaktiven Vögel in die Voliere bringen. Auch Möglichkeiten bieten, dass sich das Weibchen verstecken kann, denn die Männchen können zeitweise so aggressiv werden, dass sie die Partnerin töten. Wärmestrahler bieten den Tieren die Möglichkeit, sich punktuell aufzuwärmen, sie nutzen diese Gelegenheit gern.
Ernährung: Lorinektar und Obstmischung, Blüten.
Zucht: Gelingt selten, den Vögeln mehrere Nistkästen zur Auswahl bieten.
Besonderheiten: Paarweise Unterbringung wird empfohlen. Es gibt nur wenige Tiere in Menschenhand und es ist fraglich, ob sich damit langfristig ein gesunder Bestand aufbauen lässt. Dennoch sollte dies mit allen Mitteln versucht werden, um für die bedrohte Art eine Genreserve zu etablieren.

Loriculus galgulus

Blaukrönchen

Englisch: Blue-crowned Hanging Parrot
Französisch: Coryllis à tete blue
Spanisch: Loriculo coroniazul

Herkunft: Asien
Status Freiland: Häufig.
Status Menschenobhut: Regelmäßig.

Geschlechtsunterschiede: Weibchen matter im Gefieder, roter Halsfleck und gelbes Band auf Unterrücken fehlen, blauer Scheitelfleck schwach.
Haltungsansprüche: Voliere von einem Kubikmeter Rauminhalt als Mindestgröße. Käfigdecke soll aus Gitter bestehen, da sich die Tiere nachts kopfüber zum Schlafen aufhängen, dünne Äste werden als Sitzgelegenheit bevorzugt. Regelmäßig frische Äste zum Benagen reichen, Blätter werden auch als Nistmaterial verwendet.
Ernährung: Lorinektar, Früchtemischung, Mehlwürmer, Kleinsämereien, Kolbenhirse.
Zucht: Gelingt regelmäßig, hochformatige Nistkästen für Wellensittiche werden gern angenommen, als Einstreu saugfähiges Material verwenden, das mehrmals während der Jungenaufzucht gewechselt werden muss.
Besonderheiten: Keine Anfängervögel. Durch ihre Ernährungsweise entsteht dünnflüssiger Kot, der weit verteilt wird. Hygiene ist daher sehr wichtig. Das Blaukrönchen ist das am häufigsten gehaltene Fledermauspapageichen in Menschenobhut.

Loriculus philippensis philippensis (Nominatform)

Philippinen-Fledermauspapagei

Englisch: Philippine Hanging Parrot
Französisch: Coryllis des Philippines
Spanisch: Loriculo filipino

Herkunft: Asien
Status Freiland: Die meisten Unterarten häufig.
Status Menschenobhut: Gelegentlich.

Geschlechtsunterschiede: Weibchen ohne roten Halsfleck und mit blauem Anflug im vorderen Wangenbereich,
Haltungsansprüche: Voliere von einem Kubikmeter Rauminhalt als Mindestgröße, Käfigdecke aus Draht, da sich die Tiere gern zur Ruhe aufhängen, sie sind auch sehr wärmeliebend.
Ernährung: Lorinektar, Früchtemischung kleingeschnitten, Mehlwürmer, wenige kleine Sämereien.
Zucht: Gelingt gelegentlich, hochformatiger Wellensittichnistkasten mit saugfähiger Einstreu.
Besonderheiten: Kein Anfängervogel, leise. Von den elf bekannten Unterarten ist außer der Nominatform derzeit wahrscheinlich nur *L. p. apicalis*, das Prachtfledermauspapageichen, bei den Züchtern vorhanden.

Loriculus stigmatus stigmatus (Nominatform)

Rotplättchen

Englisch: Celebes Hanging Parrot
Französisch: Coryllis des Célèbes
Spanisch: Loriculo de Célebes

Herkunft: Asien
Status Freiland: Häufig.
Status Menschenobhut: Sehr selten.

Geschlechtsunterschiede: Weibchen ohne rote Kopffärbung, gelegentlich mit wenigen roten Federn an der Stirn.
Haltungsansprüche: Voliere von einem Kubikmeter als Mindestgröße, Käfigdecke sollte aus Gitter bestehen, da sich die Vögel gerne in Ruhe kopfunter wie Fledermäuse aufhängen.
Ernährung: Lorinektar, Früchtemischung kleingeschnitten, Mehlwürmer, wenige kleine Sämereien.
Zucht: Gelingt selten, hochformatiger Wellensittichnistkasten mit saugfähiger Einstreu. Rotplättchen brauchen frische Blätter und Kiefernnadeln zum Nestbau.
Besonderheiten: Keine Anfängervögel, sehr leise und wärmeliebend. Zur Bestandserhaltung ist die Zucht unbedingt notwendig, da nur noch wenige Tiere in Europa in Menschenhand vorhanden sind. Die beiden Unterarten sind in Europa nicht in der Haltung anzutreffen.

Loriculus vernalis vernalis (Nominatform)

Frühlingspapageichen

Englisch: Vernal Hanging Parrot
Französisch: Coryllis vernal
Spanisch: Loriculo vernal

Herkunft: Asien
Status Freiland: Häufig.
Status Menschenobhut: Gelegentlich.

Geschlechtsunterschiede: Weibchen ohne blauen Halsfleck und mit matterem Gefieder.
Haltungsansprüche: Voliere von einem Kubikmeter Rauminhalt als Mindestgröße. Die Käfigdecke sollte aus Gitter bestehen, da Vögel sich nachts daran zum Schlafen besser aufhängen können.
Ernährung: Lorinektar, Obstmischung klein geschnitten, Mehlwürmer und wenig kleine Sämereien.
Zucht: Gelingt gelegentlich. Frühlingspapageichen brauchen einen hochformatigen Wellensittichnistkasten mit saugfähiger Einstreu, das regelmäßig gewechselt werden muss. Sie tragen Blätter im Bürzelgefieder als Nistmaterial ein, deshalb regelmäßig frische Weiden geben.
Besonderheiten: Kein Anfängervogel, leise. Bildet eine Unterart: *L. v. phileticus*, die aber in Europa wohl nicht gehalten wird.

Nestor meridionalis

Kaka

Englisch: Kaka
Französisch: Nestor superbe
Spanisch: Kaka

Herkunft: Australien/Neuseeland
Status Freiland: Bedroht, 2500–10 000 Tiere, Tendenz abnehmend.
Status Menschenobhut: Sehr selten.

Geschlechtsunterschiede: Weibchen haben einen kürzeren, weniger stark gebogenen Schnabel.
Haltungsansprüche: Diese sehr intelligenten Vögel brauchen ein sehr großes Gehege mit Naturboden, vielen Wurzeln, Steinen und Versteckmöglichkeiten. Viel Abwechslung durch Spielzeug bieten. Eine Freivoliere muss trocken und zugfrei sein.

Ernährung: Getreidebrei mit Insektenanteil, Samenmischung, viel Obst und Gemüse in ganzen Stücken.
Zucht: Gelingt sehr selten.
Besonderheiten: Kakas sind in Europa nur im Zoologisch-Botanischen Garten Wilhelma in Stuttgart zu sehen. Die Zucht ist dort bereits gelungen. In Neuseeland werden sie in einigen Zoos gehalten und gezüchtet. In Privathand sind sie nicht vorhanden.

Nestor notabilis

Kea

Englisch: Kea
Französisch: Nestor Kéa
Spanisch: Kea

Herkunft: Australien/Neuseeland
Status Freiland: Bedroht, 5000 Tiere, Tendenz abnehmend.
Status Menschenobhut: Gelegentlich.

Geschlechtsunterschiede: Weibchen haben einen kürzeren, weniger stark gebogenen Schnabel.
Haltungsansprüche: Sie brauchen ein sehr großes Gehege mit Naturboden, vielen Wurzeln, Steinen und Versteckmöglichkeiten. Da sehr intelligent, sollte den Vögeln viel Abwechslung geboten werden. Sie sind winterhart, müssen aber trocken und zugfrei untergebracht werden.
Ernährung: Getreidebrei mit Insektenanteil, Samenmischung, viel Obst und Gemüse in ganzen Stücken, vor allem längs aufgeschnittene Karotten sind beliebt, aus denen gerne das Mark gefressen wird.
Zucht: Gelingt gelegentlich.
Besonderheiten: Keine Anfängervögel. Sehr interessante Papageien, die hohe Ansprüche bezüglich der Beschäftigung, Unterbringung und Ernährung stellen und auch nachts laut rufen können. Können paarweise aber auch in Gruppen gehalten werden. Zur Zucht nur paarweise unterbringen. Foto zeigt Jungvogel mit gelblichem Nasen- und Schnabelbereich.

Cyclopsitta diophthalma diophthalma (Nominatform)

Masken-Zwergpapagei

Englisch: Double-eyed Fig Parrot
Französisch: Psittacule double-oeil
Spanisch: Lorito dobleojo

Herkunft: Asien/Australien
Status Freiland: Regelmäßig bis sehr selten, je nach Unterart.
Status Menschenobhut: Gelegentlich.

Geschlechtsunterschiede: Die Weibchen sind im unteren Wangenbereich gelblich weiß.
Haltungsansprüche: Voliere von einem Kubikmeter Rauminhalt als Mindestgröße.
Ernährung: Viel Obst, kleingeschnitten, täglich Feigen, auch getrocknet, wenn keine frischen verfügbar sind, mit Insektenanteil und Vitaminen angereichter Brei auf Getreidebasis, einige Sämereien, Mehlwürmer.
Zucht: Gelingt gelegentlich, hochformatige Nistkästen werden von den Vögeln bevorzugt, mehrere zu Auswahl anbieten.
Besonderheiten: Leise Papageien, keine Anfängervögel, sollte Papageienspezialisten mit viel Erfahrung vorbehalten bleiben. Sechs Unterarten: *C. d. aruensis*, *coccineifrons*, *inseparabilis*, *macleayana*, *marshalli*, *virago*. In Europa ist wohl nur die Nominatform vorhanden.

Cyclopsitta gulielmitertii

Orangebrust-Zwergpapagei

Englisch: Orange-breasted Fig Parrot
Französisch: Psittacule à poitrine orange
Spanisch: Comehigos pechinaranja

Herkunft: Asien
Status Freiland: Regelmäßig bis selten.
Status Menschenobhut: Sehr selten.

Geschlechtsunterschiede: Bei der Nominatform sind die Weibchen ohne orangefarbenen Brust- und Bauchbereich.
Haltungsansprüche: Voliere von einem Kubikmeter Rauminhalt als Mindestgröße. Wärmeliebende Vögel.
Ernährung: Viel Obst, kleingeschnitten, täglich Feigen, auch getrocknet, mit Insektenanteil und Vitaminen angereichter Brei auf Getreidebasis, einige Sämereien, Mehlwürmer.
Zucht: Gelingt sehr selten, hochformatige Nistkästen werden bevorzugt, mehrere zur Auswahl anbieten.
Besonderheiten: Leise Papageien. Keine Anfängervögel, sie sollten Spezialisten mit viel Erfahrung vorbehalten bleiben, da sie höchste Ansprüche stellen und viel Fingerspitzengefühl und Einfühlungsvermögen für eine erfolgreiche Haltung und Zucht nötig sind. Zucht muss unbedingt im Vordergrund stehen, um den minimalen Bestand in Menschenobhut zu erhalten oder auszubauen. Insgesamt sieben Unterarten, von denen derzeit nur noch die Nominatform in Europa vorhanden ist. Aus ehemals sieben Unterarten wurden heute vier eigenständige Arten, teilweise mit Unterarten gebildet. Nur die vier hier beschriebene dürfte noch als einzige in Europa gehlaten werden.

Geoffroyus geoffroyi

Rotkopfpapagei

Englisch: Red-cheeked Parrot
Französisch: Perruche de Geoffroy
Spanisch: Lorito carirrojo

Herkunft: Asien/Australien
Status Freiland: Häufig.
Status Menschenobhut: Sehr selten.

Geschlechtsunterschiede: Das Weibchen hat einen braunen Kopf.
Haltungsansprüche: 3 m lange Voliere als Mindestmaß, wärmeliebende Vögel.
Ernährung: Viel Obst, kleingeschnitten, täglich Bananen, auch unreife und grüne Früchte, mit Insekten und Vitaminen angereichter Gertreidebrei, täglich Samenmischung, einige Mehlwürmer, optimale Ernährung bisher nicht bekannt.
Zucht: Bisher noch nicht gelungen, mehrere hochformatige und querformatige, zweikammrige Nistkästen zur Auswahl anbieten.
Besonderheiten: Keine Anfängervögel, sollte Papageienspezialisten mit sehr viel Erfahrung vorbehalten bleiben. Der Rotkopfpapagei kam bisher nur in einzelnen Exemplaren nach Europa und hatte bisher keine lange Lebensdauer in Menschenhand, er erwies sich als leise und sehr stressanfällig. In 17 Unterarten weit verbreitet.

Prioniturus mada

Buru-Spatelschwanzpapagei

Englisch: Buru Racket-tailed Parrot
Französisch: Palette de Buru
Spanisch: Lorito-momoto de Buru

Herkunft: Asien
Status Freiland: Regelmäßig.
Status Menschenobhut: Sehr selten.

Geschlechtsunterschiede: Weibchen ohne violettblaue Gefiederpartien, lediglich auf Rücken mattvioletter Anflug.
Haltungsansprüche: Eine 3 m lange Voliere gilt als Mindestmaß, die Vögel sind wärmeliebend.
Ernährung: Viel Obst, kleingeschnitten, täglich Bananen, auch unreife und grüne Früchte, mit Insektenanteil und Vitaminen angereichter Brei auf Getreidebasis, täglich Samenmischung, einige Mehlwürmer. Die optimale Ernährungsweise dieser Papageien ist bisher unbekannt.
Zucht: Noch nicht vollständig gelungen, mehrere hochformatige und querformatige, auch zweikammrige Nistkästen zur Auswahl anbieten.
Besonderheiten: Mittellaute Papageien, keine Anfängervögel, sie sollten Papageienspezialisten mit sehr viel Erfahrung vorbehalten bleiben. Sie kamen bisher nur in einzelnen Exemplaren nach Europa, daher mit vorhandenen Tieren unbedingt die Zucht versuchen, um einen Bestand aufzubauen. Aufgrund der wenigen Tiere ist es äußerst fraglich, ob dies gelingt.

Prioniturus platurus talautensis

Talaud-Motmotpapagei

Englisch: Golden-mantled Racket-tailed Parrot
Französisch: Palette à manteau d'or
Spanisch: Lorito momoto dorsidorado

Herkunft: Asien
Status Freiland: Regelmäßig.
Status Menschenobhut: Sehr selten.

Geschlechtsunterschiede: Die Weibchen sind vollständig grün, mit deutlich kürzerem Schwanz.
Haltungsansprüche: Mindestens eine 3 m lange Voliere, die Vögel sind wärmeliebend.
Ernährung: Optimale Ernährung bisher unbekannt viel. Viel Obst, kleingeschnitten, täglich Bananen, auch unreife und grüne Früchte, mit Insektenanteil und Vitaminen angereichter Brei auf Getreidebasis, täglich Samenmischung.
Zucht: Sehr selten gelungen, den Vögeln mehrere hoch- und querformatige, auch zweikammrige Nistkästen zur Auswahl anbieten.
Besonderheiten: Mittellaute Papageien, keine Anfängervögel, sollten Papageienspezialisten mit sehr viel Erfahrung vorbehalten bleiben. Sie kamen bisher nur in einzelnen Exemplaren nach Europa. Mit vorhandenen Tieren sollte unbedingt die Zucht versucht werdenen, um einen Bestand aufzubauen. Aufgrund der wenigen Tieren ist es äußerst fraglich, ob dies gelingt.

Psittaculirostris desmarestii

Desmarest-Feigenpapagei

Englisch: Desmarest's Fig Parrot
Französisch: Psittacule de Desmarest
Spanisch: Lorito de Desmarest

Herkunft: Asien
Status Freiland: Regelmäßig bis sehr selten, je nach Unterart.
Status Menschenobhut: Gelegentlich.

Geschlechtsunterschiede: Bei der Nominatform keine.
Haltungsansprüche: Eine 2 m lange Voliere ist das Mindestmaß, die Vögel sind wärmeliebend.
Ernährung: Viel Obst, kleingeschnitten, täglich Feigen, auch getrocknet, wenn keine frischen verfügbar sind, mit Insektenanteil und Vitaminen angereichter Brei auf Getreidebasis, einige Sämereien, Mehlwürmer. Regelmäßig Vitamin-K-Gaben, um inneren Blutungen vorzubeugen.
Zucht: Gelingt gelegentlich, den Vögeln hoch- und querformatige, zweikammrige Nistkästen zur Auswahl anbieten.
Besonderheiten: Leise Papageien, keine Anfängervögel, sollte Papageienspezialisten mit viel Erfahrung vorbehalten bleiben. Vier Unterarten, neben der Nominatform, wahrscheinlich nur *P. d. occidentalis* in ganz wenigen Exemplaren in Menschenobhut vorhanden, andere Unterarten wohl nicht bei den Züchtern. Bei der Zucht unbedingt auf Unterartenreinheit achten.

Psittaculirostris edwardsii

Edwards Feigenpapagei

Englisch: Edwards' Fig Parrot
Französisch: Psittacule d'Edwards
Spanisch: Lorito de Edwards

Herkunft: Asien
Status Freiland: Häufig.
Status Menschenobhut: Gelegentlich.

Geschlechtsunterschiede: Das breite rote Brustband der Männchen ist bei den Weibchen durch ein violett hellblaues Band ersetzt.
Haltungsansprüche: Eine 2 m lange Voliere sollte als Mindestmaß angesehen werden, wärmeliebende Vögel.
Ernährung: Viel kleingeschnittenes Obst, täglich Feigen, auch getrocknet, Getreidebrei mit Insektenanteil und Vitaminen angereicht, einige Sämereien, Mehlwürmer. Regelmäßig Vitamin-K-Gaben, um inneren Blutungen vorzubeugen.
Zucht: Gelingt gelegentlich, den Vögeln hoch- und querformatige, zweikammrige Nistkästen zur Auswahl anbieten.
Besonderheiten: Leise Papageien, keine Anfängervögel, sie sollten Papageienspezialisten mit viel Erfahrung vorbehalten bleiben. Zur Bestandserhaltung unbedingt die Zucht versuchen.

20 °C

19 cm

6,5 mm

2 Eier

nein

Psittaculirostris salvadorii

Salvadori-Feigenpapagei

Englisch: Salvadori's Fig Parrot
Französisch: Psittacule de Salvadori
Spanisch: Lorito de Salvadori

Herkunft: Asien
Status Freiland: Bedroht, 10 000 Tiere, Tendenz abnehmend.
Status Menschenobhut: Sehr selten.

Geschlechtsunterschiede: Das rote Brustband der Männchen ist bei den Weibchen durch ein hell blaugrünes Band ersetzt.
Haltungsansprüche: Eine 2 m lange Voliere sollte als Mindestmaß angesehen werden, wärmeliebende Vögel.
Ernährung: Viel Obst, kleingeschnitten, täglich Feigen, auch getrocknet, wenn keine frischen verfügbar sind, mit Insektenanteil und Vitaminen angereichter Brei auf Getreidebasis, einige Sämereien, Mehlwürmer. Regelmäßig Vitamin-K-Gaben, um inneren Blutungen vorzubeugen.
Zucht: Gelingt sehr selten, den Vögeln hoch- und querformatige, zweikammrige Nistkästen zur Auswahl anbieten.
Besonderheiten: Leise Papageien, keine Anfängervögel, sie sollten Papageienspezialisten mit viel Erfahrung vorbehalten bleiben. Da nur noch ganz wenige Tiere bei den Züchtern vorhanden sind, muss die Zucht zur Bestandserhaltung oberste Priorität haben.

Psittinus cyanurus cyanurus (Nominatform)

Rotachselpapagei

Englisch: Blue-rumped Parrot
Französisch: Perruche à croupion bleu
Spanisch: Lorito dorsiazul

Herkunft: Asien
Status Freiland: Regelmäßig.
Status Menschenobhut: Sehr selten.

Geschlechtsunterschiede: Das Weibchen zeigt einen braunen Kopf und schwarzen Schnabel.
Haltungsansprüche: Eine 2 m lange Voliere gilt als Mindestmaß. Wärmeliebende Vögel, viel Frischholz bieten, hohes Nagebedürfnis, sonst Neigung zu übermäßigem Schnabelwachstum.
Ernährung: Viel kleingeschnittenes Obst, mit Insektenanteil und Vitaminen angereichter Getreidebrei, täglich Samenmischung, einige Mehlwürmer.
Zucht: Gelingt sehr selten, den Vögeln hoch- und querformatige, zweikammrige Nistkästen zur Auswahl anbieten.
Besonderheiten: Leise Papageien, keine Anfängervögel, sollte, Papageienspezialisten mit viel Erfahrung vorbehalten bleiben. Durch den äußerst geringen Bestand bei den Züchtern sollte zur Erhaltung in Menschenobhut die Zucht oberste Priorität haben. DIe Unterart *P. c. pontius* ist in Europa wohl nicht vorhanden.

Psittrichas fulgidus

Borstenkopfpapagei

Englisch: Pesquet's Parrot
Französisch: Psittrichas de Pesquet
Spanisch: Loro aguileño

Herkunft: Asien
Status Freiland: Bedroht, 42 000 Tiere, Tendenz abnehmend.
Status Menschenobhut: Sehr selten.

Geschlechtsunterschiede: Weibchen ohne rote Federn hinter den Augen.
Haltungsansprüche: 6 m lange Voliere als Mindestmaß, wärmeliebend, hoher Hygienestandard ist einzuhalten. In zu kleinen Volieren gesteigerte Aggressivität und Unverträglichkkeit gegenüber dem Partner.
Ernährung: Viel Obst, in ganzen Stücken aufspießen, besonders Papaya, Äpfel, Birnen, Bananen, frische Feigen, täglich frischer, mit Insektenanteil und Vitaminen angereichter Getreidebrei. Borstenkopfpapageien fressen keine herkömmliche Papageiensamenmischung.
Zucht: Sehr selten gelungen. Zur Steigerung des Bruttriebs innen morschen Palmenstamm geben, wird monatelang bearbeitet und ausgehöhlt. Am unteren Ende mit starker Holzplatte verschließen, da er sonst durchgenagt wird. Mehrere Stämme aus Weichholz anbieten.
Besonderheiten: Laute Papageien, keine Anfängervögel, sollte Papageienspezialisten mit sehr viel Erfahrung vorbehalten bleiben. Sie kamen bisher nur in einzelnen Exemplaren nach Europa, mit vorhandenen Tieren unbedingt die Zucht versuchen, um einen Bestand aufzubauen.

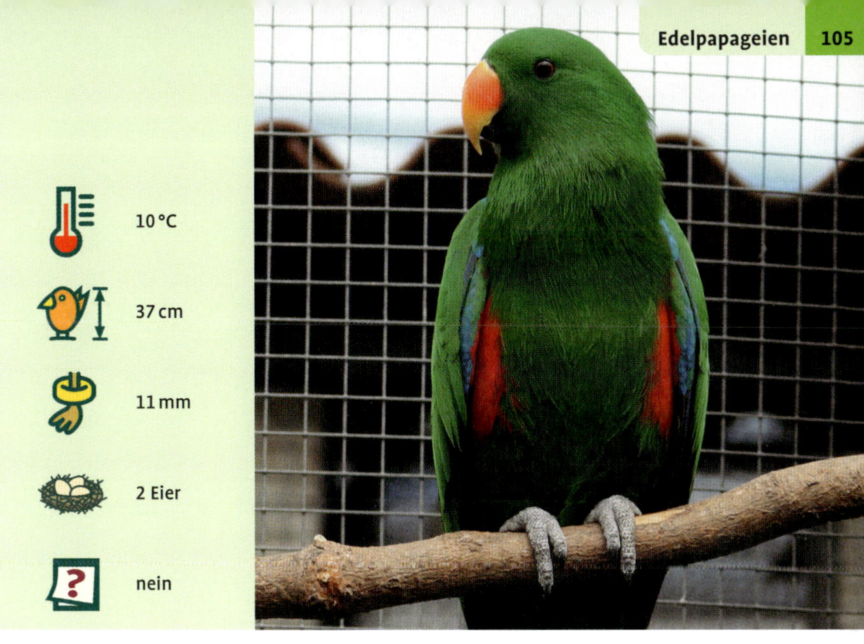

Eclectus roratus aruensis

Aru-Edelpapagei

Englisch: Aru Red-sided Eclectus Parrot
Französisch: Éclectus de Aru
Spanisch: Loro ecléctico de Aru

Herkunft: Asien
Status Freiland: Häufig.
Status Menschenobhut: Regelmäßig.

Geschlechtsunterschiede: Wie *E. r. polychloros* (siehe S. 107), Männchen und Weibchen geringfügig heller und etwas größer. Sehr schwierig zu unterscheiden, deshalb unbedingt auf die Herkunft achten, denn sie leben nur auf den Aru-Inseln, Indonesien.
Haltungsansprüche: Eine 3 m lange Voliere als Mindestmaß, länger wäre besser. Den Papageien regelmäßig frische Zweige zum Benagen zur Verfügung stellen.
Ernährung: Mindestens 50 % Obst- und Gemüseanteil, verschiedene, auch exotische Früchte, 50 % Samenmischung.
Zucht: Gelingt regelmäßig, den Vögeln einen hochformatigen Nistkasten anbieten.
Besonderheiten: Sie lassen nur selten ihre laute Stimme hören. Der Aru-Edelpapagei ist auch für Experten äußerst schwer vom Neuguinea-Edelpapagei zu unterscheiden, deshalb sollte beim Erwerb der Tiere genau auf die Abstammung und Unterartenreinheit der Tiere geachtet werden.

Eclectus roratus cornelia

Cornelia-Edelpapagei

Englisch: Cornelia's Eclectus Parrot
Französisch: Éclectus Cornelia
Spanisch: Loro ecléctico de Sumba

Herkunft: Asien
Status Freiland: Bedroht.
Status Menschenobhut: Sehr selten.

Geschlechtsunterschiede: Männchen wie *E. r. vosmaeri*, Weibchen ganz rot, mit roter Schwanzunterseite.
Haltungsansprüche: Eine 3 m lange Voliere sollte als Mindestmaß angesehen werden, länger wäre besser, regelmäßig frische Zweige zum Benagen geben.
Ernährung: Mindestens 50 % Obst- und Gemüseanteil, verschiedene, auch exotische Früchte, 50 % Samenmischung.
Zucht: Gelingt sehr selten, den Vögeln einen hochformatigen Nistkasten anbieten.
Besonderheiten: Er wird sehr selten gehalten, die Männchen sind sehr schwer zu identifizieren. Unbedingt auf die Herkunft achten und nur unterartenrein züchten. Da die Unterart auf Sumba bedroht ist, sollte in Menschenobhut unbedingt ein sich selbst erhaltender Zuchtstamm aufgebaut werden. Sollten wegen ihrer Seltenheit nur von erfahrenen Züchtern gehalten werden.

Eclectus roratus macgillivrayi

Queensland-Edelpapagei

Englisch: Australian Red-sided Eclectus Parrot
Französisch: Grand Éclectus
Spanisch: Loro ecléctico de Macgillivrayi

Herkunft: Australien
Status Freiland: Gelegentlich.
Status Menschenobhut: Sehr selten.

Geschlechtsunterschiede: Wie *E. r. polychloros*, Männchen und Weibchen aber deutlich größer.
Haltungsansprüche: Eine 3 m lange Voliere gilt als Mindestanforderung, länger wäre besser. Regelmäßig frische Zweige zum Benagen zur Verfügung stellen.
Ernährung: Mindestens 50 % der Gesamtfuttermenge als Obst- und Gemüseanteil, verschiedene, auch exotische Früchte, 50 % Samenmischung.
Zucht: Gelingt sehr selten, den Vögeln einen hochformatigen Nistkasten anbieten.
Besonderheiten: Es wird öfters behauptet, den Queensland-Edelpapagei in Besitz zu haben, in den meisten Fällen kann dies aber nicht bestätigt werden. Wohl nur ganz wenige Tiere sind außerhalb Australiens vorhanden, daher unbedingt auf Herkunft achten und nur unterartenrein züchten.

Eclectus roratus polychloros

Neuguinea-Edelpapagei

Englisch: Red-sided Eclectus Parrot
Französisch: Éclectus de Nouvelles-Guinée
Spanisch: Loro ecléctico de Nueva Guinea

Herkunft: Asien
Status Freiland: Häufig.
Status Menschenobhut: Häufig.

Geschlechtsunterschiede: Wie Nominatform, das grüne Grundgefieder der Männchen hat einen gelblichen Anflug, Unterschwanzdecken mit gelblichen Spitzen; Weibchen etwas heller im Rot, rote Oberbrust von dunkelblauem Bauch mit klarer Linie getrennt, Schwanzoberseite dunkelrot mit heller Spitze.
Haltungsansprüche: 3 m lange Voliere gilt als Mindestanforderung, regelmäßig frische Zweige zum Benagen zur Verfügung stellen.
Ernährung: Mindestens 50 % Obst- und Gemüseanteil, verschiedene, auch exotische Früchte, 50 % Samenmischung,
Zucht: Gelingt häufig. Den Vögeln hochformatigen Nistkasten anbieten, in der Regel sind sie zuverlässige Brüter.
Besonderheiten: Am häufigsten gehaltene Unterart des Edelpapageis. Sie können jedem Papageienliebhaber als zahme Hausgenossen oder Zuchtvögel für die Voliere nur empfohlen werden. Auch als Naturbruten zutraulich, haben sie ein angenehmes Wesen, lassen in der Regel nur selten ihre laute Stimme hören. Auch Gruppenhaltung in größeren Gehegen ist möglich. Farbmutationen in blau sind in beiden Geschlechtern bekannt.

Eclectus roratus riedeli

Riedels Edelpapagei

Englisch: Riedel's Eclectus Parrot
Französisch: Éclectus de Riedel
Spanisch: Loro ecléctico de Riedel

Herkunft: Asien
Status Freiland: Regelmäßig.
Status Menschenobhut: Sehr selten.

Geschlechtsunterschiede: Männchen wie *E. r. roratus*, aber kleiner und Schwanz oberseits mit bis zu 25 mm breiter gelber Spitze, Weibchen ganz rot, Schwanzdecken gelb.
Haltungsansprüche: Eine 3 m lange Voliere gilt als Mindestanforderung, regelmäßig frische Zweige zum Benagen zur Verfügung stellen.
Ernährung: Mindestens 50 % Obst- und Gemüseanteil, verschiedene, auch exotische Früchte, 50 % Samenmischung.
Zucht: Gelingt sehr selten, dazu den Vögeln einen hochformatigen Nistkasten anbieten.
Besonderheiten: Wird sehr selten gehalten, Männchen wie Weibchen eindeutig durch ihre geringe Größe und die charakteristischen gelben Schwanzspitzen zu identifizieren. Nur unterartenrein züchten. Bisher besteht noch kein sich selbst erhaltender Zuchtstamm in Menschenobhut, deshalb unbedingt mit den wenigen Tieren, die vorhanden sind, die Zucht anstreben.

10 °C

35 cm

9,5 mm

2 Eier

nein

Eclectus roratus roratus (Nominatform)

Ceram-Edelpapagei

Englisch: Ceram Eclectus Parrot
Französisch: Grand Éclectus
Spanisch: Loro ecléctico

Herkunft: Asien
Status Freiland: Häufig.
Status Menschenobhut: Gelegentlich.

Geschlechtsunterschiede: Männchen dunkelgrün, mit schmalen, gelblich weißen Schwanzsäumen. Weibchen dunkelrot, Bauch und Oberbrust violett, fast vollständig rote Unterschwanzdecken.
Haltungsansprüche: 3 m lange Voliere als Mindesmaß, länger wäre besser.
Ernährung: Mindestens 50 % Obst- und Gemüseanteil, verschiedene, auch exotische Früchte, 50 % Samenmischung.
Zucht: Gelingt gelegentlich, den Vögeln hochformatigen Nistkasten anbieten.
Besonderheiten: Mittellaute Papageien. Er kommt in neun Unterarten vor. Bei der Zucht auf Unterartenreinheit achten, oft werden Mischlinge aus der Verpaarung Neuguinea-Edelpapagei × Halmahera-Edelpapagei als Ceram-Edelpapageien angeboten, diese sind jedoch zu groß. Nur wenige Züchter halten wirklich reine Ceram-Edelpapageien, die deutlich kleiner sind.

Eclectus roratus salomonensis

Salomonen-Edelpapagei

Englisch: Solomon Eclectus Parrot
Französisch: Éclectus des Îles Salomons
Spanisch: Loro ecléctico de Salomon

Herkunft: Asien
Status Freiland: Häufig.
Status Menschenobhut: Regelmäßig.

Geschlechtsunterschiede: Wie *E. r. polychloros*, aber etwas kleiner. Männchen und Weibchen etwas heller im Grün und Rot des Gefieders.
Haltungsansprüche: Eine 3 m lange Voliere gilt als Mindestanforderung, die Vögel brauchen regelmäßig frische Zweige zum Benagen.
Ernährung: Mindestens 50 % der Gesamtfuttermenge als Obst- und Gemüseanteil, verschiedene, auch exotische Früchte, 50 % Samenmischung.
Zucht: Gelingt regelmäßig, den Vögeln einen hochformatigen Nistkasten zur Verfügung stellen.
Besonderheiten: Der Salomonen-Edelpapagei lässt nur selten seine laute Stimme hören. Er wird öfter mit dem Neuguinea-Edelpapagei verwechselt, deshalb unbedingt auf Herkunft achten und nur unterartenrein züchten.

Eclectus roratus vosmaeri

Halmahera-Edelpapagei

Englisch: Halmahera Eclectus Parrot
Französisch: Éclectus de Vosmaer
Spanisch: Loro ecléctico de Halmahera

Herkunft: Asien
Status Freiland: Häufig.
Status Menschenobhut: Gelegentlich.

Geschlechtsunterschiede: Wie Nominatform, das Grün der Männchen heller, bis zu 7 mm breiter, gelblich weißer Schwanzsaum; Weibchen dunkelrot, violette Oberbrust mit Rot verwaschen, Schwanz mit bis zu 4 cm breitem, rein gelben Saum, rein gelbes Federndreieck in der Kloakengegend.
Haltungsansprüche: Eine 3 m lange Voliere als Minimun für die Unterbringung der Edelpapageien.

Ernährung: Mindestens 50 % Obst- und Gemüseanteil, verschiedene, auch exotische Früchte, 50 % Samenmischung.
Zucht: Gelingt gelegentlich, hochformatigen Nistkasten anbieten.
Besonderheiten: Mittellaut. Viele als Halmahera-Edelpapageien angebotene Vögel sind nicht unterartenrein sondern Mischlinge. Unterartenreine Weibchen zeigen ein leuchtendes, gelbes Dreieck am Unterschwanz und ein breites gelbes Band am Schwanzende, nicht unterartenreine Männchen sind schwerer zu erkennen. Sollten aus einer Verpaarung keine perfekt gefärbten Weibchen entstehen, sollte man innerhalb der Unterart umpaaren.

Tanygnathus lucionensis lucionensis (Nominatform)

Blauscheitel-Edelpapagei

Englisch: Blue-naped Parrot
Französisch: Perruche de lucion
Spanisch: Loro nuquiazul

Herkunft: Asien
Status Freiland: Je nach Unterart selten bis häufig.
Status Menschenobhut: Selten.

Geschlechtsunterschiede: Die Weibchen zeigen weniger intensive Zeichnung.
Haltungsansprüche: Eine 3 m lange Voliere als Minimum, länger wäre besser.
Ernährung: Mindestens 50 % Obst- und Gemüseanteil, verschiedene Früchte, viel Banane, auch grüne, 50 % Samenmischung.
Zucht: Selten gelungen, den Vögeln einen hochformatigen Nistkasten anbieten.

Besonderheiten: Sie sind mittellaute Papageien. In fünf Unterarten, in Menschenobhut ist wohl nur Nominatform vorhanden, oder andere Unterarten wurden nicht als solche erkannt. Bei der Zucht unbedingt auf Unterartenreinheit achten, da nur noch wenige Tiere in Europa vorhanden sind, Arterhaltung in Menschenobhut anstreben. Diese Papageien sollten nur von erfahrenen Züchtern gehalten werden, um einen sich selbst erhaltenden Zuchtstamm aufzubauen.

Tanygnathus megalorhynchus megalorhynchus (Nominatform)

Schwarzschulter-Edelpapagei

Englisch: Great-billed Parrot
Französisch: Perruche à bec de sang
Spanisch: Loro picogordo

Herkunft: Asien
Status Freiland: Je nach Unterart selten bis häufig.
Status Menschenobhut: Sehr selten.

Geschlechtsunterschiede: Weibchen etwas kleiner.
Haltungsansprüche: Eine 3 m lange Voliere gilt als Mindestanforderung.
Ernährung: Mindestens 50 % Obst- und Gemüseanteil, verschiedene Früchte, viel Banane, auch grüne, 50 % Samenmischung.
Zucht: Sehr selten gelungen, den Vögeln einen hochformatigen Nistkasten geben.
Besonderheiten: Mittellaute Papageien. In fünf Unterarten, in Menschenobhut wohl nur Nominatform vorhanden, andere Unterarten wurden wohl nicht als solche erkannt. Bei der Zucht unbedingt auf Unterartenreinheit achten, da nur noch wenige Tiere in Europa vorhanden sind. Unbedingt Zucht zur Arterhaltung in Menschenobhut anstreben. Züchter mit Erfahrung sollten sich bemühen, einen sich selbst erhaltenden Zuchtstamm aufzubauen.

Tanygnathus sumatranus sumatranus (Nominatform)

Müllers Edelpapagei

Englisch: Müller's Parrot
Französisch: Perruche de Müller
Spanisch: Loro de Müller

Herkunft: Asien
Status Freiland: Häufig.
Status Menschenobhut: Selten.

Geschlechtsunterschiede: Beim Männchen ist der Schnabel rot, beim Weibchen hornfarben.
Haltungsansprüche: Eine wenigstens 3 m lange Voliere sollte als Minimum für diese Vögel betrachtet werden.
Ernährung: Mindestens 50 % Obst- und Gemüseanteil, verschiedene Früchte, viel Banane, auch grüne, 50 % Samenmischung.
Zucht: Selten gelungen, den Vögeln einen hochformatigen Nistkasten zur Verfügung stellen.

Besonderheiten: Wenig laute Vögel. In sechs Unterarten, wobei in Menschenobhut wohl nur Nominatform vorhanden ist oder andere Unterarten wohl nicht als solche erkannt wurden. Bei der Zucht unbedingt auf Unterartenreinheit achten. Da nur noch wenige Tiere in Europa existieren, ist es wichtig, die Zucht zur Arterhaltung in Menschenobhut anzustreben.

10 °C

35 cm

7,5 mm

2–3 Eier

nein

Alisterus amboinensis amboinensis (Nominatform)

Amboina-Königssittich

Englisch: Amboina King Parrot
Französisch: Perruche tricolore
Spanisch: Papagayo moluqueno

Herkunft: Asien
Status Freiland: Regelmäßig.
Status Menschenobhut: Regelmäßig.

Geschlechtsunterschiede: Keine.
Haltungsansprüche: Eine 5 m lange Voliere als Mindestgröße. Länger wäre besser, die Vögel fliegen sehr gerne, ein beheizter Schutzraum ist notwendig.
Ernährung: Samenmischung für Großsittiche, Obst- und Gemüsemischung, Kleinsämereien und regelmäßig Wildkräuter wie Löwenzahn, Vogelmiere und andere ungespritzte Grünpflanzen, Beeren von Feuer-Weißdorn, Hagebutten.

Zucht: Gelingt regelmäßig, hochformatigen Nistkasten anbieten, schräg aufhängen. Während der Zucht kann das Weibchen gegenüber dem Männchen aggressiv werden, die Vögel sind sehr störungsanfällig.
Besonderheiten: Keine lauten Papageien, sehr gute Flieger. Für den fortgeschrittenen Papageienhalter, aber nur zur Zucht empfehlenswert, es tritt immer wieder aggressives Verhalten zwischen den Paaren auf, das bis zur Tötung eines Partners geht, schreckhaft. Unbedingt unterartenrein züchten. Es existieren weitere fünf Unterarten.

Alisterus amboinensis buruensis

Buru-Königssittich

Englisch: Buru Island King Parrot
Französisch: Perruche royale de Amboine
Spanisch: Perico real de Buru

Herkunft: Asien
Status Freiland: Regelmäßig.
Status Menschenobhut: Regelmäßig.

Geschlechtsunterschiede: Keine.
Haltungsansprüche: Eine 5 m lange Voliere als Mindestmaß. Länger wäre besser, denn die Vögel fliegen sehr gerne, ein beheizter Schutzraum ist notwendig.
Ernährung: Samenmischung für Großsittiche, Obst- und Gemüsemischung, Kleinsämereien und ungespritzte Wildkräuter, Beeren von Feuer- und Weißdorn, auch Hagebutten.
Zucht: Gelingt gelegentlich, hochformatigen Nistkasten anbieten, schräg aufhängen, die Tiere sind sehr störungsanfällig.
Besonderheiten: Keine lauten Papageien, sehr gute Flieger. Für den fortgeschrittenen Papageienhalter und nur zur Zucht empfehlenswert. Es tritt immer wieder aggressives Verhalten zwischen den Paaren auf, das bis zur Tötung eines Partners reichen kann, schreckhafte Tiere. Unbedingt unterartenrein züchten.

Alisterus amboinensis dorsalis

Salawati-Königssittich

Englisch: Salawati King Parrot
Französisch: Perruche tricolore de Salawati
Spanisch: Perico real de Salawati

Herkunft: Asien
Status Freiland: Regelmäßig.
Status Menschenobhut: Selten.

Geschlechtsunterschiede: Keine.
Haltungsansprüche: Mindestens 5 m lange Voliere, länger wäre besser, denn die Vögel fliegen sehr gerne, ein beheizter Schutzraum ist notwendig.
Ernährung: Samenmischung für Großsittiche, Obst- und Gemüsemischung, Kleinsämereien und Unkräuter, regelmäßig Löwenzahn, Vogelmiere und andere ungespritzte Grünpflanzen, Beeren von Feuer-Weißdorn, auch Hagebutten.
Zucht: Gelingt selten, hochformatigen Nistkasten anbieten, schräg aufhängen.
Besonderheiten: Leise Papageien, sehr gute Flieger. Für den fortgeschrittenen Papageienhalter, aber nur zur Zucht empfehlenswert, es tritt immer wieder aggressives Verhalten zwischen den Paaren auf, das bis zur Tötung eines Partners reicht. Unbedingt unterartenrein züchten.

Alisterus chloropterus chloropterus (Nominatform)

Grünflügel-Königssittich

Englisch: Green-winged King Parrot
Französisch: Perruche à ailes vertes
Spanisch: Papagayo Papú

Herkunft: Asien
Status Freiland: Selten.
Status Menschenobhut: Regelmäßig.

Geschlechtsunterschiede: Bei den Weibchen sind Kopf, Brust, Rücken und Unterflügeldecken grün.
Haltungsansprüche: Eine 5 m oder längere Voliere als Minimum, die Sittiche fliegen sehr gerne, ein beheizter Schutzraum ist notwendig.
Ernährung: Samenmischung für Großsittiche, Obst- und Gemüsemischung, auch Kleinsämereien und Unkräuter, regelmäßig Löwenzahn, Vogelmiere und andere ungespritzte Grünpflanzen, Beeren wie Feuerdorn oder Weißdorn, auch Hagebutten.
Zucht: Gelingt regelmäßig, den Vögeln einen hochformatigen Nistkasten anbieten, schräg aufhängen.
Besonderheiten: Keine lauten Papageien, sehr gute Flieger. Bei der Zucht unbedingt auf Unterartenreinheit achten, denn es existieren zwei weitere.

Alisterus chloropterus moszkowskii

Moszkowski-Grünflügel-Königssittich

Englisch: Moszkowski's Green-winged King Parrot
Französisch: Perruche royale de Moszkowski
Spanisch: Perico real de alas verde

Herkunft: Asien
Status Freiland: Selten.
Status Menschenobhut: Gelegentlich.

Geschlechtsunterschiede: Die Weibchen sind wie Männchen gefärbt, bei ihnen sind aber Rücken und Flügel grün.
Haltungsansprüche: Eine 5 m lange Voliere als Minimum, länger wäre besser. Die Vögel fliegen sehr gerne, ein beheizter Schutzraum ist notwendig.
Ernährung: Samenmischung für Großsittiche, Obst- und Gemüsemischung, auch Kleinsämereien und Unkräuter, regelmäßig Löwenzahn, Vogelmiere und andere ungespritzte Grünpflanzen, Beeren wie Feuerdorn oder Weißdorn, auch Hagebutten.
Zucht: Gelingt gelegentlich, den Vögeln einen hochformatigen Nistkasten anbieten und schräg aufhängen.
Besonderheiten: Keine lauten Papageien, sehr gute Flieger. Unbedingt bei der Zucht auf Unterartenreinheit Wert legen.

Alisterus scapularis

Australischer Königssittich

Englisch: Australien King Parrot
Französisch: Perruche royale
Spanisch: Papagayo australiano

Herkunft: Australien
Status Freiland: Häufig.
Status Menschenobhut: Häufig.

Geschlechtsunterschiede: Beim Männchen sind Kopf und Brust ebenfalls rot.
Haltungsansprüche: Eine mindestens 5 m lange Voliere, denn die Vögel fliegen sehr gerne. Sie suchen gerne den Boden auf, um nach Futter zu suchen, winterhart bei frostfreiem Innenraum.
Ernährung: Samenmischung für Großsittiche, Obst- und Gemüsemischung, auch Kleinsämereien und vielerlei ungespritzte Wildkräuter.
Zucht: Gelingt häufig, den Vögeln einen hochformatigen Nistkasten anbieten.
Besonderheiten: In Europa wegen seiner schönen Färbung und Zutraulichkeit sehr beliebt, nicht sehr laut, robust, inzwischen in zahlreichen Farbmutationen wie Lutino gezüchtet. Eine Unterart, die sich nur in der Größe unterscheiden. Dies wurde aber in Europa von den Züchtern nicht beachtet, sodass nur noch ein „Einheits-Königssittich“ vorhanden ist.

Aprosmictus erythropterus erythropterus (Nominatform)

Rotflügelsittich

Englisch: Red-winged Parrot
Französisch: Perruche érythroptère
Spanisch: Papagayo alirrojo

Herkunft: Australien
Status Freiland: Häufig.
Status Menschenobhut: Häufig.

Geschlechtsunterschiede: Weibchen ohne schwarzen Rücken- und Flügelfedern, rote Flügelpartien, etwas kleiner.
Haltungsansprüche: 5 m lange Voliere als Minimum, die Vögel fliegen sehr gerne. Mit frostfreiem Innenraum auch im Winter in der Außenvoliere zu halten, sie sitzen gerne auf dem Volierenboden, deshalb sollte bepflanzter Naturboden bevorzugt werden.
Ernährung: Samenmischung für Großsittiche, Obst- und Gemüsemischung, auch Kleinsämereien und Unkräuter, regelmäßig Löwenzahn, Vogelmiere und andere ungespritzte Grünpflanzen, Beeren wie Feuerdorn oder Weißdorn, Hagebutten.
Zucht: Gelingt häufig, den Vögeln einen hochformatigen Nistkasten anbieten.
Besonderheiten: Keine lauten Papageien, sehr gute Flieger. Die Unterart, der Neuguinea-Rotflügelsittich, *A. e. coccineopterus*, wird selten gehalten und sollte nicht mit der Nominatform gekreuzt werden. Die zweite Unterart *A. e. papua* wird wohl nicht in Europa gehalten.

Aprosmictus jonquillaceus jonquillaceus (Nominatform)

Timor-Rotflügelsittich

Englisch: Timor Red-winged Parrot
Französisch: Perruche jonquille
Spanisch: Papagayo de Timor

Herkunft: Asien
Status Freiland: Häufig.
Status Menschenobhut: Selten.

Geschlechtsunterschiede: Weibchen mit bläulichen Anflug auf Rücken, Flügelbug grün.
Haltungsansprüche: Mindestens 5 m lange Voliere, länger wäre besser, die Vögel fliegen sehr gerne, sitzen gerne auf dem Volierenboden, deshalb bevorzugt bepflanzter Naturboden.
Ernährung: Samenmischung für Großsittiche, Kolbenhirse, Obst- und Gemüsemischung, auch Kleinsämereien und Wildkräuter, regelmäßig Löwenzahn, Vogelmiere und andere ungespritzte Grünpflanzen, Beeren wie Feuerdorn oder Weißdorn, auch Hagebutten.
Zucht: Gelingt selten, den Vögeln einen hochformatigen Nistkasten anbieten.
Besonderheiten: Keine lauten Papageien, sehr gute Flieger. Unbedingt zur Zucht verwenden, um einen sich selbst erhaltenden Zuchtstamm aufzubauen, Unterart Wetar-Rotflügelsittich, *A. j. wetterensis*, wird nur noch sehr selten gehalten und sollte nicht mit der Nominatform gekreuzt werden.

0 °C

35 cm

6,0 mm

4–6 Eier

nein

Barnardius zonarius barnardi

Barnardsittich

Englisch: Barnard's Parakeet
Französisch: Perruche de Barnard
Spanisch: Perico de Barnard

Herkunft: Australien
Status Freiland: Häufig.
Status Menschenobhut: Häufig.

Geschlechtsunterschiede: Die Weibchen haben ein blasseres Gefieder.
Haltungsansprüche: Eine 5 m lange Voliere als Mindestmaß, denn die Vögel fliegen sehr gerne. Sie sind mit frostfreiem Innenraum auch im Winter in Außenvoliere zu halten, sitzen gerne auf bewachsenem Volierenboden und suchen nach Futter.
Ernährung: Samenmischung für Großsittiche, Kolbenhirse, Obst- und Gemüsemischung, auch Kleinsämereien und Wildkräuter, regelmäßig Löwenzahn, Vogelmiere und andere ungespritzte Grünpflanzen, Beeren wie Feuerdorn oder Weißdorn, auch Hagebutten.
Zucht: Gelingt häufig, dazu einen hochformatigen Nistkasten anbieten.
Besonderheiten: Keine lauten Papageien, gute Flieger, regelmäßig Wurmkuren durchführen, da anfällig auf Wurmbefall. Unbedingt unterartenrein weiterzüchten. Barnardsittiche werden gelegentlich mit Cloncurrysittichen gekreuzt, unterscheiden sich aber deutlich durch die rote Stirn von diesen. Inzwischen sind etliche Farbmutationen, unter anderem blaue, bekannt. War früher als eigenständige Art geführt, heute als Unterart von *B. zonarius*.

Barnardius zonarius macgillivrayi

Cloncurrysittich

Englisch: Cloncurry Parakeet
Französisch: Perruche de Cloncurry
Spanisch: Periquito de Cloncurry

Herkunft: Australien
Status Freiland: Häufig.
Status Menschenobhut: Häufig.

Geschlechtsunterschiede: Die Weibchen haben ein etwas blasseres Gefieder.
Haltungsansprüche: 5 m lange Voliere als Minimum, denn die Vögel fliegen sehr gerne. Cloncurrysittiche sind mit frostfreiem Innenraum auch im Winter in Außenvoliere zu halten, sitzen gerne auf bewachsenem Volierenboden und suchen nach Futter.
Ernährung: Samenmischung für Großsittiche, Kolbenhirse, Obst- und Gemüsemischung, auch Kleinsämereien und Wildkräuter, regelmäßig Löwenzahn, Vogelmiere und andere ungespritzte Grünpflanzen, Beeren wie Feuerdorn oder Weißdorn, auch Hagebutten.
Zucht: Gelingt häufig, den Vögeln einen hochformatigen Nistkasten anbieten.
Besonderheiten: Keine lauten Papageien, gute Flieger, regelmäßig Wurmkuren durchführen, da anfällig auf Wurmbefall. Die Männchen können sehr aggressiv gegenüber dem Weibchen werden. Unbedingt unterartenrein weiterzüchten. Sie werden gelegentlich mit Barnardsittichen gekreuzt.

Barnardius zonarius semitorquatus

Kragensittich

Englisch: Twenty-eight Parrot
Französisch: Perruche à collier jaune
Spanisch: Periquito veintiocho

Herkunft: Australien
Status Freiland: Häufig.
Status Menschenobhut: Häufig.

Geschlechtsunterschiede: Die Weibchen sind blasser im Gefieder.
Haltungsansprüche: Eine mindestens 5 m lange Voliere, denn die Sittiche fliegen sehr gerne. Sie sitzen gerne auf bewachsenem Volierenboden und suchen nach Futter. Bei frostfreiem Innenraum sind sie auch im Winter in Außenvoliere zu halten.
Ernährung: Samenmischung für Großsittiche, Kolbenhirse, Obst- und Gemüsemischung, auch Kleinsämereien und Wildkräuter, regelmäßig Löwenzahn, Vogelmiere und andere ungespritzte Grünpflanzen, Beeren wie Feuerdorn oder Weißdorn, auch Hagebutten.
Zucht: Gelingt häufig, dazu einen hochformatigen Nistkasten zur Verfügung stellen.
Besonderheiten: Leise Papageien, gute Flieger, regelmäßig Wurmkuren durchführen, da anfällig auf Wurmbefall. Unbedingt unterartenrein weiterzüchten. Sie werden gelegentlich mit Bauers Ringsittichen gekreuzt, unterscheiden sich aber deutlich durch die rote Stirn und den grünen Bauch. Inzwischen sind etliche Farbmutationsformen, darunter blaue, bekannt.

Barnardius zonarius zonarius (Nominatform)

Bauers Ringsittich

Englisch: Port Lincoln Parrot
Französisch: Perruche à collier jaune
Spanisch: Perico de Port Lincoln

Herkunft: Australien
Status Freiland: Häufig.
Status Menschenobhut: Häufig.

Geschlechtsunterschiede: Die Weibchen haben ein blasseres Gefieder.
Haltungsansprüche: Eine 5 m lange Voliere als Mindestlänge, die Vögel fliegen sehr gerne und sind bei frostfreiem Innenraum auch im Winter in Außenvoliere zu halten. Sie sitzen gerne auf dem Volierenboden, deshalb sollte bepflanzter Naturboden bevorzugt werden.
Ernährung: Samenmischung für Großsittiche, Kolbenhirse, Obst- und Gemüsemischung, auch Kleinsämereien und Wildkräuter, regelmäßig Löwenzahn, Vogelmiere und andere ungespritzte Grünpflanzen, Beeren wie Feuerdorn oder Weißdorn, auch Hagebutten.
Zucht: Gelingt häufig, den Vögeln einen hochformatigen Nistkasten anbieten.
Besonderheiten: Keine lauten Papageien, gute Flieger, regelmäßig Wurmkuren durchführen, da anfällig auf Wurmbefall. Unbedingt unterartenrein weiterzüchten. Sie werden gelegentlich mit Kragensittichen gekreuzt. Inzwischen sind etliche Farbmutationen, unter anderem blaue, bekannt.

0 ° C

27 cm

5,0 mm

4–12 Eier

nein

Cyanoramphus auriceps

Springsittich

Englisch: Yellow-crowned Parakeet
Französisch: Perruche à tete d'or
Spanisch: Perico Maorí cabecigualdo

Herkunft: Australien/Neuseeland
Status Freiland: Häufig bis sehr selten.
Status Menschenobhut: Sehr häufig.

Geschlechtsunterschiede: Weibchen mit kleinerem Kopf.
Haltungsansprüche: Eine 2 m lange Voliere als Mindestmaß, länger wäre besser. Die Vögel klettern sehr gerne, sind sehr bewegungsaktiv, sitzen gern auf bewachsenem Volierenboden und suchen nach Futter.
Ernährung: Samenmischung für Großsittiche, Kolbenhirse, Obst- und Gemüsemischung, auch Kleinsämereien und Wildkräuter, regelmäßig Löwenzahn, Vogelmiere und andere ungespritzte Grünpflanzen, Beeren wie Feuerdorn oder Weißdorn, auch Hagebutten.
Zucht: Gelingt sehr häufig, den Vögeln einen hochformatigen Nistkasten anbieten, sie sind sehr vermehrungsfreudig.
Besonderheiten: Leise Sittiche, sehr friedlich, können auch mit anderen kleineren Vogelarten vergesellschaftet werden. Regelmäßig Wurmkuren, da anfällig auf Wurmbefall. Hybridisieren sehr leicht mit dem Ziegensittich, was unbedingt zu vermeiden ist. Farbmutationen wie Zimt, Gelb-gescheckt und Lutino, inzwischen mehr als rein wildfarbene Tiere vorhanden. Deshalb sollten unbedingt auch wildfarbene Zuchtstämme weitergezüchtet werden.

Cyanoramphus novaezelandiae

Ziegensittich

Englisch: Red-fronted Parakeet
Französisch: Perruche de Sparrman
Spanisch: Perico Maorí cabecirojo

Herkunft: Australien/Neuseeland
Status Freiland: Häufig bis sehr selten.
Status Menschenobhut: Sehr häufig.

Geschlechtsunterschiede: Die Weibchen haben kleineren Kopf.
Haltungsansprüche: Mindestens 2 m lange Voliere, die Vögel klettern sehr gerne, sind sehr bewegungsaktiv, sitzen mit Vorliebe auf bewachsenem Volierenboden und suchen nach Futter.
Ernährung: Samenmischung für Großsittiche, Kolbenhirse, Obst- und Gemüsemischung, auch Kleinsämereien und Wildkräuter, regelmäßig Löwenzahn, Vogelmiere und andere ungespritzte Grünpflanzen, Beeren wie Feuerdorn oder Weißdorn, auch Hagebutten.
Zucht: Gelingt sehr häufig, hochformatigen Nistkasten für die sehr vermehrungsfreudigen Vögel anbieten.
Besonderheiten: Leise Sittiche, sehr friedlich, können auch mit anderen kleineren Vogelarten vergesellschaftet werden. Regelmäßig Wurmkuren durchführen, da anfällig. Acht Unterarten, nur die Nominatform wird in Europa gehalten, hybridisieren leicht mit dem Springsittich, was unbedingt zu vermeiden ist. Einige Farbmutationen wie Zimt, Gelb-gescheckt und Lutino sind vorhanden, inzwischen oft mehr Mutationen als rein wildfarbene Tiere, deshalb unbedingt naturfarbene Stämme weiterzüchten.

10 ° C

32 cm

5,5 mm

2–4 Eier

ja

Eunymphicus cornutus

Hornsittich

Englisch: Horned Parakeet
Französisch: Perruche cornue
Spanisch: Perico cornudo

Herkunft: Australien/Neukaledonien
Status Freiland: Bedroht, 1000–2500 Tiere, Tendenz abnehmend.
Status Menschenobhut: Regelmäßig.

Geschlechtsunterschiede: Die Weibchen mit etwas kleinerem Kopf.
Haltungsansprüche: Mindestens 4 m lange Voliere, die Vögel klettern sehr gerne, sind bewegungsaktiv und sitzen mit Vorliebe auf bewachsenem Volierenboden um nach Futter zu suchen.
Ernährung: Samenmischung für Großsittiche, Kolbenhirse, Obst- und Gemüsemischung, auch Kleinsämereien und Wildkräuter, regelmäßig Löwenzahn, Vogelmiere und andere ungespritzte Grünpflanzen, Beeren wie Feuerdorn oder Weißdorn, auch Hagebutten. Lieben auch Hibiskusblüten.
Zucht: Gelingt regelmäßig, den Vögeln einen hochformatigen Nistkasten anbieten.
Besonderheiten: Leise Sittiche, regelmäßig Wurmkuren durchführen, da anfällig für Wurmbefall. Sie gehören nach wie vor zu den Besonderheiten einer Sittichkollektion und sollten von erfahrenen Haltern gepflegt werden.

Eunymphicus uvaeensis

Ouvéa-Hornsittich

Englisch: Ouvean Parakeet
Französisch: Perruche cornue d'Ouvéa
Spanisch: Periquito cornudo de Uvea

Herkunft: Australien/Neukaledonien
Status Freiland: Bedroht, 750 Tiere, Tendenz steigend.
Status Menschenobhut: Sehr selten.

Geschlechtsunterschiede: Weibchen mit etwas kleinerem Kopf.
Haltungsansprüche: 4 m lange Voliere als Mindestmaß. Die Vögel klettern sehr gerne, sind bewegungsaktiv und sitzen bevorzugt auf bewachsenem Volierenboden nach Futter suchend.
Ernährung: Samenmischung für Großsittiche, Kolbenhirse, Obst- und Gemüsemischung, auch Kleinsämereien und Wildkräuter, regelmäßig Löwenzahn, Vogelmiere und andere ungespritzte Grünpflanzen, Beeren wie Feuerdorn oder Weißdorn, auch Hagebutten. Lieben auch Hibiskusblüten.
Zucht: Gelingt selten, einen hochformatigen Nistkasten anbieten.
Besonderheiten: Leise Sittiche, regelmäßig entwurmen, da anfällig für Wurmbefall. Sie gehören zu den sehr selten gepflegten Papageienarten und sollten erfahrenen Haltern vorbehalten sein. Gelegentlich werden Mischlinge mit *E. cornutus* gezüchtet, was aber unbedingt vermieden werden sollten, um einen reinen Zuchtstamm aufzubauen und zu erhalten. Früher als Unterart von E. cornutus geführt, heute als eigenständige Art.

Lathamus discolor

Schwalbensittich

Englisch: Swift Parrot
Französisch: Perruche de Latham
Spanisch: Periquito golondrina

Herkunft: Australien
Status Freiland: Stark bedroht, 2000 Tiere, Tendenz abnehmend.
Status Menschenobhut: Häufig.

Geschlechtsunterschiede: Weibchen mit matteren Farben.
Haltungsansprüche: 3 m lange Voliere als Minimum, länger wäre besser. Sie fliegen und klettern gerne. Bei frostfreiem Schutzraum auch im Winter tagsüber in Außenvoliere lassen.
Ernährung: Samenmischung für Großsittiche, Kolbenhirse, Obst- und Gemüsemischung, auch Kleinsämereien und Wildkräuter, regelmäßig Löwenzahn, Vogelmiere und andere ungespritzte Grünpflanzen, Grassrispen, Zweige mit frischen Blüten, Hibiskusblüten, täglich Lorinektar.
Zucht: Gelingt häufig, hoch- oder querformatigen Nistkasten anbieten. Zucht in der Kolonie ist möglich, dazu sind aber größere Volieren notwendig.
Besonderheiten: In der Natur Zugvögel, brüten auf Tasmanien und überwintern auf dem australischen Festland. Leise Sittiche, regelmäßig entwurmen, da anfällig für Wurmbefall. Keine Nager, wenig aggressiv, Schwarmhaltung auch mit anderen kleineren Vogelarten möglich. In Europa existiert bei den Züchtern ein guter Zuchtstamm mit mehr Tieren als im Ursprungsland selbst.

Melopsittacus undulatus

Wellensittich

Englisch: Budgerigar
Französisch: Perruche ondulée
Spanisch: Periquito común

Herkunft: Australien
Status Freiland: Häufig.
Status Menschenobhut: Sehr häufig.

Geschlechtsunterschiede: Männchen mit blauer, Weibchen mit brauner Nasenhaut, bei Jungvögeln und aufgehellten Farbvarianten wie Lutino und Albino etwas schwerer zu unterscheiden.
Haltungsansprüche: Paarweise im Zimmerkäfig mit täglichem Freiflug, eine Voliere wäre besser. Wellensittiche sind leicht in einer größeren Gruppe zu halten und zu züchten. Mit frostfreiem Schutzraum auch im Winter Haltung in Außenvolieren möglich.
Ernährung: Samenmischung für Wellensittiche, Kolbenhirse, Obst- und Gemüsemischung, auch Kleinsämereien und Wildkräuter, regelmäßig Löwenzahn, Vogelmiere und andere ungespritzte Grünpflanzen, Grassrispen.
Zucht: Gelingt sehr häufig, querformatigen Nistkasten anbieten, in der Gruppenzucht unbedingt mehr Nistkästen als Paare, sonst gibt es Streit.
Besonderheiten: Beliebteste Hausvögel überhaupt, seit über 100 Jahre in vielen Generationen zum domestizierten Haustier geworden. Leise Sittiche, keine starken Nager, die im Wildtyp grünen Sittiche werden heute in vielen Farbmutationen gezüchtet, unter anderen Gescheckt, Blau, Zimt, Gelb, Weiß, Falbe, Opalin, Mauve.

Neophema chrysostoma

Feinsittich

Englisch: Blue-winged Parrot
Französisch: Perruche à bouge d'or
Spanisch: Periquito crisóstomo

Herkunft: Australien
Status Freiland: Häufig.
Status Menschenobhut: Regelmäßig.

Geschlechtsunterschiede: Weibchen matter als Männchen, besonders in der Blaufärbung, Stirnband schmaler, weißlicher Unterflügelstreifen nur bei einigen Weibchen angedeutet.
Haltungsansprüche: Eine 2 m lange Voliere als Mindesmaß, die Vögel sitzen gerne auf bewachsenem Volierenboden und suchen nach Futter.
Ernährung: Samenmischung für Großsittiche, Kolbenhirse, Obst- und Gemüsemischung, auch Kleinsämereien und regelmäßig Löwenzahn, Vogelmiere und andere ungespritzte Grünpflanzen, Grassrispen.
Zucht: Gelingt häufig, hoch- oder querformatigen Nistkasten anbieten. Auch in einer artgleichen Gruppe mit mehreren Paaren züchtbar.
Besonderheiten: Leise Sittiche, regelmäßig entwurmen, da anfällig für Wurmbefall. Keine Nager, sehr friedliche Vögel, die auch mit kleineren Prachtfinken in Gemeinschaftsvolieren gehalten werden können. Auch Mischlinge mit anderen Grasssitticharten sind bekannt geworden, deshalb unbedingt darauf achten, dass artenreine Zuchtstämme erhalten bleiben.

Neophema elegans

Schmucksittich

Englisch: Elegant Parrot
Französisch: Perruche élégante
Spanisch: Periquito elegante

Herkunft: Australien
Status Freiland: Häufig.
Status Menschenobhut: Häufig.

Geschlechtsunterschiede: Weibchen matter als Männchen, insbesondere in der Blaufärbung, Stirnband schmaler, weißlicher Unterflügelstreifen nur bei einigen Weibchen angedeutet.
Haltungsansprüche: Mindestens 2 m lange Voliere, die Vögel sitzen gerne auf bewachsenem Volierenboden und suchen nach Futter.
Ernährung: Samenmischung für Großsittiche, Kolbenhirse, Obst- und Gemüsemischung, auch Kleinsämereien und Wildkräuter, regelmäßig Löwenzahn, Vogelmiere und andere ungespritzte Grünpflanzen, Grassrispen.
Zucht: Gelingt häufig, hoch- oder querformatigen Nistkasten anbieten.
Besonderheiten: Leise Sittiche, regelmäßig Wurmkuren durchführen, da anfällig für Wurmbefall. Keine Nager, sehr friedliche Vögel, die auch mit kleineren Prachtfinken in Gemeinschaftsvolieren gehalten werden können. In einigen Farbmutationen gezüchtet, unter anderem Gescheckt, Gelb und Zimt. Auch Mischlinge mit anderen Grasssitticharten wurden bekannt, es sollte unbedingt darauf geachtet werden, auch reinerbige wildfarbene Zuchtstämme zu erhalten.

Neophema pulchella

Schönsittich

Englisch: Turquoise Parrot
Französisch: Perruche turquoisine
Spanisch: Periquito turquesa

Herkunft: Australien
Status Freiland: Selten.
Status Menschenobhut: Sehr häufig.

Geschlechtsunterschiede: Weibchen mit blassblauer Gesichtsmaske, Hals und Oberbrust grün, weißlicher Unterflügelstreifen.
Haltungsansprüche: Eine 2 m lange Voliere gilt als Minimum. Die Schönsittiche sitzen gerne auf bewachsenem Volierenboden und suchen dort nach Futter.
Ernährung: Samenmischung für Großsittiche, Kolbenhirse, Obst- und Gemüsemischung, auch Kleinsämereien und Wildkräuter, regelmäßig Löwenzahn, Vogelmiere und andere ungespritzte Grünpflanzen, Grassrispen geben.
Zucht: Gelingt häufig, hoch- oder querformatigen Nistkasten anbieten.
Besonderheiten: Leise Sittiche, keine Nager, regelmäßig entwurmen, da anfällig für Wurmbefall. Sie werden in einigen Farbmutationen gezüchtet wie Gescheckt, Gelb, Blau, Lutino und Falbe. Rotbäuchige Vögel sind keine Farbmutation, sondern entstanden durch selektive Zuchtauswahl. Auch Mischlinge mit anderen Grasssitticharten wurden bekannt, unbedingt darauf achten, dass auch reinerbige wildfarbene Zuchtstämme erhalten bleiben.

0 °C

20 cm

4,0 mm

4–6 Eier

nein

Neophema splendida

Glanzsittich

Englisch: Scarlet-chested Parrot
Französisch: Perruche splendide
Spanisch: Periquito espléndido

Herkunft: Australien
Status Freiland: Bedroht.
Status Menschenobhut: Sehr häufig.

Geschlechtsunterschiede: Weibchen mit matterer, weniger ausgedehnter Gesichtsmaske, Brust grün, weißlicher Unterflügelstreifen bei den meisten Weibchen.
Haltungsansprüche: Mindestens 2 m lange Voliere, die Vögel sitzen gerne auf bewachsenem Volierenboden und suchen nach Futter.
Ernährung: Samenmischung für Großsittiche, Kolbenhirse, Obst- und Gemüsemischung, auch Kleinsämereien und Wildkräuter, regelmäßig Löwenzahn, Vogelmiere und andere ungespritzte Grünpflanzen, Grassrispen.
Zucht: Gelingt sehr häufig, hoch- oder querformatigen Nistkasten anbieten.
Besonderheiten: Leise Sittiche, keine Nager, regelmäßig Wurmkuren durchführen, da anfällig auf Wurmbefall. Sie werden in zahlreichen Farbmutationen gezüchtet wie Gescheckt, Blau, Pastell, Zimt, Isabell, Falbe und Dunkelgrün sowie Mauve. Mischlinge mit anderen Grassitticharten wurden bekannt. Daher unbedingt darauf achten, dass reinerbige wildfarbene Zuchtstämme erhalten bleiben.

0 °C

19 cm

4,0 mm

4–6 Eier

nein

Neopsephotus bourkii

Bourkesittich

Englisch: Bourke's Parrot
Französisch: Perruche de Bourke
Spanisch: Periquito rosado

Herkunft: Australien
Status Freiland: Häufig.
Status Menschenobhut: Sehr häufig.

Geschlechtsunterschiede: Weibchen matter als Männchen, besonders in der Blaufärbung auf der Stirn, Unterflügelstreifen vorhanden.
Haltungsansprüche: Eine 2 m lange Voliere gilt als Mindestmaß. Die Vögel sitzen gerne auf bewachsenem Volierenboden und suchen nach Futter.
Ernährung: Samenmischung für Großsittiche, Kolbenhirse, Obst- und Gemüsemischung, auch Kleinsämereien und Wildkräuter, regelmäßig Löwenzahn, Vogelmiere und andere ungespritzte Grünpflanzen, Grassrispen geben.
Zucht: Gelingt sehr häufig, hoch- oder querformatigen Nistkasten anbieten.
Besonderheiten: Leise Sittiche, sehr friedlich, können auch mit kleineren Prachtfinken in Gemeinschaftsvolieren gehalten werden können. Regelmäßige Wurmkuren nötig, da anfällig für Wurmbefall. Sie werden in zahlreichen Farbmutationen gezüchtet wie Falbe, Gelb und Rosa. Bei der Zucht sollte unbedingt darauf geachtet werden, auch reinerbig wildfarbene Zuchtstämme zu erhalten.

Northiella haematogaster haematogaster (Nominatform)

Gelbsteißsittich

Englisch: Yellow-vented Bluebonnet
Französisch: Perruche à bonnet bleu
Spanisch: Perico cariazul

Herkunft: Australien
Status Freiland: Häufig.
Status Menschenobhut: Selten.

Geschlechtsunterschiede: Weibchen mit matterer blauer Gesichtsmaske, weniger stark ausgeprägtem Rot, Kopf und Schnabel etwas kleiner.
Haltungsansprüche: Mindestens 3 m lange Voliere, die Vögel fliegen sehr gern. Bei frostfreiem Schutzraum auch im Winter in der Außenvoliere zu halten, sind gern auf bewachsenem Volierenboden.

Ernährung: Samenmischung für Großsittiche, Kolbenhirse, Obst- und Gemüsemischung, auch Kleinsämereien und Wildkräuter, regelmäßig Löwenzahn, Vogelmiere und andere ungespritzte Grünpflanzen, Beeren wie Feuerdorn oder Weißdorn, auch Hagebutten.
Zucht: Gelingt selten, einen hochformatigen Nistkasten anbieten.
Besonderheiten: Leise Sittiche, regelmäßig entwurmen, da anfällig für Würmer. Gelbsteißsittiche wurden oft mit den Rotsteißsittichen gekreuzt, daher sind nur wenige unterartenreine Tiere vorhanden. Züchter sollten reine Zuchtstämme aufbauen, solange noch Tiere dazu da sind. Orangefarbene Federn im Steiß weisen auf Mischlinge hin, es sollte nur mit rein gelben Tieren weitergezüchtet werden.

Northiella haematogaster haematorrhous

Rotsteißsittich

Englisch: Red-vented Bluebonnet
Französisch: Perruche à bonnet bleu à ventre rouge
Spanisch: Periquito de casco azul de vientre rojo

Herkunft: Australien
Status Freiland: Häufig.
Status Menschenobhut: Regelmäßig.

Geschlechtsunterschiede: Weibchen mit matterer blauer Gesichtsmaske, rot weniger stark ausgeprägt, Kopf und Schnabel etwas kleiner.
Haltungsansprüche: Eine 3 m lange Voliere als Minimum, länger wäre besser, denn die Vögel fliegen sehr gern. Bei frostfreiem Schutzraum auch im Winter in der Außenvoliere zu halten, sind gerne auf bewachsenem Volierenboden.
Ernährung: Samenmischung für Großsittiche, Kolbenhirse, Obst- und Gemüsemischung, auch Kleinsämereien und Wildkräuter, regelmäßig Löwenzahn, Vogelmiere und andere ungespritzte Grünpflanzen, Beeren wie Feuerdorn oder Weißdorn, auch Hagebutten.
Zucht: Gelingt regelmäßig, den Paaren einen hochformatigen Nistkasten anbieten.
Besonderheiten: Leise Sittiche, regelmäßig Wurmkuren durchführen, da anfällig für Wurmbefall. Auf Unterartenreinheit achten, da sie gelegentlich mit dem selteneren Gelbsteißsittich gekreuzt wurden, der rote Steiß sollte vollständig rot gefärbt und nicht mit gelben oder orangefarbenen Federn durchsetzt sein.

Northiella haematogaster narethae

Narethasittich

Englisch: Naretha Bluebonnet
Französisch: Petite perruche à bonnet bleu
Spanisch: Periquito de bonete azul de Naretha

Herkunft: Australien
Status Freiland: Häufig.
Status Menschenobhut: Sehr selten.

Geschlechtsunterschiede: Weibchen mit matterer blauer Gesichtsmaske, Schnabel etwas kleiner.
Haltungsansprüche: Eine mindestens 3 m lange Voliere, denn die Vögel fliegen sehr gern. Bei frostfreiem Schutzraum sind sie auch im Winter in der Außenvoliere zu halten. Sie sitzen gerne auf bewachsenem Volierenboden und suchen nach Futter. Deshalb eignet sich bepflanzter Naturboden für die Voliereneinrichtung.
Ernährung: Samenmischung für Großsittiche, Kolbenhirse, Obst- und Gemüsemischung, auch Kleinsämereien und Wildkräuter, regelmäßig Löwenzahn, Vogelmiere und andere ungespritzte Grünpflanzen, Beeren wie Feuerdorn oder Weißdorn, auch Hagebutten.
Zucht: Gelingt sehr selten, den Paaren einen hochformatigen Nistkasten zur Verfügung stellen.
Besonderheiten: Leise Sittiche, regelmäßig Wurmkuren durchführen, da anfällig für Wurmbefall. Es sind nur noch ganz wenige Tiere in Europa vorhanden, mit denen unbedingt Zuchtversuche unternommen werden sollten. Sonst steht zu befürchten, dass der Narethasittich bald aus Europa verschwunden sein wird.

0 °C

35 cm

6,5 mm

4–5 Eier

nein

Platycercus adelaide

Adelaidesittich

Englisch: Adelaide Rosella
Französisch: Perruche d'Adélaide
Spanisch: Perico de Adelaida

Herkunft: Australien
Status Freiland: Häufig.
Status Menschenobhut: Regelmäßig.

Geschlechtsunterschiede: Weibchen kleiner, kleinerer Schnabel.
Haltungsansprüche: Eine mindestens 5 m lange Voliere, die Vögel fliegen sehr gerne, sind bei frostfreiem Schutzraum auch im Winter in Außenvoliere zu halten, halten sich mit Vorliebe auf bewachsenem Volierenboden auf.
Ernährung: Samenmischung für Großsittiche, Kolbenhirse, Obst- und Gemüsemischung, auch Kleinsämereien und Wildkräuter, regelmäßig Löwenzahn, Vogelmiere und andere ungespritzte Grünpflanzen, Beeren wie Feuerdorn oder Weißdorn, auch Hagebutten.
Zucht: Gelingt regelmäßig, einen hochformatigen Nistkasten bieten.
Besonderheiten: Keine lauten Papageien, pfeifen flötenähnlich, sind gute Flieger. Regelmäßig entwurmen, da anfällig für Wurmbefall. Beim Adelaidesittich handelt es sich um eine natürliche Mischpopulation zwischen Pennantsittich und Strohsittich, daher gibt es unterschiedliche Farbvarianten, die einen mehr rot, die anderen mehr gelborange. *P. adelaide* wird in der neuen Systematik als Unterart von *P. elegans* geführt.

Platycercus adscitus adscitus (Nominatform)

Blauwangenrosella

Englisch: Blue-cheeked Rosella
Französisch: Perruche à tete pale
Spanisch: Perico pálido

Herkunft: Australien
Status Freiland: Häufig.
Status Menschenobhut: Gelegentlich.

Geschlechtsunterschiede: Weibchen kleiner, mit weißem Unterflügelstreifen.
Haltungsansprüche: Mindestens 4 m lange Voliere. Die Vögel fliegen sehr gerne, mit frostfreiem Schutzraum auch im Winter in Außenvoliere zu halten, sie sitzen mit Vorliebe auf bewachsenem Volierenboden und suchen nach Futter.
Ernährung: Samenmischung für Großsittiche, Kolbenhirse, Obst- und Gemüsemischung, auch Kleinsämereien und Wildkräuter, regelmäßig Löwenzahn, Vogelmiere und andere ungespritzte Grünpflanzen, Beeren wie Feuerdorn oder Weißdorn, auch Hagebutten.
Zucht: Gelingt regelmäßig, einen hochformatigen Nistkasten anbieten.
Besonderheiten: Keine lauten Papageien, pfeifen flötenähnlich, regelmäßig Wurmkuren durchführen, da anfällig für Wurmbefall. Die Nominatform ist gut an den violettblauen Wangen zu erkennen. Sie wird oft mit der Unterart Blasskopfrosella, *P. a. palliceps*, gekreuzt, daher sind nur wenige artenreine Exemplare vorhanden. Züchter sollten unbedingt auf Unterartenreinheit achten.

0 °C

32 cm

6,0 mm

4–7 Eier

nein

Platycercus adscitus palliceps

Blasskopfrosella

Englisch: Pale-headed Rosella
Französisch: Perruche palliceps
Spanisch: Rosella de cabeza pálida

Herkunft: Australien
Status Freiland: Häufig.
Status Menschenobhut: Häufig.

Geschlechtsunterschiede: Weibchen kleiner, mit hellerem Brust- und Bauchgefieder.
Haltungsansprüche: Mindestens 4 m lange Voliere, denn die Vögel fliegen sehr gerne. Bei frostfreiem Schutzraum auch im Winter in der Außenvoliere zu halten, sie halten sich mit Vorliebe auf bewachsenem Volierenboden auf.
Ernährung: Samenmischung für Großsittiche, Kolbenhirse, Obst- und Gemüsemischung, auch Kleinsämereien und Wildkräuter, regelmäßig Löwenzahn, Vogelmiere und andere ungespritzte Grünpflanzen, Beeren wie Feuerdorn oder Weißdorn, auch Hagebutten.
Zucht: Gelingt häufig, einen hochformatigen Nistkasten anbieten.
Besonderheiten: Keine lauten Papageien, pfeifen flötenähnlich, regelmäßig entwurmen, da anfällig für Wurmbefall. Der Blasskopfrosella wurde oft mit der Nominatform *P. a. adcitus* gekreuzt, und ist häufiger als diese. Züchter sollten unbedingt auf Unterartenreinheit achten. Pastellfarbene Blasskopfrosellas sind bekannt.

winterhart

37 cm

7,0 mm

4–6 Eier

nein

Platycercus caledonicus

Gelbbauchsittich

Englisch: Green Rosella
Französisch: Perruche à ventre jaune
Spanisch: Perico de Tasmania

Herkunft: Australien
Status Freiland: Häufig.
Status Menschenobhut: Häufig.

Geschlechtsunterschiede: Weibchen kleiner, mit schmalerem roten Stirnband.
Haltungsansprüche: Eine mindestens 5 m lange Voliere, besser länger: Die Vögel fliegen sehr gerne, sind winterhart und in der Außenvoliere mit Regen- und Windschutz zu halten. Da aus Tasmanien stammend sind sie ziemlich robust, sitzen bevorzugt auf bewachsenem Volierenboden und suchen dort nach Futter.
Ernährung: Samenmischung für Großsittiche, Kolbenhirse, Obst- und Gemüsemischung, auch Kleinsämereien und Wildkräuter, regelmäßig Löwenzahn, Vogelmiere und andere ungespritzte Grünpflanzen, Beeren wie Feuerdorn oder Weißdorn, auch Hagebutten.
Zucht: Gelingt häufig, einen hochformatigen Nistkasten anbieten.
Besonderheiten: Keine lauten Papageien, pfeifen flötenähnlich, gute Flieger, regelmäßig entwurmen, da anfällig für Wurmbefall. Unbedingt artenrein züchten, Mischlinge mit diversen anderen australischen Sittichen, vor allem aus der Gattung *Platycercus* sind bekannt.

0 °C

36 cm

7,0 mm

5–7 Eier

nein

Platycercus elegans elegans (Nominatform)

Pennantsittich

Englisch: Crimson Rosella
Französisch: Perruche de Pennant
Spanisch: Perico elegante

Herkunft: Australien
Status Freiland: Häufig.
Status Menschenobhut: Sehr häufig.

Geschlechtsunterschiede: Weibchen kleiner, kleinerer Schnabel.
Haltungsansprüche: 5 m lange Voliere, länger wäre besser, die Vögel fliegen sehr gerne. Bei frostfreiem Schutzraum auch im Winter in der Außenvoliere zu halten, halten sich bevorzugt auf bewachsenem Volierenboden auf.
Ernährung: Samenmischung für Großsittiche, Kolbenhirse, Obst- und Gemüsemischung, auch Kleinsämereien und Wildkräuter, regelmäßig Löwenzahn, Vogelmiere und andere ungespritzte Grünpflanzen, Beeren wie Feuerdorn oder Weißdorn, auch Hagebutten.
Zucht: Gelingt häufig, einen hochformatigen Nistkasten anbieten.
Besonderheiten: Keine lauten Papageien, pfeifen flötenähnlich, gute Flieger, regelmäßig entwurmen, da anfällig. Unbedingt unterartenrein züchten, *P. e. nigrescens*, der Nördliche Pennantsittich wurde oft mit der Nominatform gekreuzt, sodass in Europa nur noch wenige unterartenreine Tiere leben. Jungtiere der Nominatform sind überwiegend olivgrün, die von *P. e. nigrescens* nahezu wie Alttiere gefärbt, nur etwas matter. Das Rot der adulten Tiere der Unterart ist deutlich dunkler als das der Nominatform. Farbmutationen unter anderem Blau, Gelb, Weiß und Lutino.

Platycercus eximius eximius (Nominatform)

Rosellasittich

Englisch: Eastern Rosella
Französisch: Perruche omnicolore
Spanisch: Perico multicolor

Herkunft: Australien
Status Freiland: Häufig.
Status Menschenobhut: Sehr häufig.

Geschlechtsunterschiede: Weibchen kleiner, mit matteren Farben.
Haltungsansprüche: Mindestens 4 m lange Voliere, die Vögel fliegen sehr gerne, bei frostfreiem Schutzraum auch im Winter in der Außenvoliere zu halten. Sie sitzen gerne auf bewachsenem Volierenboden und suchen nach Futter.
Ernährung: Samenmischung für Großsittiche, Kolbenhirse, Obst- und Gemüsemischung, auch Kleinsämereien und Wildkräuter, regelmäßig Löwenzahn, Vogelmiere und andere ungespritzte Grünpflanzen, Beeren wie Feuerdorn oder Weißdorn, auch Hagebutten.
Zucht: Gelingt sehr häufig, hochformatigen Nistkasten anbieten.
Besonderheiten: Keine lauten Papageien, pfeifen flötenähnlich, regelmäßig Wurmkuren durchführen, da anfällig. Drei Unterarten, wobei sich der Prachtrosella, *P. e. elecica*, durch ein dunkleres Rot, goldgelbe Rücken- und Schulterfedern sowie die Größe (33 cm) unterscheidet, der tasmanische Rosella, *P. e. diemenensis*, hat einen deutlich größeren weißen Wangenfleck. Unbedingt unterartenrein züchten. Darauf wurde sehr oft nicht geachtet, sodass viele Tiere nicht eindeutig zuzuordnen sind. Inzwischen in zahlreichen Farbmutationen wie ganz rote, Lutino, Isabell, Weißflügel.

0 °C

33 cm

6,5 mm

4–6 Eier

nein

Platycercus flaveolus

Strohsittich

Englisch: Yellow Rosella
Französisch: Perruche flavévole
Spanisch: Perico gualdo

Herkunft: Australien
Status Freiland: Häufig.
Status Menschenobhut: Regelmäßig.

Geschlechtsunterschiede: Weibchen kleiner, kleinerer Schnabel, mit deutlicherem roten Anflug am Hals.
Haltungsansprüche: Eine 5 m lange Voliere gilt als das Mindestmaß, die Vögel fliegen sehr gern. Bei frostfreiem Schutzraum auch im Winter in der Außenvoliere zu halten. Die Strohsittiche sitzen gerne auf bewachsenem Volierenboden und suchen nach Futter.

Ernährung: Samenmischung für Großsittiche, Kolbenhirse, Obst- und Gemüsemischung, auch Kleinsämereien und Wildkräuter, regelmäßig Löwenzahn, Vogelmiere und andere ungespritzte Grünpflanzen, Beeren wie Feuerdorn oder Weißdorn, auch Hagebutten.
Zucht: Gelingt regelmäßig, den Vögeln einen hochformatigen Nistkasten zur Verfügung stellen.
Besonderheiten: Keine lauten Papageien, pfeifen flötenähnlich, sind gute Flieger. Regelmäßig Wurmkuren durchführen, da anfällig für Wurmbefall. Mischlinge mit anderen Plattschweifsittichen sind aufgetreten, daher unbedingt rein züchten. Es gibt gescheckte Strohsittiche. *P. flaveolus* wird in der neuen Systematik als Unterart von *P. elegans* geführt.

Platycercus icterotis icterotis (Nominatform)

Stanleysittich

Englisch: Western Rosella
Französisch: Perruche à oreilles jaunes
Spanisch: Perico carigualdo

Herkunft: Australien
Status Freiland: Häufig.
Status Menschenobhut: Sehr häufig.

Geschlechtsunterschiede: Weibchen mit matterem Rot, Brust und oberer Bauchbereich grün mit breiten mattroten Säumen. Männchen mit intensiverem Rot.
Haltungsansprüche: Eine 3 m lange Voliere gilt als Mindestmaß, die Vögel fliegen sehr gerne. Bei frostfreiem Schutzraum sind sie auch im Winter in der Außenvoliere zu halten. Die Vögel sitzen gerne auf bewachsenem Volierenboden und suchen nach Futter.
Ernährung: Samenmischung für Großsittiche, Kolbenhirse, Obst- und Gemüsemischung, auch Kleinsämereien und Wildkräuter, regelmäßig Löwenzahn, Vogelmiere und andere ungespritzte Grünpflanzen, Beeren wie Feuerdorn oder Weißdorn, auch Hagebutten.
Zucht: Gelingt sehr häufig, einen hochformatigen Nistkasten anbieten.
Besonderheiten: Keine lauten Papageien, pfeifen flötenähnlich. Regelmäßig Wurmkuren durchführen, da anfällig für Wurmbefall. Der Stanleysittich ist der kleinste Plattschweifsittich, er verträgt sich auch gut in einer gemischten Voliere mit anderen Vogelarten, wird während der Brutzeit allerdings ein wenig aggressiver. Die Unterart *P. i. xanthogenys* wird wohl nicht in Europa gehalten.

Platycercus venustus venustus (Nominatform)

Brownsittich

Englisch: Northern Rosella
Französisch: Perruche gracieuse
Spanisch: Rosella del norte

Herkunft: Australien
Status Freiland: Selten.
Status Menschenobhut: Gelegentlich.

Geschlechtsunterschiede: Weibchen etwas kleiner.
Haltungsansprüche: Eine mindestens 5 m lange Voliere, denn die Vögel fliegen sehr gerne. Wärmeliebender als andere Arten der Gattung, halten sich mit Vorliebe auf bewachsenem Volierenboden auf und suchen nach Futter.
Ernährung: Samenmischung für Großsittiche, Kolbenhirse, Obst- und Gemüsemischung, auch Kleinsämereien und Wildkräuter, regelmäßig Löwenzahn, Vogelmiere und andere ungespritzte Grünpflanzen, Beeren wie Feuerdorn oder Weißdorn, auch Hagebutten.
Zucht: Gelingt gelegentlich, den Paaren einen hochformatigen Nistkasten anbieten.
Besonderheiten: Keine lauten Papageien, pfeifen flötenähnlich. Anfällig für Wurmbefall, daher regelmäßig Wurmkuren durchführen. Männchen können sehr aggressiv dem Weibchen gegenüber werden, deshalb lange Volieren mit Versteckmöglichkeiten bieten. Sie sind generell empfindlicher als andere Arten der Gattung. Die Unterart *V. hilli* wohl nicht in Europa vertreten.

Polytelis alexandrae

Princess-of-Wales-Sittich

Englisch: Princess Parrot
Französisch: Perruche d'Alexandra
Spanisch: Perico princesa

Herkunft: Australien
Status Freiland: Selten.
Status Menschenobhut: Häufig.

Geschlechtsunterschiede: Weibchen mit blasserem Scheitel, Flügeldecken blasser, mehr grünlich.
Haltungsansprüche: Eine 5 m lange Voliere als Mindestmaß, besser länger, denn die Vögel fliegen sehr gern. Bei frostfreiem Innenraum sind sie auch im Winter in der Außenvoliere zu halten. Sie halten sich gerne auf dem Volierenboden auf, deshalb bepflanzten Naturboden wählen.
Ernährung: Samenmischung für Großsittiche, Kolbenhirse, Obst- und Gemüsemischung, auch Kleinsämereien und Wildkräuter, regelmäßig Löwenzahn, Vogelmiere und andere ungespritzte Grünpflanzen, Beeren wie Feuerdorn oder Weißdorn, auch Hagebutten.
Zucht: Gelingt häufig, einen hochformatigen Nistkasten anbieten.
Besonderheiten: Keine lauten Papageien, sehr gute Flieger, ausdauernde Pfleglinge, von friedlichem Wesen. Auch mit kleineren Vögeln wie Prachtfinken ist es möglich, sie in großer Voliere zu vergesellschaften.
Sie werden in zahlreichen Farbmutationen gezüchtet, unter anderem in der gelben und blauen Form sowie als Albinos.

Polytelis anthopeplus

Bergsittich

Englisch: Regent Parrot
Französisch: Perruche mélanure
Spanisch: Perico regente

Herkunft: Australien
Status Freiland: Gelegentlich.
Status Menschenobhut: Häufig.

Geschlechtsunterschiede: Weibchen wie Männchen, aber Kopf und Unterseite olivgelb, nur wenig Rot am Flügel.
Haltungsansprüche: Eine mindestens 5 m lange Voliere, denn die Bergsittiche fliegen sehr gerne. Sie können bei frostfreiem Innenraum auch im Winter in der Außenvoliere gehalten werden, sind gern auf dem Volierenboden, weshalb sich ein bepflanzter Naturboden besonders gut eignet.
Ernährung: Samenmischung für Großsittiche, Kolbenhirse, Obst- und Gemüsemischung, auch Kleinsämereien und Wildkräuter, regelmäßig Löwenzahn, Vogelmiere und andere ungespritzte Grünpflanzen, Beeren wie Feuerdorn oder Weißdorn, auch Hagebutten.
Zucht: Gelingt häufig, den Paaren einen hochformatigen Nistkasten anbieten.
Besonderheiten: Keine lauten Papageien, sehr gute Flieger, ausdauernde Pfleglinge. Sie werden inzwischen in Farbmutationen gezüchtet, unter anderem in der gelben Form.

Polytelis swainsonii

Schildsittich oder Barrabandsittich

Englisch: Superb Parrot
Französisch: Perruche de Barraband
Spanisch: Perico soberbio

Herkunft: Australien
Status Freiland: Bedroht, 10 000 Tiere, Tendenz abnehmend.
Status Menschenobhut: Häufig.

Geschlechtsunterschiede: Weibchen ohne rote und gelbe Gefiederpartien.
Haltungsansprüche: Eine mindestens 5 m lange Voliere, denn die Vögel fliegen sehr gerne. Sie können bei frostfreiem Innenraum auch im Winter in der Außenvoliere gehalten werden. Sie halten sich gern auf dem Volierenboden auf, deshalb ist bepflanzter Naturboden besser geeignet.
Ernährung: Samenmischung für Großsittiche, Kolbenhirse, Obst- und Gemüsemischung, auch Kleinsämereien und Wildkräuter, regelmäßig Löwenzahn, Vogelmiere und andere ungespritzte Grünpflanzen, Beeren wie Feuerdorn oder Weißdorn, auch Hagebutten.
Zucht: Gelingt häufig, den Paaren dazu einen hochformatigen Nistkasten zur Verfügung stellen.
Besonderheiten: Keine lauten Papageien, sehr gute Flieger, ausdauernde Pfleglinge.

Prosopeia splendens

Glanzflügelsittich

Englisch: Crimson Shining Parrot
Französisch: Perruche écarlate
Spanisch: Papagayo escarlata

Herkunft: Asien
Status Freiland: Gefährdet.
Status Menschenobhut: Sehr selten.

Geschlechtsunterschiede: Weibchen mit kleinerem Schnabel.
Haltungsansprüche: 5 m lange Voliere als Mindestmaß, länger wäre besser, wärmeliebende Vögel.
Ernährung: Mindestens 50 % der Gesamtfuttermenge als Obst- und Gemüseanteil, verschiedene Früchte, 50 % Samenmischung.
Zucht: Selten gelungen, einen hochformatigen Nistkasten anbieten.

Besonderheiten: Glanzflügelsittiche gehören zu den absoluten Raritäten in der Vogelhaltung, nur ganz wenige Einzelexemplare sind derzeit in Europa vorhanden. Im Loro Parque auf Teneriffa wird ein Vogel seit vielen Jahren gehalten.
Es steht zu befürchten, dass diese Vogelart über kurz oder lang aus Europa verschwinden wird, da derzeit wohl keine brutfähigen Paare mehr gehalten werden. Mit Importen aus dem Ursprungsland kann höchstwahrscheinlich nicht mehr gerechnet werden.

Prosopeia tabuensis

Pompadoursittich

Englisch: Red Shining Parrot
Französisch: Perruche pompadour
Spanisch: Papagayo granate

Herkunft: Asien
Status Freiland: Regelmäßig.
Status Menschenobhut: Sehr selten.

Geschlechtsunterschiede: Weibchen mit etwas schmalerem Kopf.
Haltungsansprüche: Eine 5 m lange Voliere als Mindestmaß, länger wäre besser, wärmeliebende Vögel.
Ernährung: Mindestens 50 % der Gesamtfuttermenge als Obst- und Gemüseanteil, verschiedene Früchte, die Vögel bevorzugen weiche Früchte wie Mango, Papaya, Guave, Banane, 50 % Samenmischung.
Zucht: Selten gelungen, den Paaren einen hochformatigen Nistkasten zur Verfügung stellen.
Besonderheiten: Pompadoursittiche gehören zu den Raritäten in den Volieren einiger spezialisierter Züchter. Durch ihre Größe und Färbung gehören diese Papageien zu den eindrucksvollsten der Familie. Sie lassen ihre mittellaute Stimme nur selten hören. Die wenigen Züchter sollten allerdings unbedingt zusammenarbeiten für den Aufbau einer sich selbst erhaltenden Population in Menschenobhut.

15 °C

26 cm

5,0 mm

4–6 Eier

ja

Psephotus chrysopterygius

Goldschultersittich

Englisch: Golden-shouldered Parrot
Französisch: Perruche à ailes d'or
Spanisch: Perico encapuchado aligualdo

Herkunft: Australien
Status Freiland: Bedroht, 2000 Tiere, Tendenz abnehmend.
Status Menschenobhut: Gelegentlich.

Geschlechtsunterschiede: Weibchen mattgrün mit schwach bronzefarbenem Anflug.
Haltungsansprüche: Eine 3 m lange Voliere als Mindestmaß, die Vögel fliegen sehr gern, sind wärmebedürftiger als andere Arten der Gattung, sind gern auf bewachsenem Volierenboden und suchen nach Futter.
Ernährung: Samenmischung für Großsittiche, Kolbenhirse, Obst- und Gemüsemischung, auch Kleinsämereien und Wildkräuter, regelmäßig Löwenzahn, Vogelmiere und andere ungespritzte Grünpflanzen, Beeren wie Feuerdorn oder Weißdorn, auch Hagebutten,
Zucht: Gelingt gelegentlich, hochformatigen Nistkasten anbieten mit verlängerter Einflugröhre aus Holz, oft Herbstbrüter.
Besonderheiten: Leise Sittiche, regelmäßig entwurmen, da anfällig für Wurmbefall. In der Natur sind sie Termitenbautenbrüter, daher sollte eine Nistkastenheizung eingebaut werden. Das Weibchen verlässt oft sehr früh schon die Jungtiere und diese würden sonst auskühlen. Heiklere Pfleglinge, für den erfahrenen Sittichhalter.

Psephotus dissimilis

Hoodedsittich

Englisch: Hooded Parrot
Französisch: Perruche à capuchon noir
Spanisch: Perico capirotado

Herkunft: Australien
Status Freiland: Selten.
Status Menschenobhut: Regelmäßig.

Geschlechtsunterschiede: Weibchen graugrün.
Haltungsansprüche: 3 m lange Voliere als Mindestmaß, länger wäre besser, denn die Vögel fliegen sehr gern, wärmebedürftiger als andere Arten der Gattung, sitzen gerne auf bewachsenem Volierenboden und suchen nach Futter.
Ernährung: Samenmischung für Großsittiche, Kolbenhirse, Obst- und Gemüsemischung, auch Kleinsämereien und Wildkräuter, regelmäßig Löwenzahn, Vogelmiere und andere ungespritzte Grünpflanzen, Beeren wie Feuerdorn oder Weißdorn, auch Hagebutten.
Zucht: Gelingt regelmäßig, hochformatigen Nistkasten anbieten, mit verlängerter Einflugröhre aus Holz, oft Herbstbrüter,
Besonderheiten: Leise Sittiche, regelmäßig Wurmkuren durchführen, da anfällig für Wurmbefall. In der Natur Termitenbautenbrüter, benutzen aber gelegentlich auch Baumhöhlen. Zucht mit Nistkastenheizung, da das Weibchen oft sehr früh schon die Jungtiere verlässt und diese sonst auskühlen würden.

Psephotus haematonotus

Singsittich

Englisch: Red-rumped Parrot
Französisch: Perruche à croupion rouge
Spanisch: Perico dorsirrojo

Herkunft: Australien
Status Freiland: Häufig.
Status Menschenobhut: Sehr häufig.

Geschlechtsunterschiede: Weibchen olivgrau.
Haltungsansprüche: Eine 3 m lange Voliere als Mindestmaß, sehr flugfreudige Vögel. Bei frostfreiem Schutzraum auch im Winter in der Außenvoliere zu halten, suchen gerne auf bewachsenem Volierenboden nach Futter.
Ernährung: Samenmischung für Großsittiche, Kolbenhirse, Obst- und Gemüsemischung, auch Kleinsämereien und Wildkräuter, regelmäßig Löwenzahn, Vogelmiere und andere ungespritzte Grünpflanzen, Beeren wie Feuerdorn oder Weißdorn, auch Hagebutten.
Zucht: Gelingt sehr häufig, den Paaren einen hochformatigen Nistkasten zur Verfügung stellen.
Besonderheiten: Singsittiche sind leise Papageien mit melodischer Stimme, regelmäßig Wurmkuren durchführen, da sie anfällig für Wurmbefall sind. Es handelt sich bei ihnen um ideale Vögel für Anfänger in der Sittichhaltung. Sie werden in zahlreichen Farbvarianten gezüchtet, unter anderem in Lutino, Zimt, Blau, Pastell und Gelb. Die Unterart *P. h. caeruleus* wird in Europa nicht gehalten.

Psephotus varius

Vielfarbensittich

Englisch: Mulga Parrot
Französisch: Perruche multicolore
Spanisch: Perico variado

Herkunft: Australien
Status Freiland: Häufig.
Status Menschenobhut: Häufig.

Geschlechtsunterschiede: Weibchen olivgrau.
Haltungsansprüche: Eine mindestens 3 m lange Voliere, sehr flugfreudige Vögel. Bei frostfreiem Schutzraum auch im Winter in der Außenvoliere zu halten, sie halten sich gerne auf bewachsenem Volierenboden auf und suchen dort nach Futter.
Ernährung: Samenmischung für Großsittiche, Kolbenhirse, Obst- und Gemüsemischung, auch Kleinsämereien und Wildkräuter, regelmäßig Löwenzahn, Vogelmiere und andere ungespritzte Grünpflanzen, Beeren wie Feuerdorn oder Weißdorn, auch Hagebutten.
Zucht: Gelingt häufig, einen hochformatigen Nistkasten anbieten.
Besonderheiten: Leise Papageien mit melodischer Stimme, regelmäßig Wurmkuren durchführen, da anfällig für Wurmbefall. Sie sind nicht so aggressiv wie andere verwandte Sittiche, daher in großen Volieren auch mit anderen Vogelarten in Gesellschaft haltbar. Die Weibchen des Vielfarbensittichs ähneln denen des Singsittichs. Nicht mit anderen ähnlichen Arten der Gattung kreuzen, um Zuchtstämme rein zu halten.

Psittacula alexandri abbotti

Andamanen-Bartsittich

Englisch: Andaman Moustached Parakeet
Französisch: Perruche à moustache de Abbott
Spanisch: Cotorra bigotuda

Herkunft: Asien
Status Freiland: Häufig.
Status Menschenobhut: Sehr selten.

Geschlechtsunterschiede: Männchen mit rotem Ober- und schwarzem Unterschnabel, Weibchen hat Ober- und Unterschnabel schwarz.
Haltungsansprüche: Paarweise in mindestens 3 m langer Voliere, sehr flugfreudige Vögel. Bei mäßig beheiztem Schutzraum auch im Winter an wärmeren Tagen in der Außenvoliere zu halten, über Nacht immer im Schutzraum.
Ernährung: Samenmischung für Großsittiche, Kolbenhirse, Obst- und Gemüsemischung mindestens 40 % der Gesamtfuttermenge, regelmäßig Löwenzahn, Vogelmiere und andere ungespritzte Grünpflanzen, Beeren wie Feuerdorn oder Weißdorn, auch Hagebutten.
Zucht: Gelingt gelegentlich, einen hochformatigen Nistkasten anbieten.
Besonderheiten: Mittellaute Papageien mit ausgeprägtem Nagebedürfnis, regelmäßig Frischholz geben. Diese Unterart sollte unbedingt zur Bestandserhaltung rein weitergezüchtet werden, da derzeit nur wenige Tiere in Menschenobhut vorhanden sind.

Psittacula alexandri alexandri (Nominatform)

Rosenbrustbartsittich

Englisch: Moustached Parakeet
Französisch: Perruche à Moustaches
Spanisch: Cotorra pechirroja

Herkunft: Asien
Status Freiland: Häufig.
Status Menschenobhut: Gelegentlich.

Geschlechtsunterschiede: Weibchen wie Männchen mit rotem Ober- und Unterschnabel, aber lachsrosa Brust matter.
Haltungsansprüche: Paarweise in mindestens 3 m langer Voliere als Mindestmaß. Es sind sehr flugfreudige Vögel. Mit mäßig beheiztem Schutzraum auch im Winter an wärmeren Tagen in der Außenvoliere zu halten, über Nacht sollten sich die Rosenbrustbartsittiche aber immer im Schutzraum aufhalten.
Ernährung: Samenmischung für Großsittiche, Kolbenhirse, Obst- und Gemüsemischung mindestens 40 % der Gesamtfuttermenge, regelmäßig Löwenzahn, Vogelmiere und andere ungespritzte Grünpflanzen, Beeren wie Feuerdorn oder Weißdorn, auch Hagebutten.
Zucht: Gelingt gelegentlich, den Paaren einen hochformatigen Nistkasten anbieten.
Besonderheiten: Mittellaute Papageien mit ausgeprägtem Nagebedürfnis, regelmäßig Frischholz geben. In acht Unterarten, deshalb unbedingt bei der Zucht auf Unterartenreinheit achten. Nicht alle Unterarten sind in Menschenobhut vorhanden, in kleinen Stückzahlen gibt es neben der Nominatform noch *P. a. dammermanni, fasciata und abotti.*

Psittacula calthrapae

Blauschwanz-Edelsittich

Englisch: Emerald-collared Parakeet
Französisch: Perruche de Layard
Spanisch: Cotorra de Ceilàn

Herkunft: Asien
Status Freiland: Gelegentlich.
Status Menschenobhut: Selten.

Geschlechtsunterschiede: Männchen mit rotem, Weibchen mit schwarzem Oberschnabel.
Haltungsansprüche: Paarweise in mindestens 3 m langer Voliere, länger wäre besser, denn die Vögel fliegen sehr gerne. Bei mäßig beheiztem Schutzraum auch im Winter an wärmeren Tagen in der Außenvolierezu halten, über Nacht aber immer im Schutzraum.
Ernährung: Samenmischung für Großsittiche, Kolbenhirse, Obst- und Gemüsemischung mindestens 40 % der Gesamtfuttermenge, regelmäßig Löwenzahn, Vogelmiere und andere ungespritzte Grünpflanzen, Beeren wie Feuerdorn oder Weißdorn, auch Hagebutten.
Zucht: Gelingt selten, den Paaren einen hochformatigen Nistkasten zur Verfügung stellen.
Besonderheiten: Mittellaute Papageien ohne ausgeprägtes Nagebedürfnis. Zur Stabilisierung der Bestände sollte verstärkt auf die Zucht geachtet werden.

Psittacula columboides

Taubensittich

Englisch: Malabar Parakeet
Französisch: Perruche de Malabar
Spanisch: Cotorra de Malabar

Herkunft: Asien
Status Freiland: Häufig.
Status Menschenobhut: Regelmäßig.

Geschlechtsunterschiede: Weibchen wie Männchen aber Brust und Rücken grün, Schnabel schwarz.
Haltungsansprüche: Paarweise in mindestens 3 m langer, besser längerer Voliere, denn die Vögel fliegen sehr gerne. Bei mäßig beheiztem Schutzraum auch im Winter an wärmeren Tagen in der Außenvoliere zu halten, über Nacht aber immer im Schutzraum. Außerhalb der Brutzeit auch Gruppenhaltung möglich.
Ernährung: Samenmischung für Großsittiche, Kolbenhirse, Obst- und Gemüsemischung mindestens 40 % der Gesamtfuttermenge, regelmäßig Löwenzahn, Vogelmiere und andere ungespritzte Grünpflanzen, Beeren wie Feuerdorn oder Weißdorn, auch Hagebutten.
Zucht: Gelingt gelegentlich, den Paaren einen hochformatigen Nistkasten zur Verfügung stellen.
Besonderheiten: Mittellaute Papageien ohne ausgeprägtes Nagebedürfnis. Zur Stabilisierung der Bestände sollte verstärkt auf die Zucht geachtet werden.

Psittacula cyanocephala

Pflaumenkopfsittich

Englisch: Plum-headed Parakeet
Französisch: Perruche à tete prune
Spanisch: Cotorra cabeza ciruela

Herkunft: Asien
Status Freiland: Häufig.
Status Menschenobhut: Häufig.

Geschlechtsunterschiede: Männchen mit rotem ins Violettblaue übergehendem Kopf, Weibchen mit blaugrauem Kopf, roter Fleck auf Flügeldecken fehlt.
Haltungsansprüche: Paarweise in mindestens 3 m langer, besser längerer Voliere, denn die Vögel fliegen sehr gerne. Bei mäßig beheiztem Schutzraum auch im Winter in der Außenvoliere zu halten, sollten sich aber über Nacht immer im Schutzraum aufhalten.
Ernährung: Samenmischung für Großsittiche, Kolbenhirse, Obst- und Gemüsemischung mindestens 40 % der Gesamtfuttermenge, regelmäßig Löwenzahn, Vogelmiere und andere ungespritzte Grünpflanzen, Beeren wie Feuerdorn oder Weißdorn, auch Hagebutten.
Zucht: Gelingt häufig, hochformatigen Nistkasten anbieten.
Besonderheiten: Ruhige Papageien, kein ausgeprägtes Nagebedürfnis, auch für Gemeinschaftshaltung mit kleineren Vögeln geeignet. In größerer Voliere ist auch Zucht in einer artgleichen Gruppe möglich. Junge Männchen sind erst im zweiten Lebensjahr voll ausgefärbt, als Farbmutationen sind Lutinos und gescheckte Tiere bekannt.

Psittacula derbiana

Chinasittich

Englisch: Derbyan Parakeet
Französisch: Perruche de Derby
Spanisch: Cotorra bigotuda

Herkunft: Asien
Status Freiland: Bedroht.
Status Menschenobhut: Gelegentlich.

Geschlechtsunterschiede: Männchen mit rotem, Weibchen mit schwarzem Oberschnabel.
Haltungsansprüche: Paarweise in mindestens 3 m langer Voliere als Mindestmaß für die flugfreudigen Vögel. Bei frostfreiem Schutzraum auch im Winter an wärmeren Tagen in der Außenvoliere zu halten, über Nacht aber immer im Schutzraum.
Ernährung: Samenmischung für Großsittiche, Kolbenhirse, Obst- und Gemüsemischung mindestens 40 % der Gesamtfuttermenge, regelmäßig Löwenzahn, Vogelmiere und andere ungespritzte Grünpflanzen, Beeren wie Feuerdorn oder Weißdorn, auch Hagebutten.
Zucht: Gelingt gelegentlich, einen hochformatigen Nistkasten anbieten.
Besonderheiten: Chinasittiche können ab und zu laut schreien und haben ein ausgeprägtes Nagebedürfnis, daher regelmäßig Frischholz geben. In einer größeren Voliere ist auch auch die Zucht mit mehreren Paaren der gleichen Art möglich.

Psittacula eupatria eupatria (Nominatform)

Großer Alexandersittich

Englisch: Alexandrine Parakeet
Französisch: Perruche Alexandre
Spanisch: Cotorra alejandrina

Herkunft: Asien
Status Freiland: Häufig.
Status Menschenobhut: Regelmäßig.

Geschlechtsunterschiede: Weibchen ohne schwarzen Wangenstreifen und rosa Nackenband.
Haltungsansprüche: Paarweise in mindestens 3 m langer Voliere, denn die Vögel fliegen sehr gerne. Bei mäßig beheiztem Schutzraum im Winter auch in der Außenvoliere zu halten, über Nacht aber immer im Schutzraum.
Ernährung: Samenmischung für Großsittiche, Kolbenhirse, Obst- und Gemüsemischung mindestens 40 % der Gesamtfuttermenge, regelmäßig Löwenzahn, Vogelmiere und andere ungespritzte Grünpflanzen, Beeren wie Feuerdorn oder Weißdorn, auch Hagebutten.
Zucht: Gelingt regelmäßig, dabei einen hochformatigen Nistkasten anbieten.
Besonderheiten: Laute Papageien, regelmäßig Frischholz geben, da sehr nagefreudig. Der Große Alexandersittich kommt in fünf Unterarten vor, aber neben der Nominatform wird derzeit wahrscheinlich nur die Unterart *P. e. siamensis* in Europa gehalten. Als Farbmutation traten inzwischen auch blaue und gelbe Tiere bei der Nominatform auf. Unbedingt unterarterein züchten.

Psittacula eupatria siamensis

Laos-Alexandersittich

Englisch: Laos Alexandrine Parakeet
Französisch: Perruche Alexandre de Siam
Spanisch: Cotorra Alejandro de Siam

Herkunft: Asien
Status Freiland: Häufig.
Status Menschenobhut: Sehr selten.

Geschlechtsunterschiede: Weibchen ohne schwarzen Wangenstreifen und rosa Nackenband.
Haltungsansprüche: Paarweise in mindestens 3 m langer Voliere, denn die Vögel fliegen sehr gerne. Bei mäßig beheiztem Schutzraum im Winter auch in der Außenvoliere zu halten, über Nacht aber immer im Schutzraum.
Ernährung: Samenmischung für Großsittiche, Kolbenhirse, Obst- und Gemüsemischung mindestens 40 % der Gesamtfuttermenge, regelmäßig Löwenzahn, Vogelmiere und andere ungespritzte Grünpflanzen, Beeren wie Feuerdorn oder Weißdorn, auch Hagebutten.
Zucht: gelingt selten, hochformatigen Nistkasten anbieten,
Besonderheiten: Mittellaute Papageien, regelmäßig Frischholz geben, da sie sehr nagefreudig sind. Die Unterart ist deutlich kleiner als die Nominatform, sie sollte unbedingt unterartenrein weitergezüchtet werden und es sollte mit den wenigen vorhandenen Tieren versucht werden, einen sich selbst erhaltenden Zuchtstamm aufzubauen.

10 ° C

36 cm

6,5 mm

3–5 Eier

ja, App. B

Psittacula finschi

Finschs Edelsittich oder Burma-Schwarzkopfedelsittich

Englisch: Finsch's Parakeet
Französisch: Perruche de Finsch
Spanisch: Cotorra cabeza gris de finschi

Herkunft: Asien
Status Freiland: Bedroht.
Status Menschenobhut: Sehr selten.

Geschlechtsunterschiede: Weibchen ohne oder mit stark reduziertem dunkelroten Fleck auf Flügeldecken.
Haltungsansprüche: Paarweise in mindestens 3 m langer Voliere, die Vögel sind sehr flugfreudig. Mit mäßig beheiztem Schutzraum auch im Winter in der Außenvoliere haltbar, nachts aber immer im Schutzraum.
Ernährung: Samenmischung für Großsittiche, Kolbenhirse, Obst- und Gemüsemischung mindestens 40 % der Gesamtfuttermenge, regelmäßig Löwenzahn, Vogelmiere und andere ungespritzte Grünpflanzen, Beeren wie Feuerdorn oder Weißdorn, auch Hagebutten.
Zucht: Gelingt sehr selten, hochformatigen Nistkasten anbieten.
Besonderheiten: Mittellaute Papageien. Etwas kleiner als *P. himalayana*, das Gefieder insgesamt etwas gelblicher, Kopf weniger bläulich, die mittleren Schwanzfedern sind violettblau mit gelblich weißer Spitze. Alle vorhandenen Tiere sollten unbedingt zur Zucht verwendet werden, um eine sich selbst erhaltenden Zuchtstamm in Menschenobhut aufzubauen. Da sehr wenige Tiere gehalten werden, unbedingt Artenmischlinge vermeiden. Früher als Unterart von *P. himalayana* geführt, heute eigenständige Art.

Psittacula himalayana

Schwarzkopf-Edelsittich

Englisch: Slaty-headed Parakeet
Französisch: Perruche de l'Himalayana
Spanisch: Cotorra del Himalaya

Herkunft: Asien
Status Freiland: Regelmäßig.
Status Menschenobhut: Gelegentlich.

Geschlechtsunterschiede: Weibchen ohne oder mit stark reduziertem dunkelroten Fleck auf Flügeldecken.
Haltungsansprüche: Paarweise in mindestens 3 m langer Voliere, denn die Vögel fliegen sehr gerne. Bei mäßig beheiztem Schutzraum auch im Winter in der Außenvoliere zu halten, über Nacht aber immer im Schutzraum.
Ernährung: Samenmischung für Großsittiche, Kolbenhirse, Obst- und Gemüsemischung mindestens 40 % der Gesamtfuttermenge, regelmäßig Löwenzahn, Vogelmiere und andere ungespritzte Grünpflanzen, Beeren wie Feuerdorn oder Weißdorn, auch Hagebutten,
Zucht: Gelingt regelmäßig, den Vögeln einen hochformatigen Nistkasten anbieten.
Besonderheiten: Mittellaute Papageien. Bei der Nominatform sind die mittleren Schwanzfedern blau mit grüner Basis und gelber Schwanzspitze, bei der etwas kleineren und selteneren Art (36 cm), dem Finschs Edelsittich, *P. finschii*, sind die mittleren Schwanzfedern violettblau mit gelblich weißer Spitze. Unbedingt Artenmischlinge vermeiden.

Psittacula krameri krameri (Nominatform)

Afrikanischer Halsbandsittich oder Kleiner Alexandersittich

Englisch: Rose-ringed Parakeet
Französisch: Perruche à collier
Spanisch: Cotorra de Kramer

Herkunft: Afrika/Asien
Status Freiland: Häufig.
Status Menschenobhut: Gelegentlich.

Geschlechtsunterschiede: Weibchen ohne schwarzen Wangenstreifen und rosa Nackenband.
Haltungsansprüche: Paarweise in mindestens 3 m langer Voliere, die Vögel fliegen sehr gerne. Bei frostfreiem Schutzraum im Winter auch in der Außenvoliere zu halten, nachts aber immer im Schutzraum.
Ernährung: Samenmischung für Großsittiche, Kolbenhirse, Obst- und Gemüsemischung mindestens 40 % der Gesamtfuttermenge, regelmäßig Löwenzahn, Vogelmiere und andere ungespritzte Grünpflanzen, Beeren wie Feuerdorn oder Weißdorn, auch Hagebutten.
Zucht: Gelingt gelegentlich, den Vögeln dazu einen hochformatigen Nistkasten anbieten.
Besonderheiten: Mittellaute Papageien, regelmäßig Frischholz geben, da sehr nagefreudig. In vier Unterarten, während die afrikanische Nominatform nur gelegentlich gehalten wird, ist die indische Unterart *P. k. manillensis* sehr häufig anzutreffen. Die Nominatform sollte unbedingt unterartenrein weitergezüchtet werden und nicht mit den indischen Halsbandsittichen gekreuzt werden.

Psittacula krameri manillensis

Indischer Halsbandsittich

Englisch: Indian Ring-necked Parakeet
Französisch: Perruche à collier
Spanisch: Cotorra de collar de la India

Herkunft: Asien
Status Freiland: Häufig.
Status Menschenobhut: Sehr häufig.

Geschlechtsunterschiede: Weibchen ohne schwarzen Wangenstreifen und rosa Nackenband.
Haltungsansprüche: Paarweise in mindestens 3 m langer Voliere, sehr flugfreudige Vögel. Bei frostfreiem Schutzraum im Winter auch in der Außenvoliere zu halten, über Nacht aber immer im Schutzraum.
Ernährung: Samenmischung für Großsittiche, Kolbenhirse, Obst- und Gemüsemischung mindestens 40 % der Gesamtfuttermenge, regelmäßig Löwenzahn, Vogelmiere und andere ungespritzte Grünpflanzen, Beeren wie Feuerdorn oder Weißdorn, auch Hagebutten.
Zucht: Gelingt sehr häufig, hochformatigen Nistkasten anbieten.
Besonderheiten: Mittellaute Papageien, regelmäßig Frischholz geben, da sehr nagefreudig. Die indische Unterart *P. k. manillensis* ist inzwischen als domestizierter Hausvogel anzusehen, da er seit vielen Jahrzehnten weltweit in Menschenhand gezüchtet wird und inzwischen unzählige Farbmutationen, unter anderem Gelb, Blau, Weiß und Gescheckt vorkommen. Eigene Vereine kümmern sich um die Farbzucht der Tiere, es ist der häufigste Edelsittich in Menschenobhut.

15 ° C

42 cm

6,5 mm

2–4 Eier

nein

Psittacula longicauda longicauda (Nominatform)

Langschwanz-Edelsittich

Englisch: Long-tailed Parakeet
Französisch: Perruche à longs brins
Spanisch: Cotorra colilarga

Herkunft: Asien
Status Freiland: Häufig.
Status Menschenobhut: Sehr selten.

Geschlechtsunterschiede: Männchen Oberschnabel rot, Weibchen Ober- und Unterschnabel braunschwarz, grüner Nacken, kürzerer Schwanz.
Haltungsansprüche: Paarweise in mindestens 3 m langer Voliere, die Vögel fliegen sehr gern. Bei gut beheiztem Schutzraum im Winter nur an warmen Tagen in Außenvoliere zu halten, sollten sich aber über Nacht immer im Schutzraum aufhalten.
Ernährung: Samenmischung für Großsittiche, Kolbenhirse, Obst- und Gemüsemischung mindestens 40 % der Gesamtfuttermenge, regelmäßig Löwenzahn, Vogelmiere und andere ungespritzte Grünpflanzen, Beeren wie Feuerdorn, Weißdorn, auch Hagebutten.
Zucht: Gelingt sehr selten, mehrere hoch- und querformatige Nistkästen zur Auswahl anbieten.
Besonderheiten: Mittellaute Papageien, regelmäßig Frischholz geben. Sie sollten erfahrenen Vogelzüchtern vorbehalten belieben, da sie sehr empfindlich sind und es immer wieder zu plötzlichen Todesfällen kommt. In fünf Unterarten, in Menschenobhut ist wahrscheinlich nur die Nominatform in wenigen Tieren vorhanden, zur Bestandserhaltung unbedingt Zuchtversuche starten.

Psittacula roseata roseata (Nominatform)

Rosenkopfsittich

Englisch: Blossom-headed Parakeet
Französisch: Perruche à tete rose
Spanisch: Cotorra carirrosa

Herkunft: Asien
Status Freiland: Bedroht.
Status Menschenobhut: Selten.

Geschlechtsunterschiede: Männchen mit rosa, ins Violettblaue übergehendem, Weibchen mit blaugrauem Kopf.
Haltungsansprüche: Paarweise in mindestens 3 m langer Voliere, sehr flugfreudig, bei beheiztem Schutzraum im Winter an wärmeren Tagen in Außenvoliere zu halten, über Nacht immer im Schutzraum, da wärmeliebender.
Ernährung: Samenmischung für Großsittiche, Kolbenhirse, Obst- und Gemüsemischung mindestens 40 % der Gesamtfuttermenge, regelmäßig Löwenzahn, Vogelmiere und andere ungespritzte Grünpflanzen, Beeren wie Feuerdorn oder Weißdorn, auch Hagebutten.
Zucht: Gelingt selten, hochformatigen Nistkasten anbieten.
Besonderheiten: Ruhige Papageien ohne ausgeprägtes Nagebedürfnis, auch für Gemeinschaftshaltung mit kleineren Vögeln geeignet. Unbedingt Zucht anstreben, um einen sich selbst erhaltenden Zuchtstamm in Menschenhand aufzubauen. *P. r. juneae*, der Birma-Rosenkopfsittich, ist wie die Nominatform gefärbt, aber insgesamt etwas blasser und mehr gelblich, weniger Blau am Hinterkopf.
Er wird sehr selten gehalten und sollte zur Bestandserhaltung unbedingt gezüchtet werden, auf Unterartenreinheit ist strengstens zu achten.

Purpureicephalus spurius

Rotkappensittich

Englisch: Red-capped Parrot
Französisch: Perruche à tete pourpre
Spanisch: Perico capelo

Herkunft: Australien
Status Freiland: Häufig.
Status Menschenobhut: Regelmäßig.

Geschlechtsunterschiede: Weibchen mit deutlich blasserem Gefieder, Schnabel kleiner.
Haltungsansprüche: Eine 5 m lange Voliere als Minimum für die flugfreudigen Vögel. Bei frostfreiem Innenraum auch im Winter in der Außenvoliere zu halten. Sie sind gerne auf dem Volierenboden, deshalb bevorzugt bepflanzter Naturboden verwenden.
Ernährung: Samenmischung für Großsittiche, Kolbenhirse, Obst- und Gemüsemischung, auch Kleinsämereien und Wildkräuter, regelmäßig Löwenzahn, Vogelmiere und andere ungespritzte Grünpflanzen, Beeren wie Feuerdorn oder Weißdorn, auch Hagebutten.
Zucht: Gelingt regelmäßig, einen hochformatigen Nistkasten anbieten.
Besonderheiten: Keine lauten Papageien, gute Flieger, anfällig auf Störungen, starke Nager, deshalb viel Frischholz geben. Regelmäßig Wurmkuren durchführen, denn die Rotkappensittiche sind sehr anfällig für Wurmbefall.

Poicephalus cryptoxanthus cryptoxanthus (Nominatform)

Braunkopfpapagei

Englisch: Brown-headed Parrot
Französisch: Perroquet à tete brune
Spanisch: Lorito cabecipardo

Herkunft: Afrika
Status Freiland: Selten.
Status Menschenobhut: Selten.

Geschlechtsunterschiede: Keine.
Haltungsansprüche: Eine 2 m lange Voliere sollte das Mindestmaß sein, mit einem mäßig beheizten Schutzraum können die Tiere auch im Winter tagsüber in die Außenvoliere gelassen werden.
Ernährung: Eine spezielle Samenmischung für Graupapageien, diese sollte etwa 60 % des Futters ausmachen, 40 % des Futters sollte aus einer Obst- und Gemüsemischung bestehen.
Zucht: Gelingt selten, den Vögeln einen hochformatigen Nistkasten zur Verfügung stellen.
Besonderheiten: Ruhigere Papageien, bei denen paarweise Haltung empfohlen wird. Bei der Zucht sollte unbedingt auf Unterartenreinheit geachtet werden. In Menschenobhut ist wahrscheinlich nur die Nominatform vorhanden, der Aufbau eines sich selbst erhaltenden Zuchtstammes sollte im Vordergrund stehen.

Poicephalus fuscicollis fusicollis (Nominatform)

Kuhls Kap-Papagei

Englisch: Kuhl's Cape Parrot
Französisch: Perroquet à cou brun
Spanisch: Loro del Cabo de cuello marrón

Herkunft: Afrika
Status Freiland: Gelegentlich.
Status Menschenobhut: Selten.

Geschlechtsunterschiede: Männchen ohne orangefarbenes, Weibchen mit breitem, orange rosafarbenen Stirnband.
Haltungsansprüche: Eine 3 m lange Voliere sollte das Mindestmaß sein, mit einem mäßig beheizten Schutzraum können die Tiere auch im Winter tagsüber in die Außenvoliere gelassen werden.
Ernährung: Eine spezielle Samenmischung für Graupapageien, diese sollte etwa 60 % des Futters ausmachen, 40 % des Futters sollte aus einer Obst- und Gemüsemischung bestehen.
Zucht: Gelingt selten, den Paaren einen hochformatigen Nistkasten anbieten.
Besonderheiten: Ruhigere Papageien, paarweise Haltung wird empfohlen. Da nur sehr wenige Tiere in Menschenobhut vorhanden sind, unbedingt die Zucht anstreben, um einen sich selbst erhaltenden Zuchtstamm aufzubauen. Auf Unterartenreinheit achten, Kuhls Kap-Papageien werden oft mit der Unterart *P. f. suahelicus*, Reichenows Kap-Papagei, verwechselt.

10 °C

34 cm

11 mm

2–3 Eier

nein

Poicephalus fuscicollis suahelicus

Reichenows Kap-Papagei

Englisch: Reichenow's Cape Parrot
Französisch: Perroquet à tête gris
Spanisch: Loro del Cabo de cuello gris

Herkunft: Afrika
Status Freiland: Gelegentlich.
Status Menschenobhut: Selten.

Geschlechtsunterschiede: Männchen ohne orangefarbenes, Weibchen mit breitem, orange rosafarbenen Stirnband.
Haltungsansprüche: Eine 3 m lange Voliere sollte das Mindestmaß sein, mit einem mäßig beheizten Schutzraum können die Tiere auch im Winter tagsüber in die Außenvoliere gelassen werden.
Ernährung: Eine spezielle Samenmischung für Graupapageien, diese sollte etwa 60 % des Futters ausmachen, 40 % des Futters sollte aus einer Obst- und Gemüsemischung bestehen.
Zucht: Gelingt selten, dem Paar einen hochformatigen Nistkasten anbieten.
Besonderheiten: Ruhigere Papageien, paarweise Haltung wird empfohlen. Da nur äußerst wenige Tiere in Menschenobhut vorhanden sind, unbedingt Zucht anstreben, um einen sich selbst erhaltenden Zuchtstamm aufzubauen. Auf Unterartenreinheit achten, die Vögel werden oft mit der Unterart *P. f. fuscicollis* verwechselt.

Poicephalus gulielmi fantiensis

Neumanns Kongopapagei

Englisch: Orange-crowned Parrot
Französisch: Perroquet à calotte rouge de Neumann
Spanisch: Loro jardinero pintado

Herkunft: Afrika
Status Freiland: Regelmäßig.
Status Menschenobhut: Selten.

Geschlechtsunterschiede: Keine.
Haltungsansprüche: Eine 3 m lange Voliere sollte das Mindestmaß sein, mit einem mäßig beheizten Schutzraum können die Tiere auch im Winter tagsüber in die Außenvoliere gelassen werden.
Ernährung: Eine spezielle Samenmischung für Graupapageien, diese sollte etwa 60 % des Futters ausmachen, 40 % des Futters sollte aus einer Obst- und Gemüsemischung bestehen.
Zucht: Gelingt selten, dem Paar einen hochformatigen Nistkasten zur Verfügung stellen.
Besonderheiten: Ruhigere Papageien, paarweise Haltung wird empfohlen. Bei der Zucht sollte unbedingt auf Unterartenreinheit geachtet werden. Oft werden Mischlingen aus den Unterarten angeboten.

Poicephalus gulielmi gulielmi (Nominatform)

Kongopapagei

Englisch: Jardine's Parrot
Französisch: Perroquet à calotte rouge
Spanisch: Lorito jardinero

Herkunft: Afrika
Status Freiland: Regelmäßig.
Status Menschenobhut: Gelegentlich.

Geschlechtsunterschiede: Gering, Weibchen mit etwas hellerem Gefieder.
Haltungsansprüche: Eine 3 m lange Voliere sollte das Mindestmaß sein, mit einem mäßig beheizten Schutzraum können die Tiere auch im Winter tagsüber in die Außenvoliere gelassen werden.
Ernährung: Seine spezielle Samenmischung für Graupapageien, diese sollte etwa 60 % des Futters ausmachen, 40 % des Futters sollte aus einer Obst- und Gemüsemischung bestehen.
Zucht: Gelingt regelmäßig, dem Paar einen hochformatigen Nistkasten zur Verfügung stellen.
Besonderheiten: Ruhigere Papageien, paarweise Haltung wird empfohlen. Bei der Zucht sollte unbedingt auf Unterartenreinheit geachtet werden, oft werden Mischlinge der Unterarten angeboten.

10 °C

28 cm

9,5 mm

3–4 Eier

nein

Poicephalus gulielmi massaicus

Reichenows Kongopapagei

Englisch: Masai Red-headed Parrot
Französisch: Perroquet à calotte rouge de Reichenow
Spanisch: Loro jardinero de Reichenow

Herkunft: Afrika
Status Freiland: Regelmäßig.
Status Menschenobhut: Selten.

Geschlechtsunterschiede: Keine.
Haltungsansprüche: Eine 3 m lange Voliere sollte das Mindestmaß sein, mit einem mäßig beheizten Schutzraum können die Tiere auch im Winter tagsüber in die Außenvoliere gelassen werden.
Ernährung: Eine spezielle Samenmischung für Graupapageien, diese sollte etwa 60 % des Futters ausmachen, 40 % des Futters sollte aus einer Obst- und Gemüsemischung bestehen.
Zucht: Gelingt selten, dem Paar einen hochformatigen Nistkasten zur Verfügung stellen.
Besonderheiten: Ruhigere Papageien, bei denen paarweise Haltung empfohlen wird. Bei der Zucht sollte unbedingt auf Unterartenreinheit geachtet werden, denn oft werden Unterartenmischlinge angeboten.

Poicephalus meyeri meyeri (Nominatform)

Goldbugpapagei

Englisch: Meyer's Parrot
Französisch: Perroquet de Meyer
Spanisch: Lorito de Meyer

Herkunft: Afrika
Status Freiland: Regelmäßig.
Status Menschenobhut: Regelmäßig,

Geschlechtsunterschiede: Keine.
Haltungsansprüche: Eine 2 m lange Voliere sollte als Mindestmaß gelten, mit einem mäßig beheizten Schutzraum können die Tiere auch im Winter tagsüber in die Außenvoliere gelassen werden.
Ernährung: Eine spezielle Samenmischung für Graupapageien, diese sollte etwa 60 % des Futters ausmachen, 40 % des Futters sollte aus einer Obst- und Gemüsemischung bestehen.
Zucht: Gelingt regelmäßig, dem Paar einen hochformatigen Nistkasten anbieten.
Besonderheiten: Ruhigere Papageien, paarweise Haltung wird empfohlen. Neben der Nominatform, die am häufigsten gehalten wird, dürften auch einige der anderen fünf Unterarten *P. m. damarensis, matchiei, reichenowi, saturatus, transvaalensis,* in Menschenobhut vorhanden sein, die aber meist nicht als solche erkannt werden. Bei der Zucht sollte unbedingt auf Unterartenreinheit geachtet werden.

10 °C

33 cm

9,5 mm

2–3 Eier

nein

Poicephalus robustus

Kap-Papagei

Englisch: Cape Parrot
Französisch: Perroquet robuste
Spanisch: Lorito robusto

Herkunft: Afrika
Status Freiland: Selten.
Status Menschenobhut: Sehr selten.

Geschlechtsunterschiede: Männchen ohne orangefarbenes, Weibchen mit schmalem orangefarbenen Stirnband.
Haltungsansprüche: Eine 3 m lange Voliere sollte als das Mindestmaß angesehen werden, mit einem mäßig beheizten Schutzraum können die Tiere auch im Winter tagsüber in die Außenvoliere gelassen werden.
Ernährung: Eine spezielle Samenmischung für Graupapageien, diese sollte etwa 60 % des Futters ausmachen, 40 % des Futters sollte aus einer Obst- und Gemüsemischung bestehen.
Zucht: Gelingt selten, dem Paar einen hochformatigen Nistkasten zur Verfügung stellen.
Besonderheiten: Ruhigere Papageien, bei denen paarweise Haltung empfohlen wird. Da nur äußerst wenige Tiere in Menschenobhut vorhanden sind, unbedingt die Zucht anstreben, um einen sich selbst erhaltenden Zuchtstamm aufzubauen.

Poicephalus rueppellii

Rüppells Papagei

Englisch: Rüppell's Parrot
Französisch: Perroquet de Rüppell
Spanisch: Lorito de Rüppell

Herkunft: Afrika
Status Freiland: Regelmäßig.
Status Menschenobhut: Gelegentlich.

Geschlechtsunterschiede: Beim Weibchen sind Unterrücken, Bürzel und Oberschwanzdecken blau gefärbt, beim Männchen sind diese Bereiche grau.
Haltungsansprüche: Eine 2 m lange Voliere sollte als das Mindestmaß angesehen werden. Bei einem mäßig beheizten Schutzraum können die Tiere auch im Winter tagsüber in die Außenvoliere gelassen werden. Nachts sollten sie sich im Schutzraum aufhalten.
Ernährung: Eine spezielle Samenmischung für Graupapageien, diese sollte etwa 60 % des Futters ausmachen, 40 % des Futters sollte aus einer Obst- und Gemüsemischung bestehen.
Zucht: Gelingt gelegentlich, dem Brutpaar einen hochformatigen Nistkasten zur Verfügung stellen.
Besonderheiten: Ruhigere Papageien, bei denen paarweise Haltung empfohlen wird. Sie gehören zu den seltener gehaltenen Langflügelpapageien, die unbedingt zur Zucht verwendet werden sollten, um sich selbst erhaltende Zuchtstämme in Menschenobhut aufzubauen.

Poicephalus rufiventris rufiventris (Nominatform)

Rotbauchpapagei

Englisch: Red-bellied Parrot
Französisch: Perroquet à ventre rouge
Spanisch: Lorito ventrirrojo

Herkunft: Afrika
Status Freiland: Gelegentlich.
Status Menschenobhut: Gelegentlich.

Geschlechtsunterschiede: Männchen mit rotem Bauch und Brust, beim Weibchen sind Brust und Bauch grün.
Haltungsansprüche: Eine Voliere von 2 m Länge sollte als das Mindestmaß gelten. Mit einem mäßig beheizten Schutzraum können die Tiere auch im Winter tagsüber in die Außenvoliere gelassen werden.
Ernährung: Eine spezielle Samenmischung für Graupapageien, diese sollte etwa 60 % des Futters ausmachen, 40 % des Futters sollte aus einer Obst- und Gemüsemischung bestehen.
Zucht: Gelingt gelegentlich, dem Paar einen hochformatigen Nistkasten zur Verfügung stellen.
Besonderheiten: Ruhigere Papageien, bei denen paarweise Haltung empfohlen wird. Die Unterart *P. v. pallidus* wird wohl nicht in Europa gehalten oder als solche erkannt. Die Vögel sollten zum Aufbau sich selbst erhaltender Zuchtstämme verwendet werden.

Poicephalus senegalus senegalus (Nominatform)

Mohrenkopfpapagei

Englisch: Senegal Parrot
Französisch: Perroquet youyou
Spanisch: Lorito senegalés

Herkunft: Afrika
Status Freiland: Häufig.
Status Menschenobhut: Häufig.

Geschlechtsunterschiede: Das Gelb des Weibchens im Schenkelbereich ist weniger ausgedehnt als beim Männchen.
Haltungsansprüche: Eine 2 m lange Voliere sollte als das Mindestgröße angesehen werden. Mit einem mäßig beheizten Schutzraum können die Tiere auch im Winter tagsüber in die Außenvoliere.
Ernährung: Eine spezielle Samenmischung für Graupapageien, diese sollte etwa 60 % des Futters ausmachen, 40 % des Futters sollte aus einer Obst- und Gemüsemischung bestehen.
Zucht: Gelingt häufig, dem Paar einen hochformatigen Nistkasten zur Verfügung stellen.
Besonderheiten: Ruhigere Papageien, bei denen paarweise Haltung empfohlen wird. Bei der Zucht sollte unbedingt auf Unterartenreinheit geachtet werden. In Menschenobhut sind beide Unterarten vorhanden, werden meist jedoch nicht als solche erkannt und deshalb entstehen oft Unterartenmischlinge.

Poicephalus senegalus versteri

Finschs Mohrenkopfpapagei

Englisch: Red-vented Parrot
Französisch: Perroquet youyou ventre-rouge
Spanisch: Loro del Senegal vientre rojo

Herkunft: Afrika
Status Freiland: Häufig.
Status Menschenobhut: Gelegentlich.

Geschlechtsunterschiede: Keine.
Haltungsansprüche: Eine 2 m lange Voliere sollte als das Mindestmaß angesehen werden. Bei einem mäßig beheizten Schutzraum können die Tiere auch im Winter tagsüber in die Außenvoliere.
Ernährung: Eine spezielle Samenmischung für Graupapageien, diese sollte etwa 60 % des Futters ausmachen, 40 % des Futters sollte aus einer Obst- und Gemüsemischung bestehen.
Zucht: Gelingt gelegentlich, dem Paar einen hochformatigen Nistkasten zur Verfügung stellen.
Besonderheiten: Ruhigere Papageien, bei denen paarweise Haltung empfohlen wird. In der Zucht unbedingt auf Unterartenreinheit achten, manche Vögel in Menschenobhut werden oft nicht als Unterart erkannt und es entstehen Unterartenmischlinge. Das Orangerot des Bauchgefieders ist jedoch typisch für diese Unterart.

Psittacus erithacus

Graupapagei oder Kongo-Graupapagei

Englisch: Grey Parrot
Französisch: Perroquet jaco
Spanisch: Loro Yaco / Loro gris

Herkunft: Afrika
Status Freiland: Häufig.
Status Menschenobhut: Häufig.

Geschlechtsunterschiede: Keine.
Haltungsansprüche: Eine 3 m lange Voliere sollte das Mindestmaß sein. Bei einem mäßig beheizten Schutzraum können die Tiere auch im Winter tagsüber in die Außenvoliere gelassen werden.
Ernährung: Eine spezielle Samenmischung für Graupapageien zu etwa 60 % des Futters, 40 % sollte aus einer Obst- und Gemüsemischung bestehen. Graupapageien sind oft sehr konservativ und nehmen nur sehr zögerlich neue Futtersorten auf, deshalb immer wieder anbieten.
Zucht: Gelingt regelmäßig, hochformatigen Nistkasten anbieten.
Besonderheiten: Mittellaute Papageien, paarweise Haltung wird empfohlen. Graupapageien gehören zu den beliebtesten Papageienarten in Menschenobhut, da ihnen großes Sprachtalent nachgesagt wird. Bei unsachgemäßer Pflege werden Graupapageien sehr schnell zu Problemvögeln. Sie reagieren sehr sensibel auf kleinste Änderungen ihrer Umwelt oder ihres Wohlbefindens und können dann mit dem Federrupfen beginnen.

Psittacus timneh

Timneh-Graupapagei

Englisch: Timneh Grey Parrot
Französisch: Gris du Timneh
Spanisch: Loro gris cola de vinagre

Herkunft: Afrika
Status Freiland: Gelegentlich.
Status Menschenobhut: Regelmäßig.

Geschlechtsunterschiede: Keine.
Haltungsansprüche: Eine 3 m lange Voliere sollte das Mindestmaß sein, mit einem mäßig beheizten Schutzraum können die Tiere auch im Winter tagsüber in die Außenvoliere gelassen werden.
Ernährung: Spezielle Samenmischung für Graupapageien, diese sollte etwa 60 % des Futters ausmachen, 40 % des Futters sollte aus einer Obst- und Gemüsemischung bestehen, Timneh-Graupapageien sind oft sehr konservativ und nehmen nur zögerlich neues Futter an, deshalb immer wieder anbieten.
Zucht: Gelingt gelegentlich, dem Paar einen hochformatigen Nistkasten anbieten.
Besonderheiten: Mittellaute Papageien, paarweise Haltung wird empfohlen. Da sie etwas kleiner als der Graupapagei ist und der Schwanz anstatt rot braunrot gefärbt ist, ist diese Art weniger beliebt. Die Vögel haben aber die gleichen Eigenschaften wie die Schwesterart in punkto Sprachtalent, aber auch Charakter zu bieten.

Coracopsis nigra nigra (Nominatform)

Kleiner Vasapapagei

Englisch: Black Parrot
Französisch: Perroquet noir
Spanisch: Loro negro

Herkunft: Afrika/Madagaskar
Status Freiland: Häufig bis bedroht, je nach Unterart.
Status Menschenobhut: Selten.

Geschlechtsunterschiede: Keine.
Haltungsansprüche: Eine 4 m lange Voliere sollte das Mindestmaß sein, mit einem mäßig beheizten Schutzraum können die Tiere auch im Winter tagsüber in die Außenvoliere gelassen werden.
Ernährung: Eine Samenmischung für Afrikaner, diese sollte etwa 50 % des Futters ausmachen, 50 % des Futters sollte aus einer Obst- und Gemüsemischung bestehen.
Zucht: Gelingt selten, den Vögeln einen hochformatigen Nistkasten anbieten.
Besonderheiten: Mittellaute Papageien, sie schreien nicht, pfeifen aber laut, was durchaus harmonisch klingt. Paarweise Haltung wird empfohlen. Insgesamt besteht die Art aus zwei Unterarten: *C. n. nigru* und *C. n. libs* wobei beide in Europa gepflegt werden. Unbedingt Zuchtversuche unternehmen, denn noch sind genügend Tiere zum Aufbau eines sich selbst erhaltenden Zuchtstammes vorhanden.

10 °C

50 cm

11 mm

2–5 Eier

nein

Coracopsis vasa vasa (Nominatform)

Großer Vasapapagei

Englisch: Vasa Parrot
Französisch: Perroquet Vaza
Spanisch: Loro Vasa

Herkunft: Afrika/Madagaskar
Status Freiland: Häufig.
Status Menschenobhut: Selten.

Geschlechtsunterschiede: Keine.
Haltungsansprüche: Eine 5 m lange Voliere sollte das Mindestmaß sein, mit einem mäßig beheizten Schutzraum können die Tiere auch im Winter tagsüber in die Außenvoliere gelassen werden.
Ernährung: Eine Samenmischung für Afrikaner, diese sollte etwa 50 % des Futters ausmachen, 50 % des Futters sollte aus einer Obst- und Gemüsemischung bestehen.
Zucht: Gelingt selten, den Vögeln einen hochformatigen Nistkasten anbieten.
Besonderheiten: Laute Papageien, sie schreien nicht, pfeifen aber laut, was aber harmonisch klingt. Paarweise Haltung wird empfohlen. Neben der Nominatform wird gelegentlich die Unterart *C. v. drouhardi* gehalten, die ein insgesamt blasseres Gefieder besitzt. Es gibt auch noch *C. v. comorensis*. Bei der Zucht sollte auf Unterartenreinheit geachtet werden, denn noch sind genügend Tiere zum Aufbau eines sich selbst erhaltenden Zuchtstammes vorhanden.

Agapornis canus canus (Nominatform)

Grauköpfchen

Englisch: Grey-headed Lovebird
Französisch: Inséparable à tete grise
Spanisch: Inseparable Malgache

Herkunft: Afrika
Status Freiland: Häufig.
Status Menschenobhut: Häufig.

Geschlechtsunterschiede: Männchen Kopf und Oberbrust grau, bei den Weibchen sind diese Bereiche grün.
Haltungsansprüche: Eine 1 qm große Voliere sollte das Mindestmaß sein. Ein beheizter Schutzraum ist nötig.
Ernährung: Spezielle Samenmischung für Unzertrennliche, Kolbenhirse, täglich etwas Obst, vor allem Apfel und Karotte, andere Obst- und Gemüsesorten sollten ausprobiert werden.
Zucht: Gelingt häufig, hoch- oder querformatiger Nistkasten geeignet, frische Äste, vor allem Weiden anbieten, die abgeschält und zur Auspolsterung des Nistkastens im Rückengefieder in das Nest getragen werden.
Besonderheiten: Ruhige Papageien, kleinster Unzertrennlicher. Paarweise Haltung wird empfohlen, Gruppenhaltung ist ebenfalls möglich, zur Zucht aber paarweise unterbringen. Grauköpfchen sind temperaturempfindlicher als die meisten anderen Unzertrennlichen. Die Unterart *A. c. ablectaneus* wird wohl derzeit nicht in Europa gehalten, oder wurde nicht als solche erkannt.

Agapornis fischeri

Pfirsichköpfchen

Englisch: Fischer's Lovebird
Französisch: Inséparable de Fischer
Spanisch: Inseparable de Fischer

Herkunft: Afrika
Status Freiland: Gelegentlich.
Status Menschenobhut: Sehr häufig.

Geschlechtsunterschiede: Keine.
Haltungsansprüche: Eine 1 qm große Voliere sollte das Minimum sein. Mit einem mäßig beheizten Schutzraum können die Tiere auch im Winter tagsüber in die Außenvoliere.
Ernährung: Eine spezielle Samenmischung für Unzertrennliche, zusätzlich Kolbenhirse sowie täglich etwas Obst, vor allem Apfel und Karotte, andere Obst- und Gemüsesorten sollten ausprobiert werden.
Zucht: Gelingt sehr häufig, für die Paare ist ein hoch- oder querformatiger Nistkasten geeignet. Frische Äste, vor allem Weiden anbieten, die abgeschält und zur Auspolsterung des Nistkastens genutzt werden.
Besonderheiten: Mittellaute Papageien, es wird mindestens paarweise Haltung empfohlen. Sie sind auch zur artgleichen Gruppenhaltung und -zucht geeignet, dann mehr Nistkästen als Paare anbieten. Pfirsichköpfchen werden inzwischen in zahlreichen Farbmutationen wie beispielsweise Blau und Gelb gezüchtet.

Agapornis lilianae

Erdbeerköpfchen

Englisch: Nyasa Lovebird
Französisch: Inséparable de Lilian
Spanisch: Inseparable del Nyasa

Herkunft: Afrika
Status Freiland: Gelegentlich.
Status Menschenobhut: Häufig.

Geschlechtsunterschiede: Keine.
Haltungsansprüche: Eine 1 qm große Voliere sollte das Minimum sein. Mit einem mäßig beheizten Schutzraum, können die Tiere auch im Winter an warmen Tagen tagsüber in die Außenvoliere gelassen werden. Etwas empfindlicher als andere Unzertrennliche.
Ernährung: Eine spezielle Samenmischung für Unzertrennliche, zusätzlich Kolbenhirse sowie täglich etwas Obst, vor allem Apfel und Karotte, andere Obst- und Gemüsesorten sollten ausprobiert werden.
Zucht: Gelingt häufig, ein hoch- oder querformatiger Nistkasten ist geeignet. Frische Äste, vor allem Weiden anbieten, die abgeschält und zur Auspolsterung des Nistkastens genutzt werden.
Besonderheiten: Mittellaute Papageien, mindestens paarweise Haltung empfohlen. Auch zur artgleichen Gruppenhaltung und -zucht geeignet, dann mehr Nistkästen als Paare anbieten, bisher nur wenige Farbmutationen bekannt unter anderem Lutino.

Agapornis nigrigenis

Rußköpfchen

Englisch: Black-cheeked Lovebird
Französisch: Inséparable à joues noire
Spanisch: Inseparable Cachetón

Herkunft: Afrika
Status Freiland: Bedroht.
Status Menschenobhut: Häufig.

Geschlechtsunterschiede: Keine.
Haltungsansprüche: Eine 1 qm große Voliere sollte das Minimum sein. Mit einem mäßig beheizten Schutzraum können die Tiere auch im Winter an warmen Tagen tagsüber in die Außenvoliere gelassen werden. Etwas empfindlicher als andere Unzertrennliche.
Ernährung: Samenmischung für Unzertrennliche, Kolbenhirse, täglich etwas Apfel und Karotte, andere Obst- und Gemüsesorten ausprobieren.
Zucht: Gelingt häufig, ein hoch- oder querformatiger Nistkasten ist geeignet. Frische Äste, vor allem Weiden anbieten, die abgeschält und zur Auspolsterung des Nistkastens genutzt werden.
Besonderheiten: Mittellaute Papageien, mindestens paarweise Haltung empfohlen, eignen sich aber auch zur artgleichen Gruppenhaltung und -zucht, dann mehr Nistkästen als Paare anbieten. Bisherige Farbmutationen sind entstanden durch Einkreuzung anderer Agaporniden-Arten und sind somit Mischlinge.

Agapornis personatus

Schwarzköpfchen

Englisch: Masked Lovebird
Französisch: Inséparable masqué
Spanisch: Inseparable cabecinegro

Herkunft: Afrika
Status Freiland: Gelegentlich.
Status Menschenobhut: Sehr häufig.

Geschlechtsunterschiede: Keine.
Haltungsansprüche: Mindestens eine 1 qm große Voliere. Bei einem mäßig beheizten Schutzraum können die Tiere auch im Winter tagsüber in die Außenvoliere gelassen werden.
Ernährung: Eine spezielle Samenmischung für Unzertrennliche, zusätzlich Kolbenhirse sowie täglich etwas Obst, vor allem Apfel und Karotte, andere Obst- und Gemüsesorten sollten ausprobiert werden.
Zucht: Gelingt sehr häufig, hoch- oder querformatiger Nistkasten ist geeignet. Frische Äste, vor allem Weiden anbieten, die abgeschält und zur Auspolsterung des Nistkastens genutzt werden.
Besonderheiten: Mittellaute Papageien, mindestens paarweise Haltung empfohlen, auch artgleiche Gruppenhaltung und -zucht ist möglich, dann mehr Nistkästen als Paare anbieten. Inzwischen in zahlreichen Farbmutationen wie Blau, Gelb, Weiß und Gescheckt gezüchtet.

Agapornis pullarius pullarius (Nominatform)

Orangeköpfchen

Englisch: Red-faced Lovebird
Französisch: Inséparable à tete rouge
Spanisch: Inseparable carirrojo

Herkunft: Afrika
Status Freiland: Regelmäßig.
Status Menschenobhut: Selten.

Geschlechtsunterschiede: Beim Männchen ist die Gesichtsmaske orangerot, beim Weibchen orangefarben.
Haltungsansprüche: Eine 1 qm große Voliere sollte das Minimum sein, mit beheiztem Schutzraum, die Vögel sind temperaturempfindlich.
Ernährung: Spezielle Samenmischung für Unzertrennliche, zusätzlich Kolbenhirse sowie täglich etwas Obst, vor allem Apfel und Karotte, andere Obst- und Gemüsesorten ausprobieren.
Zucht: Gelingt sehr selten, verschiedene hoch- und querformatige Nistkästen, teilweise mit Kork oder anderer weicher Einlage, in die eine Höhle genagt werden kann, anbieten. Der Nistkasten soll auch gleichbleibende Temperaturen in der Nisthöhle ermöglichen. Frische Äste geben, die benagt und zur Auspolsterung der Nisthöhle verwendet werden. Nistkastenheizung empfohlen.
Besonderheiten: Ruhige Papageien, paarweise Haltung empfohlen, Gruppenhaltung möglich, zur Zucht aber paarweise unterbringen, warm überwintern. Seltenster Unzertrennlicher in Menschenobhut, unbedingt Zucht anstreben, um Zuchtstämme aufzubauen. Die bisher seltenen Zuchterfolge reichen zum langfristigen Erhalt der Art in Menschenobhut noch nicht aus. Unterart von *A. p. ugundae* nicht in Europa gehalten

Agapornis roseicollis roseicollis (Nominatform)

Rosenköpfchen

Englisch: Peach-faced Lovebird
Französisch: Inséparable rosegorge
Spanisch: Inseparable de Namibia

Herkunft: Afrika
Status Freiland: Häufig.
Status Menschenobhut: Sehr häufig.

Geschlechtsunterschiede: Keine.
Haltungsansprüche: Mindestens 1 qm große Voliere. Bei einem mäßig beheizten Schutzraum, können die Tiere auch im Winter tagsüber in die Außenvoliere gelassen werden.
Ernährung: Eine spezielle Samenmischung für Unzertrennliche, zusätzlich Kolbenhirse sowie täglich etwas Obst, vor allem Apfel und Karotte, andere Obst- und Gemüsesorten sollten ausprobiert werden.
Zucht: Gelingt sehr häufig, ein hoch- oder querformatiger Nistkasten ist geeignet. Frische Äste, vor allem Weiden anbieten, die abgeschält und zur Auspolsterung des Nistkastens genutzt werden.
Besonderheiten: Mittellaute Papageien, die inzwischen als domestiziert zu bezeichnen sind. Mindestens paarweise Haltung empfohlen, auch zur artgleichen Gruppenhaltung und -zucht geeignet, dann mehr Nistkästen als Paare anbieten. Inzwischen in zahlreichen Farbmutationen wie Blau, Lutino, Oliv, Zimt und anderen. Unterart A. r. catumbella wohl nicht in Europa gehalten, oder als solche erkannt.

Agapornis taranta

Taranta-Bergpapagei

Englisch: Black-winged Lovebird
Französisch: Inséparable d'Abyssinie
Spanisch: Inseparable abisinio

Herkunft: Afrika
Status Freiland: Häufig.
Status Menschenobhut: Häufig.

Geschlechtsunterschiede: Weibchen ohne Rot auf dem Kopf.
Haltungsansprüche: eine 1 qm große Voliere als Minimum. Bei einem mäßig beheizten Schutzraum können die Tiere auch im Winter tagsüber in die Außenvoliere gelassen werden.
Ernährung: Samenmischung für Unzertrennliche, zusätzlich Kolbenhirse sowie täglich etwas Obst, vor allem Apfel und Karotte, andere Obst- und Gemüsesorten sollten ausprobiert werden.
Zucht: Gelingt häufig, ein hoch- oder querformatiger Nistkasten ist geeignet. Frische Äste, vor allem Weiden anbieten, die abgeschält und zur Auspolsterung des Nistkastens genutzt werden.
Besonderheiten: Ruhige Papageien, paarweise Haltung wird empfohlen, Gruppenhaltung ist möglich, die Vögel zur Zucht aber paarweise unterbringen. Größter Unzertrennlicher, erste Farbmutationen wie Oliv oder Misty sind aufgetreten.

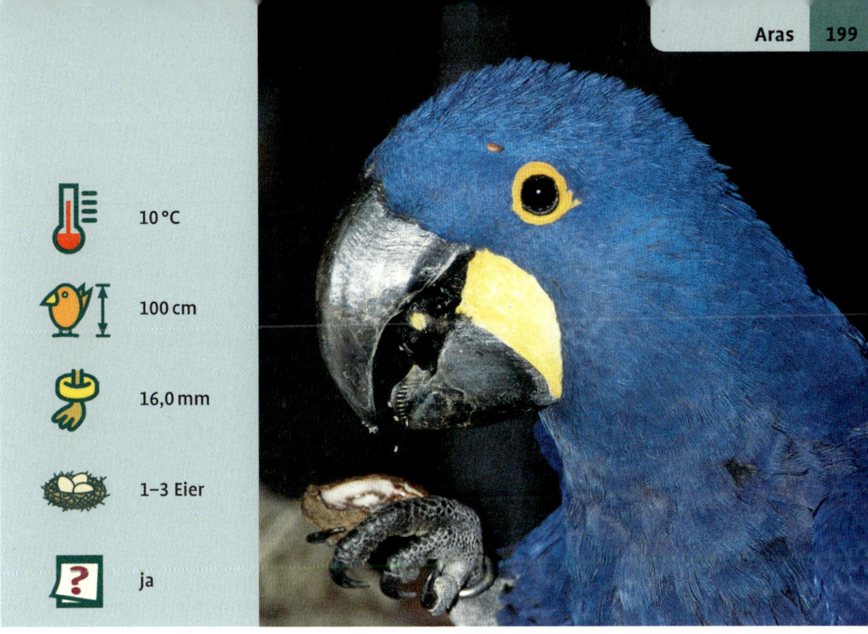

Anodorhynchus hyacinthinus

Hyazinthara

Englisch: Hyacinth Macaw
Französisch: Ara hyacinthe
Spanisch: Guacamayo jacinto

Herkunft: Südamerika
Status Freiland: Bedroht, 5 000–10 000 Tiere, Tendenz abnehmend.
Status Menschenobhut: Gelegentlich.

Geschlechtsunterschiede: Keine.
Haltungsansprüche: Eine 6 m lange Voliere sollte Mindestgröße sein, größer, ab 10 m, wäre besser und käme dem Flugbedürfnis der Tiere eher entgegen. Bei einem mäßig beheizten Schutzraum können die Tiere auch im Winter an warmen Tagen tagsüber in die Außenvoliere gelassen werden. Den Vögeln viel Frischholz zum Benagen geben.

Ernährung: Eine spezielle energiereiche Samenmischung für Aras, zusätzlich verschiedene Nussarten in Schale, frische Kokosnussstücke sowie täglich mindestens 40 % der Futtermenge als Obst- und Gemüsemischung.
Zucht: Gelingt gelegentlich, ein querformatiger Nistkasten ist geeignet.
Besonderheiten: Laute Papageien, paarweise Haltung wird empfohlen. Größte Papageienart, die oft als Krönung einer Papageienkollektion angesehen wird. Die Vögel sollten unbedingt zu Zuchtzwecken gehalten werden, um einen sich selbst erhaltenden Zuchtstamm aufzubauen.

Anodorhynchus leari

Lear-Ara

Englisch: Lear's Macaw
Französisch: Ara de Lear
Spanisch: Guacamayo de Lear

Herkunft: Südamerika
Status Freiland: Bedroht, 1000 Tiere, Tendenz steigend.
Status Menschenobhut: Sehr selten.

Geschlechtsunterschiede: Keine.
Haltungsansprüche: Mindestens eine 6 m lange Voliere, eher größer, um dem Flugbedürfnis der Tiere entgegenzukommen. Viel Frischholz zum Benagen geben.
Ernährung: Spezielle energiereiche Samenmischung für Aras, verschiedene Nussarten in Schale sowie täglich mindestens 40 % der Futtermenge als Obst- und Gemüsemischung.
Zucht: Gelingt gelegentlich. Sie sind Felshöhlenbrüter. Kunstfelswände, an die Holznistkästen anschließen, sollten angeboten werden, um die Brutfelsen in der Natur zu imitieren.
Besonderheiten: Laute Papageien, paarweise Haltung wird empfohlen. Lear-Aras werden nur in wenigen autorisierten Anlagen weltweit zu Zuchtzwecken gehalten, um eine sich selbst erhaltende Population als Genreserve aufzubauen. Dies wird in einem internationalen Zuchtbuch mit etwa 100 Tieren weltweit koordiniert.

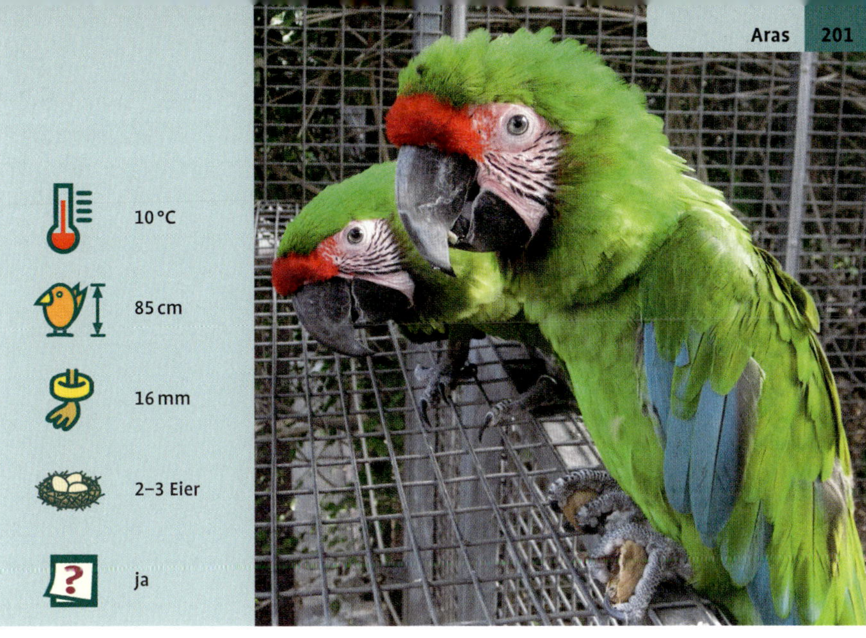

Ara ambiguus ambiguus (Nominatform)

Großer Soldatenara

Englisch: Buffon's Macaw
Französisch: Ara de Buffon
Spanisch: Guacamayo ambiguo

Herkunft: Südamerika
Status Freiland: Bedroht, 2500–10 000 Tiere, Tendenz abnehmend.
Status Menschenobhut: Selten.

Geschlechtsunterschiede: Keine.
Haltungsansprüche: Mindestens eine 6 m lange Voliere, eher größer, ab 10 m wäre besser und würde dem Flugbedürfnis der Tiere gerecht. Viel Frischholz zum Benagen geben.
Ernährung: Eine spezielle energiereiche Samenmischung für Aras, verschiedene Nusssorten in Schale, täglich mindestens 40 % der Futtermenge als Obst- und Gemüsemischung.
Zucht: Gelingt selten, ein querformatiger Nistkasten wird meist akzeptiert.
Besonderheiten: Laute Papageien, nur paarweise Haltung empfohlen. Die Vögel sollten unbedingt zur Zucht verwendet werden, um einen sich selbst erhaltenden Zuchtstamm in Menschenobhut aufzubauen. Die Unterart *A. a. guayaquilensis* wird wohl derzeit nicht in Europa gehalten.

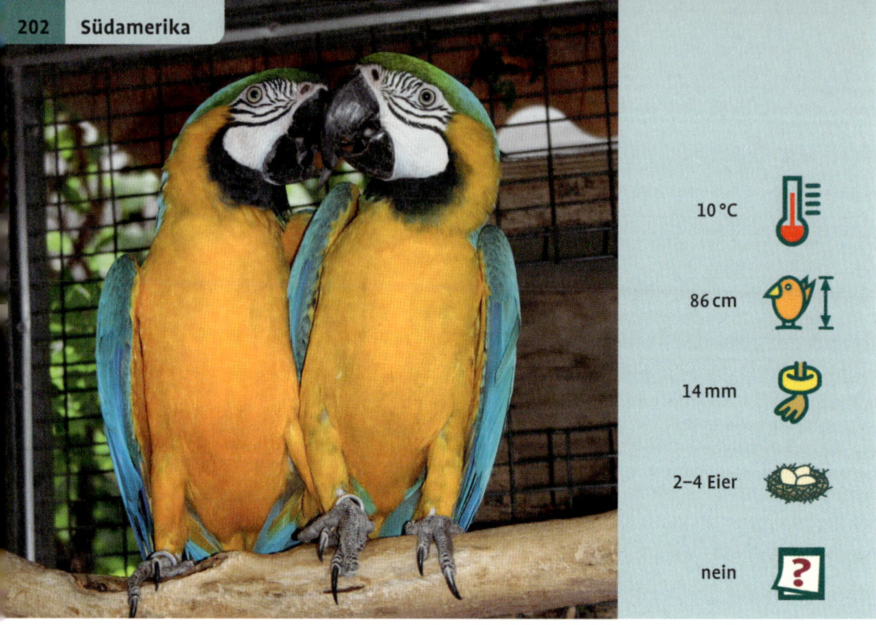

Ara ararauna

Gelbbrustara

Englisch: Blue and Gold Macaw
Französisch: Ara bleu
Spanisch: Guacamayo azulamarillo

Herkunft: Südamerika
Status Freiland: Regelmäßig.
Status Menschenobhut: Häufig.

Geschlechtsunterschiede: Keine.
Haltungsansprüche: Mindestens eine 6 m lange Voliere. Größer, ab 10 m wäre besser, käme dem Flugbedürfnis der Tiere weit mehr entgegen. Den Vögeln regelmäßig Frischholz zum Benagen geben.
Ernährung: Eine spezielle energiereiche Samenmischung für Aras, verschiedene Nusssorten in Schale, täglich mindestens 40 % der Futtermenge als Obst- und Gemüsemischung.
Zucht: Gelingt regelmäßig, ein querformatiger Nistkasten wird meist gerne von den Paaren akzeptiert.
Besonderheiten: Laute Papageien, nur die paarweise Haltung wird empfohlen. Der Gelbbrustara ist der häufigste Großara in Menschenobhut.

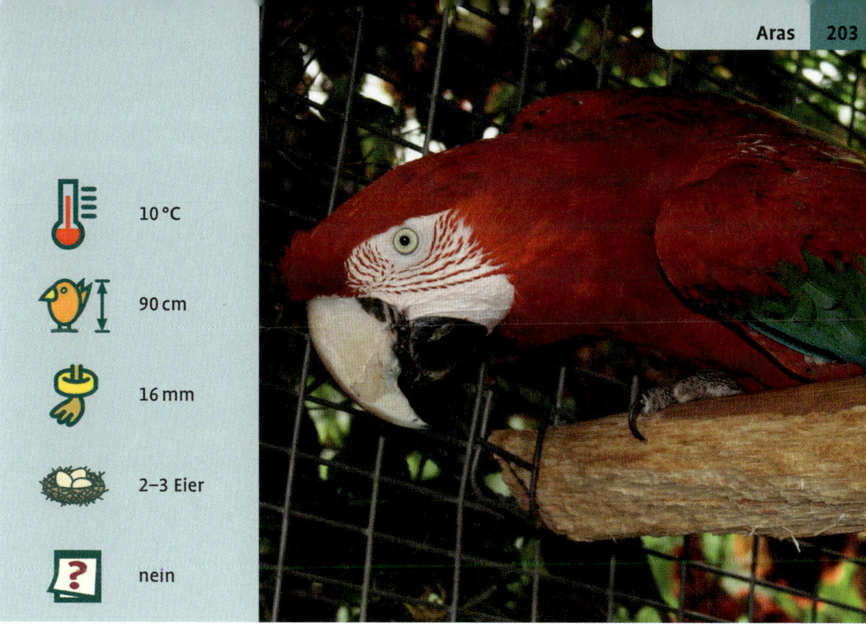

Ara chloropterus

Grünflügelara oder Dunkelroter Ara

Englisch: Green-winged Macaw
Französisch: Ara chloroptère
Spanisch: Guacamayo aliverde

Herkunft: Südamerika
Status Freiland: Gelegentlich.
Status Menschenobhut: Gelegentlich.

Geschlechtsunterschiede: Keine.
Haltungsansprüche: Eine 6 m lange Voliere gilt als Minimum. Größer, ab 10 m wäre besser, um dem Flugbedürfnis der Tiere gerecht zu werden. Regelmäßig viel Frischholz zum Benagen anbieten.
Ernährung: Eine spezielle energiereiche Samenmischung für Aras, verschiedene Nusssorten in Schale, täglich mindestens 40 % der Futtermenge als Obst- und Gemüsemischung.
Zucht: Gelingt gelegentlich, ein querformatiger Nistkasten wird meist von den Paaren akzeptiert.
Besonderheiten: Laute Papageien, nur paarweise Haltung wird empfohlen. Grünflügelaras sind farbenprächtig, haben einen angenehmen Charakter und eignen sich auch gut als Adoptiveltern für die Jungvögel anderer großen Ara-Arten.

Ara glaucogularis

Blaulatzara oder Blaukehlara

Englisch: Blue-throated Macaw
Französisch: Ara canindé
Spanisch: Guacamayo barbazul

Herkunft: Südamerika
Status Freiland: Bedroht, 400 Tiere, Tendenz steigend.
Status Menschenobhut: Selten.

Geschlechtsunterschiede: Keine.
Haltungsansprüche: Mindestens eine 6 m lange Voliere. Größer, ab 10 m wäre besser, um dem Flugbedürfnis der Tiere gerecht zu werden. Viel Frischholz zum Benagen anbieten.
Ernährung: Eine spezielle energiereiche Samenmischung für Aras, verschiedene kleinere Nusssorten in Schale, täglich mindestens 40 % der Futtermenge als Obst- und Gemüsemischung.
Zucht: Gelingt gelegentlich, ein querformatiger Nistkasten wird meist von den Vögeln akzeptiert.
Besonderheiten: Laute Papageien, nur die paarweise Haltung wird empfohlen. Da in der Natur nur noch etwa 400 Tiere den Restbestand bilden, ist es dringend nötig, diese Aras in Menschenobhut zum Aufbau einer sich selbst erhaltenden Genreserve zu verwenden.

Ara macao macao (Nominatform)

Hellroter Ara

Englisch: Scarlet Macaw
Französisch: Ara rouge
Spanisch: Guacamayo Macao

Herkunft: Südamerika
Status Freiland: Gelegentlich.
Status Menschenobhut: Gelegentlich.

Geschlechtsunterschiede: Keine.
Haltungsansprüche: Eine 6 m lange Voliere sollte die Mindestgröße sein, eher größer, ab 10 m, um dem Flugbedürfnis der Tiere entgegen zu kommen. Viel Frischholz zum Benagen zur Verfügung stellen.
Ernährung: Spezielle energiereiche Samenmischung für Aras, verschiedene Nusssorten in Schale, täglich mindestens 40 % der Futtermenge als Obst- und Gemüsemischung.
Zucht: Gelingt gelegentlich, ein querformatiger Nistkasten wird meist akzeptiert.
Besonderheiten: Laute Papageien, nur paarweise Haltung wird empfohlen. Hellrote Ara sind die farbenprächtigsten der Art, neigen allerdings gelegentlich zum Rupfen. Die Nominatform hat grüne Spitzen an den gelben Flügeldecken. Es wird eine Unterart Nördlicher Hellroter Ara, *A. m. cyanopterus*, beschrieben, die blaue Spitzen an den gelben Flügeldecken aufweist und etwas größer (90 cm) ist, aber in Menschenobhut oft nicht als solcher erkannt wird. Bei der Zucht unbedingt auf unterartenreine Verpaarungen achten.

Ara militaris bolivianus

Bolivianischer Kleiner Soldatenara

Englisch: Bolivian Military Macaw
Französisch: Ara militaire bolivien
Spanisch: Guacamayo militar boliviano

Herkunft: Südamerika
Status Freiland: Bedroht.
Status Menschenobhut: Sehr selten.

Geschlechtsunterschiede: Keine.
Haltungsansprüche: Eine 6 m lange Voliere als Mindestgröße, ab 10 m Länge käme sie dem Flugbedürfnis der Tiere mehr entgegen. Regelmäßig viel Frischholz zum Benagen anbieten.
Ernährung: Eine spezielle energiereiche Samenmischung für Aras, verschiedene Nusssorten in Schale, täglich mindestens 40 % der Futtermenge als Obst- und Gemüsemischung reichen.
Zucht: Gelingt selten, ein querformatiger Nistkasten wird meist von den Paaren akzeptiert.
Besonderheiten: Laute Papageien, nur paarweise Haltung wird empfohlen. Sie sollten unbedingt zur Zucht verwendet werden, um einen sich selbst erhaltenden Zuchtstamm aufzubauen, es sind nur wenige Exemplare vorhanden. Unterscheidet sich von der Nominatform durch seinen rötlich braunen Halslatz.

Ara militaris mexicanus

Mexikanischer Kleiner Soldatenara

Englisch: Mexican Military Macaw
Französisch: Ara militaire mexicain
Spanisch: Guacamayo militar mexicano

Herkunft: Südamerika
Status Freiland: Bedroht.
Status Menschenobhut: Sehr selten.

Geschlechtsunterschiede: Keine.
Haltungsansprüche: Eine 6 m lange Voliere ist als Mindestgröße anzusehen, größer, ab 10 m, würde dem Flugbedürfnis der Tiere eher entsprechen. Viel Frischholz zum Benagen anbieten.
Ernährung: Eine spezielle energiereiche Samenmischung für Aras, verschiedene Nusssorten in Schale, täglich mindestens 40 % der Futtermenge als Obst- und Gemüsemischung.
Zucht: Gelingt selten, ein querformatiger Nistkasten wird meist von den Paaren akzeptiert.
Besonderheiten: Laute Papageien, nur die paarweise wird Haltung empfohlen. Die Vögel sollten unbedingt zur Zucht verwendet werden, um den Bestand in Menschenobhut durch einen sich selbst erhaltenden Zuchtstamm zu sichern. Unterscheidet sich von der Nominatform durch seine Größe und dem etwas dunkleren Gefieder.

Ara militaris militaris (Nominatform)

Kleiner Soldatenara

Englisch: Military Macaw
Französisch: Ara militaire
Spanisch: Guacamayo militar

Herkunft: Südamerika
Status Freiland: Bedroht, 10 000 Tiere, Tendenz abnehmend.
Status Menschenobhut: Selten.

Geschlechtsunterschiede: Keine.
Haltungsansprüche: Mindestens eine 6 m lange Voliere, eher größer, ab 10 m, um dem Flugbedürfnis der Tiere gerecht zu werden. Viel Frischholz zum Benagen geben.
Ernährung: Spezielle energiereiche Samenmischung für Aras, verschiedene Nusssorten in Schale, täglich mindestens 40 % der Futtermenge als Obst- und Gemüsemischung.
Zucht: Gelingt selten, ein querformatiger Nistkasten wird meist akzeptiert.
Besonderheiten: Laute Papageien, nur paarweise Haltung wird empfohlen. Sie sollten unbedingt zur Zucht verwendet werden, um eine sich selbst erhaltende Population in Menschenobhut aufzubauen. Neben der Nominatform existieren zwei weitere Unterarten, die unbedingt unterartenrein gezüchtet werden sollten und in eigenen Porträts vorgestellt werden.

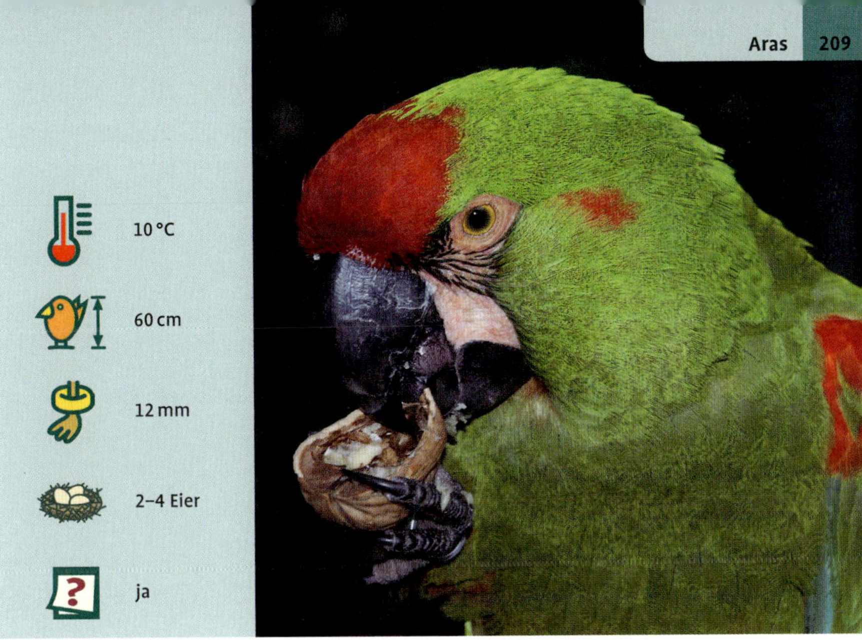

Ara rubrogenys

Rotohrara

Englisch: Red-fronted Macaw
Französisch: Ara de Lafresnaye
Spanisch: Guacamayo de Cochabamba

Herkunft: Südamerika
Status Freiland: Bedroht, 1000–4000 Tiere, Tendenz abnehmend.
Status Menschenobhut: Selten.

Geschlechtsunterschiede: Keine.
Haltungsansprüche: Mindestens 6 m, besser 10 m lange Voliere, um dem Flugbedürfnis der Tiere zu entsprechen. Viel Frischholz zum Benagen geben.
Ernährung: Eine spezielle energiereiche Samenmischung für Aras, verschiedene Nusssorten in Schale, täglich mindestens 40 % der Futtermenge als Obst- und Gemüsemischung.
Zucht: Gelingt selten, ein querformatiger Nistkasten wird meist von den Paaren akzeptiert. Da in der Natur in Kolonien gebrütet wird, kann in genügend großen Volieren auch die Gruppenzucht versucht werden.
Besonderheiten: Mittellaute Papageien, nur paarweise Haltung wird empfohlen. Die Vögel sollten unbedingt zur Zucht verwendet werden, um durch einen sich selbst erhaltenden Zuchtstamm den Bestand in Menschenobhut zu sichern. Die Vogelart neigt leicht zum Rupfen, deshalb immer für genügend Beschäftigungsmöglichkeiten sorgen.

Ara severus

Rotbugara

Englisch: Chestnut-fronted Macaw
Französisch: Ara vert
Spanisch: Guacamayo severo

Herkunft: Südamerika
Status Freiland: Häufig.
Status Menschenobhut: Gelegentlich.

Geschlechtsunterschiede: Keine.
Haltungsansprüche: Eine 5 m lange Voliere sollte als Mindestgröße angesehen werden. Viel Frischholz zum Benagen anbieten.
Ernährung: Eine spezielle energiereiche Samenmischung für Aras, täglich mindestens 40 % der Futtermenge als Obst- und Gemüsemischung.
Zucht: Gelingt gelegentlich, den Vögeln quer- und hochformatige Nistkästen zur Auswahl anbieten.

Besonderheiten: Mittellaute Papageien, nur die paarweise Haltung wird empfohlen. Sie sollten unbedingt zur Zucht verwendet werden, um eine sich selbst erhaltende Population in Menschenobhut aufzubauen. Die ehemals geführte Unterart *A. s. castaneifrons* wird nicht mehr anerkannt.

Cyanopsitta spixii

Spix-Ara

Englisch: Spix's Macaw
Französisch: Ara de Spix
Spanisch: Guacamayo de Spix

Herkunft: Südamerika
Status Freiland: Ausgestorben seit dem Jahr 2000.
Status Menschenobhut: Sehr selten.

Geschlechtsunterschiede: Keine.
Haltungsansprüche: Mindestens eine 6 m lange Voliere, ab 10 m Länge wäre besser, um dem Flugbedürfnis der Tiere gerecht zu werden. Viel Frischholz zum Benagen anbieten.
Ernährung: Eine spezielle Samenmischung für Aras, täglich mindestens 40 % der gesamten Futtermenge in Form einer Obst- und Gemüsemischung.
Zucht: Gelingt sehr selten, den Paaren verschiedene Nistkastenformate zur Auswahl anbieten.
Besonderheiten: Mittellaute Papageien, nur paarweise Haltung wird empfohlen. Spix-Aras werden nur in wenigen autorisierten Zuchtanlagen gehalten, um einen sich selbst erhaltenden Zuchtstamm als Genreserve aufzubauen. Ein internationales Zuchtbuch mit etwa 120 Tieren weltweit koordiniert den Bestand. Sobald wieder eine ausreichende Anzahl an Exemplaren in Menschenobhut vorhanden sind, sollen Wiederansiedlungsprojekte in Brasilien gestartet werden.

Diopsittaca cumanensis cumanensis (Nominatform)

Lichtensteins Zwergara

Englisch: Noble Macaw
Französisch: Ara noble de Lichtenstein
Spanisch: Guacamayo noble meridional

Herkunft: Südamerika
Status Freiland: Gelegentlich.
Status Menschenobhut: Selten.

Geschlechtsunterschiede: Keine.
Haltungsansprüche: Mindestens eine 3 m lange Voliere. Viel Frischholz zum Benagen zur Verfügung stellen.
Ernährung: Eine spezielle energiereiche Samenmischung für Aras, täglich mindestens 40 % der Futtermenge als Obst- und Gemüsemischung.
Zucht: Gelingt sehr selten, den Vögeln quer- und hochformatige Nistkästen zur Auswahl anbieten.

Besonderheiten: Mittellaute Papageien, es wird nur paarweise Haltung empfohlen. Die Vögel sollten unbedingt zur Zucht verwendet werden, um einen sich selbst erhaltenden Stamm in Menschenobhut aufzubauen. Lichtensteins Zwergara unterscheidet sich deutlich von *D. nobilis* durch die Größe und den hornfarbenen Oberschnabel. Bei der Zucht auf Unterartenreinheit achten. Die Unterart D. c. longipennis wird wohl in Europa nicht gehalten oder wurde nicht als solche erkannt.

Diopsittaca nobilis

Hahns Zwergara

Englisch: Red-shouldered Macaw
Französisch: Ara noble
Spanisch: Guacamayo noble

Herkunft: Südamerika
Status Freiland: Häufig.
Status Menschenobhut: Gelegentlich.

Geschlechtsunterschiede: Keine.
Haltungsansprüche: Eine 3 m lange Voliere sollte das Minimum sein. Viel Frischholz zum Benagen zur Verfügung stellen.
Ernährung: Eine spezielle energiereiche Samenmischung für Aras, täglich mindestens 40 % der Futtermenge als Obst- und Gemüsemischung.
Zucht: Gelingt gelegentlich, den Paaren quer- und hochformatige Nistkästen zur Auswahl bieten.

Besonderheiten: Mittellaute Papageien, es wird nur paarweise Haltung empfohlen. Die Vögel sollten unbedingt zur Zucht verwendet werden, um einen sich selbst erhaltenden Bestand in Menschenobhut aufzubauen. Es ist die kleinste Ara-Art *D. cumanensis*, Lichtensteins Ara, und *D. longipennis*, Neumanns Ara, wurden als Unterart geführt, haben aber jetzt eigenen Artstatus. Bei der Zucht auf Unterartenreinheit achten.

Orthopsittaca manilatus

Rotbauchara

Englisch: Red-bellied Macaw
Französisch: Ara macavouanne
Spanisch: Guacamayo ventirrojo

Herkunft: Südamerika
Status Freiland: Häufig.
Status Menschenobhut: Selten.

Geschlechtsunterschiede: Keine.
Haltungsansprüche: Eine 5 m lange Voliere sollte das Minimum sein. Viel Frischholz zum Benagen bieten, wärmeliebende Vögel.
Ernährung: Eine spezielle energiereiche Samenmischung für Aras, täglich mindestens 40 % der Futtermenge als Obst- und Gemüsemischung.
Zucht: Gelingt sehr selten, den Paaren quer- und hochformatige Nistkästen zur Auswahl anbieten.

Besonderheiten: Mittellaute Papageien, es wird nur paarweise Haltung empfohlen. Unbedingt zur Zucht verwenden, um eine sich selbst erhaltende Population in Menschenobhut aufzubauen und zu sichern. Oft kommt es zu plötzlichen Todesfällen, ohne bisher bekannte Gründe. Rotbaucharas sind empfindliche Papageien, die nur in erfahrene Hände gehören.

Primolius auricollis

Goldnackenara

Englisch: Yellow-collared Macaw
Französisch: Ara à collier jaunne
Spanisch: Guacamayo acollardo

Herkunft: Südamerika
Status Freiland: Häufig.
Status Menschenobhut: Gelegentlich.

Geschlechtsunterschiede: Keine.
Haltungsansprüche: Eine mindestens 5 m lange Voliere. Viel Frischholz zum Benagen zur Verfügung stellen.
Ernährung: Eine spezielle energiereiche Samenmischung für Aras, täglich mindestens 40 % der Futtermenge als Obst- und Gemüsemischung.
Zucht: Gelingt gelegentlich, den Paaren quer- und hochformatige Nistkästen zur Auswahl anbieten.

Besonderheiten: Mittellaute Papageien, bei denen nur paarweise Haltung empfohlen wird. Sie sollten unbedingt zur Zucht verwendet werden, um einen sich selbst erhaltenden Bestand in Menschenobhut aufzubauen und zu sichern. Goldnackenaras neigen oft zum Rupfen, deshalb viel Abwechslung in der Voliere bieten.

Primolius couloni

Gebirgsara oder Blaukopfara

Englisch: Blue-headed Macaw
Französisch: Ara de Coulon
Spanisch: Guacamayo cabeciazul

Herkunft: Südamerika
Status Freiland: Gelegentlich.
Status Menschenobhut: Selten.

Geschlechtsunterschiede: Keine.
Haltungsansprüche: Eine mindestens 5 m lange Voliere. Den Vögeln viel Frischholz zum Benagen zu Verfügung stellen.
Ernährung: Eine spezielle energiereiche Samenmischung für Aras, täglich mindestens 40 % der Futtermenge als Obst- und Gemüsemischung.
Zucht: Gelingt gelegentlich, den Paaren quer- und hochformatige Nistkästen zur Auswahl anbieten.

Besonderheiten: Mittellaute Papageien, bei denen nur paarweise Haltung empfohlen wird. Sie sollten unbedingt zur Zucht verwendet werden, um den Bestand in Menschenobhut durch einen sich selbst erhaltenden Bestand aufzubauen und zu sichern. Gebirgsaras gelangten erst vor wenigen Jahren in Menschenobhut, inzwischen sind sie aber durch gelegentliche Zuchterfolge in wenigen Zoos und bei einigen Züchtern vertreten.

Primolius maracana

Rotrückenara

Englisch: Illiger's Macaw
Französisch: Ara d'Illiger
Spanisch: Guacamayo Maracaná

Herkunft: Südamerika
Status Freiland: Bedroht, 2500–10 000 Tiere, Tendenz abnehmend.
Status Menschenobhut: Gelegentlich.

Geschlechtsunterschiede: Keine.
Haltungsansprüche: Eine 5 m lange Voliere als Mindestgröße. Den Vögeln viel Frischholz zum Benagen zur Verfügung stellen.
Ernährung: Eine spezielle energiereiche Samenmischung für Aras, täglich mindestens 40 % der Futtermenge als Obst- und Gemüsemischung.
Zucht: Gelingt gelegentlich, quer- und hochformatige Nistkästen zur Auswahl bieten.

Besonderheiten: Mittellaute Papageien, bei denen nur paarweise Haltung empfohlen wird. Sie sind angenehme Pfleglinge, die auch zutraulich werden können. Rotrückenaras sollten unbedingt zur Zucht verwendet werden, um einen sich selbst erhaltenden Bestand in Menschenobhut aufzubauen und zu sichern.

Aratinga auricapilus auricapilus (Nominatform)

Goldscheitelsittich

Englisch: Golden-capped Conure
Französisch: Conure à tete d'or
Spanisch: Aratinga frentidorada

Herkunft: Südamerika
Status Freiland: Bedroht, 2500–10 000 Tiere, Tendenz abnehmend.
Status Menschenobhut: Selten.

Geschlechtsunterschiede: Keine.
Haltungsansprüche: Eine 3 m lange Voliere als Mindestgröße. Den Vögeln viel Frischholz zum Benagen geben.
Ernährung: Eine Samenmischung für Sittiche, täglich mindestens 40 % der Futtermenge als Obst- und Gemüsemischung.
Zucht: Gelingt selten, den Paaren quer- und hochformatige Nistkästen zur Auswahl bieten.

Besonderheiten: Laute Papageien, nur paarweise Haltung wird empfohlen. Unbedingt zur Zucht verwenden, um einen sich selbst erhaltenden Bestand aufzubauen. Es existieren noch sehr wenige Tiere in Menschenhand und die seltenen Zuchterfolge können auf lange Sicht den Bestand nicht erhalten, deshalb sind verstärkte Anstrengungen notwendig. Neben der Nominatform existiert eine Unterart, der Goldkappensittich, *A. a. aurifrons*, allerdings ist dieser ohne genauen Herkunftsnachweis kaum zu identifizieren, da beide Unterarten eine gewisse Schwankungsbreite in ihren Merkmalen zeigen.

Aratinga jandaya

Jendayasittich

Englisch: Jandaya Conure
Französisch: Conure jandaya
Spanisch: Aratinga jandaya

Herkunft: Südamerika
Status Freiland: Häufig.
Status Menschenobhut: Gelegentlich.

Geschlechtsunterschiede: Keine.
Haltungsansprüche: Eine 3 m lange Voliere als Mindestgröße. Den Vögeln viel Frischholz zum Benagen zur Verfügung stellen.
Ernährung: Eine Samenmischung für Sittiche, täglich mindestens 40 % der Futtermenge als Obst- und Gemüsemischung.
Zucht: Gelingt gelegentlich, den Paaren quer- und hochformatige Nistkästen zur Auswahl anbieten.

Besonderheiten: Laute Papageien, für die nur paarweise Haltung empfohlen wird. Sie sind durch ihre attraktive Farbgebung beliebt, allerdings wegen ihrer Stimmgewalt nicht zur Wohnungshaltung geeignet. Jendayasittiche sollten zur Zucht verwendet werden, um einen sich selbst erhaltenden Zuchtstamm in Menschenobhut aufzubauen und zu sichern.

Aratinga nenday

Nandaysittich

Englisch: Nanday Conure
Französisch: Conure nanday
Spanisch: Aratinga nanday

Herkunft: Südamerika
Status Freiland: Häufig.
Status Menschenobhut: Gelegentlich.

Geschlechtsunterschiede: Keine.
Haltungsansprüche: Eine 3 m lange Voliere sollte als Mindestgröße angesehen werden. Viel Frischholz zum Benagen geben.
Ernährung: Eine Samenmischung für Sittiche, täglich mindestens 40 % der Futtermenge als Obst- und Gemüsemischung.
Zucht: Gelingt selten, den Paaren dazu quer- und hochformatige Nistkästen zur Auswahl anbieten.

Besonderheiten: Laute Papageien, für die mindestens paarweise Haltung empfohlen wird. Sie eignen sich auch als zahme Hausgenossen, wenn die laute Stimme nicht stört. Noch sind genügend Tiere vorhanden, um einen sich selbst erhaltenden Zuchtstamm aufzubauen. Dies sollte man in Angriff nehmen, will man diese Art langfristig in Menschenobhut erhalten.

Aratinga solstitialis

Sonnensittich

Englisch: Sun Conure
Französisch: Conure soleil
Spanisch: Aratinga solar

Herkunft: Südamerika
Status Freiland: Selten.
Status Menschenobhut: Häufig.

Geschlechtsunterschiede: Keine.
Haltungsansprüche: Eine 3 m lange Voliere sollte als Mindestgröße angesehen werden. Viel Frischholz zum Benagen geben.
Ernährung: Eine Samenmischung für Sittiche, täglich mindestens 40 % der Futtermenge als Obst- und Gemüsemischung.
Zucht: Gelingt regelmäßig, den Paaren dazu quer- und hochformatige Nistkästen zur Auswahl anbieten. Gelingt sowohl paarweise als auch in der Grupper problemlos.
Besonderheiten: Laute Papageien, mindestens paarweise Haltung wird empfohlen, sie können aber auch in Gruppen in großen Volieren gehalten werden. Der Sonnensittich ist wegen seiner attraktiven Farbgebung einer der beliebtesten südamerikanischen Sittiche und wird auch in Paarhaltung durchaus zutraulich. Durch seine laute Stimme eignet er sich aber kaum zur Wohnungshaltung.

Aratinga weddellii

Braunkopfsittich

Englisch: Dusky-headed Conure
Französisch: Conure de Weddell
Spanisch: Aratinga cabecifusca

Herkunft: Südamerika
Status Freiland: Häufig.
Status Menschenobhut: Selten.

Geschlechtsunterschiede: Keine.
Haltungsansprüche: Eine 3 m lange Voliere sollte als Mindestgröße angesehen werden. Den Vögeln viel Frischholz zum Benagen zur Verfügung stellen.
Ernährung: Eine Samenmischung für Sittiche, täglich mindestens 40 % der Futtermenge als Obst- und Gemüsemischung.
Zucht: Gelingt selten, den Vögeln quer- und hochformatige Nistkästen zur Auswahl bieten.

Besonderheiten: Mittellaute Papageien, für die mindestens paarweise Haltung empfohlen wird. Sie sollten unbedingt zur Zucht verwendet werden, um einen sich selbst erhaltenden Zuchtstamm in Menschenobhut aufzubauen und zu sichern, noch gibt es genügend Tiere dafür. Der Braunkopfsittich ist ein angenehmer Pflegling.

Bolborhynchus lineola lineola (Nominatform)

Katharinasittich

Englisch: Lineolated Parakeet
Französisch: Toui Catherine
Spanisch: Catita barrada

Herkunft: Südamerika
Status Freiland: Häufig.
Status Menschenobhut: Häufig.

Geschlechtsunterschiede: Weibchen mit deutlich schmaleren schwarzen Federsäumen.
Haltungsansprüche: Eine ein Kubikmeter große Voliere sollte als Mindestmaß angesehen werden. Das Nagebedürfnis der Vögel ist gering.
Ernährung: Samenmischung für kleine Sittiche sowie eine Kanarien-/Waldvogelfuttermischung mit Wildsämereien, einmal wöchentlich eine Kolbenhirsenrispe, täglich mindestens 25 % der Futtermenge als Obst- und Gemüsemischung, wobei meist nur Apfel und Karotte angenommen werden. Verschiedene Beeren wie Feuerdorn oder Ebereschen anbieten.
Zucht: Gelingt häufig, quer- und hochformatige Nistkästen zur Auswahl bieten.
Besonderheiten: Leise, wenig aggressive Papageien, paarweise Haltung zur Zucht empfohlen, in großen Volieren ist auch Gruppenhaltung möglich, ebenso die Vergesellschaftung mit anderen Vogelarten wie Finken. Die Sittiche sind gut auch im Haus in Zimmervolieren zu halten. Sie werden in verschiedenen Farbmutationen wie Lutino, Blau, Weiß, Kobalt, Zimt gezüchtet Unterart *B. l. tigrinus* wird in Europa nicht gehalten.

Bolborhynchus orbygnesius

Andensittich

Englisch: Andean Parakeet
Französisch: Toui d'Orbigny
Spanisch: Catita andina

Herkunft: Südamerika
Status Freiland: Häufig.
Status Menschenobhut: Sehr selten.

Geschlechtsunterschiede: Weibchen ohne den gelblichen Anflug im Gefieder, die Geschlechter sind äußerst schwer zu unterscheiden.
Haltungsansprüche: Eine ein Kubikmeter große Voliere als Minimum. Das Nagebedürfnis der Vögel ist gering.
Ernährung: Samenmischung für kleine Sittiche sowie eine Kanarien-/Waldvogelfuttermischung mit Wildsämereien, einmal wöchentlich eine Kolbenhirsenrispe, täglich mindestens 25 % der Futtermenge als Obst- und Gemüsemischung, wobei meist nur Apfel und Karotte angenommen werden. Verschiedene Beeren wie Feuerdorn oder Ebereschen.
Zucht: Gelingt sehr selten, Zuchtpaare können nach dem Umsetzen oft mehrere Jahre mit der Zucht aussetzen. Den Vögeln quer- und hochformatige, doppelkammerige Nistkästen zur Auswahl bieten.
Besonderheiten: Leise, wenig aggressive, heikle Papageien, paarweise Haltung zur Zucht empfohlen. Sehr gut im Haus in Zimmervolieren zu halten. Es sind wohl nur noch ganz wenige Tiere in Europa vorhanden und es ist fraglich, ob sich damit ein Zuchtstamm aufbauen lässt. Man sollte es unbedingt versuchen.

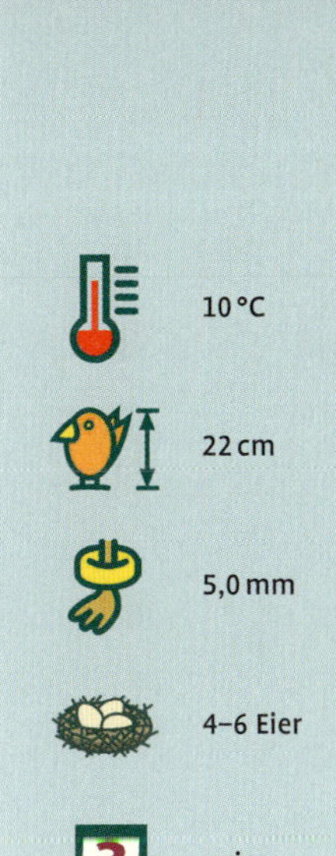

Brotogeris chiriri

Kanarienflügelsittich

Englisch: White-winged Parakeet
Französisch: Toui à ailes jaunes
Spanisch: Catita chiriri

Herkunft: Südamerika
Status Freiland: Häufig.
Status Menschenobhut: Gelegentlich.

Geschlechtsunterschiede: Keine.
Haltungsansprüche: Eine 2 m lange Voliere gilt als Minimum. Das Nagebedürfnis der Vögel ist gering, dennoch regelmäßig frische Zweige reichen.
Ernährung: Samenmischung für kleine Sittiche, einmal wöchentlich eine Kolbenhirsenrispe, täglich mindestens 40 % der Futtermenge als Obst- und Gemüsemischung, in der Brutzeit täglich Getreidebrei, auch mit zugemischten Pollen, Honig, Vitaminen und Mineralien. Frische Blüten werden gerne benagt.
Zucht: Gelingt gelegentlich, quer- und hochformatige, doppelkammrige Nistkästen zur Auswahl anbieten.
Besonderheiten: Mittellaute Papageien, paarweise Haltung zur Zucht empfohlen, sehr gut auch in Zimmervolieren. Es existiert ein kleiner, züchtender Bestand in Europa, der unbedingt zum Aufbau eines Zuchtstammes genutzt werden sollte, um die Art langfristig zu erhalten. Neben der Nominatform gibt es die Unterart *B. c. behni*, mit 24 cm etwas größer und einem schwachen, bläulich grünen Anflug auf Unterbrust und Bauch, die aber ist wohl kaum in Menschenobhut vorhanden ist. Unbedingt unterartenrein züchten.

Brotogeris chrysopterus chrysopterus (Nominatform)

Goldflügelsittich

Englisch: Golden-winged Parakeet
Französisch: Toui para
Spanisch: Catita alidorada

Herkunft: Südamerika
Status Freiland: Häufig.
Status Menschenobhut: Selten.

Geschlechtsunterschiede: Keine.
Haltungsansprüche: Eine mindestens 2 m lange Voliere. Das Nagebedürfnis der Vögel ist gering, dennoch regelmäßig frische Zweige reichen.
Ernährung: Samenmischung für kleine Sittiche, einmal wöchentlich eine Kolbenhirsenrispe, täglich mindestens 40 % der Futtermenge als Obst- und Gemüsemischung, in der Brutzeit täglich Brei auf Getreidebasis, auch mit zugemischten Pollen, Honig, Vitaminen und Mineralien. Frische Blüten werden von den Vögeln gerne benagt.
Zucht: Gelingt selten, quer- und hochformatige, doppelkammrige Nistkästen zur Auswahl bieten.
Besonderheiten: Mittellaute Papageien, paarweise Haltung zur Zucht empfohlen, sehr gut auch in Zimmervolieren. Es ist ein kleiner, auch züchtender Bestand in Europa vorhanden, der unbedingt zum Aufbau eines Zuchtstammes genutzt werden sollte. Neben der Nominatform existieren vier Unterarten, *B. c. tuipara, B. c. chrysosema, B. c. solimoensis* und *B. c. tenuifrons*, die aber mit Ausnahme von *tuipara* nicht in Europa vertreten sind.

Brotogeris chrysopterus tuipara

Tuiparasittich

Englisch: Tuipara Parakeet
Französisch: Toui para de front rouge
Spanisch: Cotorrita Tuipara de alas doradas

Herkunft: Südamerika
Status Freiland: Häufig.
Status Menschenobhut: Sehr selten.

Geschlechtsunterschiede: Keine.
Haltungsansprüche: Eine 2 m lange Voliere als Minimum. Das Nagebedürfnis der Vögel ist gering, dennoch regelmäßig frische Zweige reichen.
Ernährung: Samenmischung für kleine Sittiche, einmal wöchentlich eine Kolbenhirsenrispe, täglich mindestens 40 % der Futtermenge als Obst- und Gemüsemischung, in der Brutzeit täglich Getreidebrei anbieten, dem Pollen, Honig, Vitamine, Mineralien zugemischt werden können. Frische Blüten werden gerne benagt.
Zucht: Gelingt sehr selten, quer- und hochformatige, doppelkammerige Nistkästen zur Auswahl bieten.
Besonderheiten: Mittellaute Papageien, paarweise Haltung zur Zucht empfohlen, sehr gut auch in Zimmervolieren. Es sind nur noch Einzelexemplare in Europa vorhanden und es ist fraglich, ob sich damit ein sich selbst erhaltender Zuchtstamm aufbauen lässt. Im Unterschied zur Nominatform ist der Tuiparasittich im Gefieder gelblicher und hat einen orangefarbenen Stirn- und Kinnfleck, die Nominatform im Gegensatz dazu ein schwärzlich braunes schmales Stirnband.

Brotogeris cyanoptera cyanoptera (Nominatform)

Blauflügelsittich

Englisch: Cobalt-winged Parakeet
Französisch: Toui de Deville
Spanisch: Catita aliazul

Herkunft: Südamerika
Status Freiland: Häufig.
Status Menschenobhut: Gelegentlich.

Geschlechtsunterschiede: Keine.
Haltungsansprüche: Mindestens eine 2 m lange Voliere. Das Nagebedürfnis der Vögel ist gering, dennoch regelmäßig frische Zweige reichen.
Ernährung: Samenmischung für kleine Sittiche, einmal wöchentlich eine Kolbenhirsenrispe, täglich mindestens 40 % der Futtermenge als Obst- und Gemüsemischung, in der Brutzeit täglich Getreidebrei, dem Pollen, Honig, Vitamine, Mineralien zugemischt werden können. Frische Blüten werden von den Vögeln gerne benagt.
Zucht: Gelingt gelegentlich, quer- und hochformatige, doppelkammrige Nistkästen zur Auswahl bieten.
Besonderheiten: Mittellaute Papageien, paarweise Haltung zur Zucht empfohlen, sehr gut auch in Zimmervolieren. Es ist ein kleiner, auch züchtender Bestand in Europa vorhanden, dieser sollte unbedingt zum Aufbau eines Bestandes verwendet werden, um die Art langfristig zu erhalten. Neben der Nominatform existieren zwei weitere Unterarten, *B. c. gustavi* und *B. c. beniensis*. Das Foto zeigt zwei Jungvögel.

Brotogeris cyanoptera gustavi

Gustavsittich

Englisch: Gustav's Parakeet
Französisch: Toui de Gustav
Spanisch: Catita aliazul de Gustav

Herkunft: Südamerika
Status Freiland: Häufig.
Status Menschenobhut: Sehr selten.

Geschlechtsunterschiede: Keine.
Haltungsansprüche: Eine 2 m lange Voliere sollte das Mindestmaß sein. Das Nagebedürfnis ist gering, dennoch regelmäßig frische Zweige reichen.
Ernährung: Samenmischung für kleine Sittiche, einmal wöchentlich eine Kolbenhirsenrispe, täglich mindestes 40 % der Futtermenge als Obst- und Gemüsemischung, in der Brutzeit auch täglich einen Getreidebrei anbieten, diesem können Pollen, Honig, Vitamine, Mineralien zugemischt werden, frische Blüten werden gerne benagt.
Zucht: Gelingt selten, dazu quer- und hochformatige, doppelkammrige Nistkästen zur Auswahl bieten.
Besonderheiten: Mittellaute Papageien, es wird nur paarweise Haltung zur Zucht empfohlen. Erst 2008 gelangten Tiere dieser Unterart nach Europa: sechs in Mexiko gezüchtete Vögel kamen in diese Unterart des Blauflügelsittichs den Loro Parque auf Teneriffa. Dort gelang 2009 die europäische Erstzucht. Ob diese sich langfristig etablieren lässt, bleibt abzuwarten.

Brotogeris jugularis jugularis (Nominatform)

Tovisittich

Englisch: Orange-chinned Parakeet
Französisch: Toui à menton d'or
Spanisch: Catita churica

Herkunft: Südamerika
Status Freiland: Selten.
Status Menschenobhut: Gelegentlich.

Geschlechtsunterschiede: Keine.
Haltungsansprüche: Mindestens 2 m lange Voliere. Das Nagebedürfnis der Vögel gering, dennoch regelmäßig frische Zweige reichen.
Ernährung: Samenmischung für kleine Sittiche, einmal wöchentlich eine Kolbenhirsenrispe, täglich mindestens 40 % der Futtermenge als Obst- und Gemüsemischung, in der Brutzeit auch täglich Getreidebrei, dem Pollen, Honig, Vitamine, Mineralien zugemischt werden können. Frische Blüten werden gerne von den Vögeln benagt.
Zucht: Gelingt selten, quer- und hochformatige, doppelkammrige Nistkästen zur Auswahl bieten.
Besonderheiten: Mittellaute Papageien, paarweise Haltung zur Zucht empfohlen, sehr gut auch in Zimmervolieren. Ein kleiner, züchtender Bestand ist in Europa vorhanden, der unbedingt zum Aufbau eines Bestandes verwendet werden sollte. Noch sind dazu genügend, allerdings teilweise sehr alte Tiere vorhanden. Es existiert noch die Unterart *B. j. exsul*, die sich unter anderem durch einen deutlich olivfarbenen Rücken unterscheidet, allerdings scheint sie nicht in Menschenobhut erkannt oder vorhanden zu sein.

Brotogeris pyrrhopterus

Feuerflügelsittich

Englisch: Grey-cheeked Parakeet
Französisch: Toui flamboyant
Spanisch: Catita macarena

Herkunft: Südamerika
Status Freiland: Bedroht, 15 000 Tiere, Tendenz abnehmend.
Status Menschenobhut: Selten.

Geschlechtsunterschiede: Keine.
Haltungsansprüche: Mindestens eine 2 m lange Voliere. Das Nagebedürfnis der Vögel gering, dennoch regelmäßig frische Zweige reichen.
Ernährung: Samenmischung für kleine Sittiche, einmal wöchentlich eine Kolbenhirsenrispe, täglich mindestens 40 % der Futtermenge als Obst- und Gemüsemischung, in der Brutzeit täglich Getreidebrei, auch mit zugemischten Pollen, Honig, Vitaminen und Mineralien. Frische Blüten.
Zucht: Gelingt selten, quer- und hochformatige, doppelkammrige Nistkästen zur Auswahl bieten.
Besonderheiten: Mittellaute Papageien, paarweise Haltung zur Zucht empfohlen, sehr gut auch in Zimmervolieren. Der kleine, auch züchtende Bestand in Europa sollte unbedingt zum Aufbau eines Zuchtstammes verwendet werden, um die Art in Menschenobhut zu sichern. Noch sind dazu genügend, teilweise aber schon sehr alte Tiere vorhanden.

Brotogeris sanctithomae sanctithomae (Nominatform)

Tuisittich

Englisch: Tui Parakeet
Französisch: Toui à front d'or
Spanisch: Catita frentigualda

Herkunft: Südamerika
Status Freiland: Häufig.
Status Menschenobhut: Sehr selten.

Geschlechtsunterschiede: Keine.
Haltungsansprüche: Mindestens eine 2 m lange Voliere. Trotz des geringen Nagebedürfnisses regelmäßig frische Zweige reichen.
Ernährung: Samenmischung für kleine Sittiche, einmal wöchentlich eine Kolbenhirsenrispe, täglich mindestens 40 % der Futtermenge als Obst- und Gemüsemischung, in der Brutzeit auch täglich Getreidebrei mit zugemischten Pollen, Honig, Vitaminen oder Mineralien. Frische Blüten werden gerne von den Vögeln benagt.
Zucht: Gelingt sehr selten, quer- und hochformatige, doppelkammrige Nistkästen zur Auswahl bieten.
Besonderheiten: Mittellaute Papageien, paarweise Haltung zur Zucht empfohlen, sehr gut auch in Zimmervolieren. Es sind nur noch wenige Exemplare in Europa vorhanden und so ist der Aufbau eines sich selbst erhaltenden Zuchtstammes fraglich. Neben der Nominatform existiert die Unterart des Augenstreif-Tuisittichs, *B. s. takatsukasae*, der sich nur durch den gelben Federstreifen hinter dem Auge unterscheidet. Bis vor wenigen Jahres gab es einzelne Tiere in Europa, der Bestand dürfte aber mittlerweile erloschen sein.

Brotogeris tirica

Tirikasittich

Englisch: Plain Parakeet
Französisch: Toui tirica
Spanisch: Catita tirica

Herkunft: Südamerika
Status Freiland: Häufig.
Status Menschenobhut: Selten.

Geschlechtsunterschiede: Keine.
Haltungsansprüche: Mindestens eine 2 m lange Voliere. Das Nagebedürfnis ist gering, dennoch regelmäßig frische Zweige reichen.
Ernährung: Samenmischung für kleine Sittiche, einmal wöchentlich eine Kolbenhirsenrispe, täglich mindestens 40 % der Futtermenge als Obst- und Gemüsemischung, in der Brutzeit auch täglich einen Brei auf Getreidebasis anbieten, diesem können Pollen, Honig, Vitamine, Mineralien zugemischt werden. Frische Blüten werden gerne benagt.
Zucht: Gelingt gelegentlich, den Vögeln dazu quer- und hochformatige, doppelkammrige Nistkästen zur Auswahl bieten.
Besonderheiten: Mittellaute Papageien, paarweise Haltung zur Zucht empfohlen, sehr gut auch im Haus in Zimmervolieren zu pflegen. Es existiert ein kleiner, auch züchtender Bestand in Europa, der sollte unbedingt zum Aufbau eines Zuchtstammes verwendet werden, um die Art langfristig in Menschenobhut zu sichern.

10 °C

22 cm

5,0 mm

4–6 Eier

nein

Brotogeris versicolurus

Weißflügelsittich

Englisch: White-winged Parakeet
Französisch: Toui à ailes variées
Spanisch: Catita versicolor

Herkunft: Südamerika
Status Freiland: Häufig.
Status Menschenobhut: Selten.

Geschlechtsunterschiede: Keine.
Haltungsansprüche: Mindestens eine 2 m lange Voliere. Trotz des geringen Nagebedürfnisses regelmäßig frische Zweige reichen.
Ernährung: Samenmischung für kleine Sittiche, einmal wöchentlich eine Kolbenhirsenrispe, täglich mindestens 40 % der Futtermenge als Obst- und Gemüsemischung, in der Brutzeit auch täglich einen Brei auf Getreidebasis anbieten, diesem können Pollen, Honig, Vitamine, Mineralien zugemischt werden. Frische Blüten werden gerne benagt.
Zucht: Gelingt gelegentlich, den Vögeln dazu quer- und hochformatige, doppelkammrige Nistkästen zur Auswahl bieten.
Besonderheiten: Mittellaute Papageien, paarweise Haltung zur Zucht empfohlen, sehr gut auch im Haus in Zimmervolieren zu pflegen. Der kleine, auch züchtende Bestand in Europa sollte unbedingt zum Aufbau eines Zuchtstammes verwendet werden, um die Art langfristig in Menschenobhut zu sichern.

Cyanoliseus patagonus andinus

Anden-Felsensittich

Englisch: Andean Patagonian Conure
Französisch: Conure de Patagonie d'Andes
Spanisch: Loro barranquero de los Andes

Herkunft: Südamerika
Status Freiland: Gelegentlich.
Status Menschenobhut: Sehr selten.

Geschlechtsunterschiede: Keine.
Haltungsansprüche: Eine 5 m lange Voliere sollte das Mindestmaß angesehen werden. Den Vögeln viel Frischholz zum Benagen zur Verfügung stellen.
Ernährung: Eine Samenmischung für Sittiche, täglich mindestens 40 % der Futtermenge als Obst- und Gemüsemischung.
Zucht: Gelingt sehr selten, quer- und hochformatige Nistkästen zur Auswahl bieten.

Besonderheiten: Laute Papageien, mindestens paarweise Haltung wird empfohlen, sie können aber auch in der Gruppe zur Zucht gehalten werden, in entsprechend größerer Voliere. Die Vögel sollten unbedingt verwendet werden, um eine sich selbst erhaltende Population in Menschenobhut zu sichern. Im Unterschied zur Nominatform bei Anden-Felsensittichen Grundgefieder und am Unterbauch etwas dunkler. Unbedingt unterartenrein züchten.

Cyanoliseus patagonus bloxami

Großer Felsensittich

Englisch: Greater Patagonian Conure
Französisch: Grand perruche de rocs
Spanisch: Loro barranquero gigante

Herkunft: Südamerika
Status Freiland: Bedroht.
Status Menschenobhut: Selten.

Geschlechtsunterschiede: Keine.
Haltungsansprüche: Mindestens eine 5 m lange Voliere. Den Vögeln viel Frischholz zum Benagen zur Verfügung stellen.
Ernährung: Eine Samenmischung für Sittiche, täglich mindestens 40 % der Futtermenge als Obst- und Gemüsemischung.
Zucht: Gelingt sehr selten, den Paaren dazu quer- und hochformatige Nistkästen zur Auswahl anbieten.

Besonderheiten: Laute Papageien, mindestens paarweise Haltung wird empfohlen, sie können auch in der Gruppe zur Zucht gehalten werden, dann aber in entsprechend größerer Voliere. Die Vögel sollten unbedingt zur Zucht verwendet werden, um eine sich selbst erhaltende Population in Menschenobhut aufzubauen. Im Unterschied zur Nominatform sind die Vögel deutlich größer, wirken farbiger. Unbedingt unterartenrein züchten. Vorsicht, oft werden Mischlinge mit der Nominatform als „Große Felsensittiche“ angeboten.

Cyanoliseus patagonus patagonus (Nominatform)

Felsensittich

Englisch: Patagonian Conure
Französisch: Conure de Patagonie
Spanisch: Loro barranquero

Herkunft: Südamerika
Status Freiland: Häufig.
Status Menschenobhut: Gelegentlich.

Geschlechtsunterschiede: Keine.
Haltungsansprüche: Eine 5 m lange Voliere sollte als Minimum betrachtet werden.
Viel Frischholz zum Benagen zur Verfügung stellen.
Ernährung: Samenmischung für Sittiche, täglich mindestens 40 % der Futtermenge als Obst- und Gemüsemischung.
Zucht: Gelingt selten, quer- und hochformatige Nistkästen zur Auswahl bieten.

Besonderheiten: Laute Papageien, mindestens paarweise Haltung wird empfohlen. Sie können auch in der Gruppe zur Zucht gehalten werden, dann aber in entsprechend größerer Voliere. Die Vögel sollten unbedingt zur Zucht verwendet werden, um einen sich selbst erhaltenden Stamm in Menschenobhut aufzubauen. Noch existieren dafür genügend Tiere aus früheren Importen. Neben der Nominatform, die am häufigsten gehalten wird, gibt es drei weitere Unterarten: *C. p. andinus, bloxami* und *conlara.* Letzterer wird meist nicht erkannt, im Gegensatz zur Nominatform ist sie ohne die beiden weißen Halsflecken. Unbedingt unterartenrein züchten.

Enicognathus ferrugineus ferrugineus (Nominatform)

Smaragdsittich

Englisch: Austral Conure
Französisch: Conure magellanique
Spanisch: Loro cachaña

Herkunft: Südamerika
Status Freiland: Häufig.
Status Menschenobhut: Gelegentlich.

Geschlechtsunterschiede: Keine.
Haltungsansprüche: Eine 3 m lange Voliere sollte als Minimum angesehen werden. Den Vögeln viel Frischholz zum Benagen zur Verfügung stellen.
Ernährung: Eine Samenmischung für Sittiche, täglich mindestens 40 % der Futtermenge als Obst- und Gemüsemischung.
Zucht: Gelingt gelegentlich, dazu quer- und hochformatige Nistkästen zur Auswahl bieten.

Besonderheiten: Mittellaute Papageien, mindestens paarweise Haltung wird empfohlen. Für die Zucht in der Gruppe ist eine sehr große Voliere notwendig. Neben der Nominatform gibt es eine Unterart Kleiner Smaragdsittich, *E. f. minor*, mit 34 cm. Oft werden die beiden Unterarten nicht erkannt. Bei der Zucht ist es daher wichtig, unbedingt auf Unterartenreinheit zu achten.

Enicognathus leptorhynchus

Langschnabelsittich

Englisch: Slender-billed Conure
Französisch: Conure à long bec
Spanisch: Loro choroy

Herkunft: Südamerika
Status Freiland: Gelegentlich.
Status Menschenobhut: Selten.

Geschlechtsunterschiede: Männchen haben einen längeren Oberschnabel als die Weibchen.
Haltungsansprüche: Mindestens eine 3 m lange Voliere. Viel Frischholz zum Benagen und unbedingt Naturboden in der Voliere bieten, da die Vögel gerne mit ihrem langen Schnabel darin graben.
Ernährung: Eine Samenmischung für Sittiche, täglich mindestens 40 % der Futtermenge als Obst- und Gemüsemischung. Täglich einen Futterbrei aus Getreideflocken und sonstigen Zusätzen anbieten. Die Vögel fressen gerne Grünfutter, besonders Löwenzahn und Vogelmiere.
Zucht: Gelingt selten, den Paaren quer- und hochformatige Nistkästen zur Auswahl bieten.
Besonderheiten: Mittellaute Papageien, mindestens paarweise Haltung wird empfohlen. Haltung und Zucht in der Gruppe ist aber auch möglich, bei einer großen Voliere mit mehreren Nistkästen. Sie sind sehr verspielte Sittiche, die im Äußeren als auch in den Verhaltensweisen an Keas erinnern.

Eupsittula astec

Aztekensittich

Englisch: Aztec Conure
Französisch: Conure aztéque
Spanisch: Aratinga azteca

Herkunft: Südamerika
Status Freiland: Häufig.
Status Menschenobhut: Selten.

Geschlechtsunterschiede: Keine.
Haltungsansprüche: Eine 3 m lange Voliere sollte als Mindestgröße angesehen werden. Den Vögeln viel Frischholz zum Benagen anbieten.
Ernährung: Samenmischung für Sittiche, täglich mindestens 40 % der Futtermenge als Obst- und Gemüsemischung.
Zucht: Gelingt selten, den Paaren quer- und hochformatige Nistkästen zur Auswahl zur Verfügung stellen.

Besonderheiten: Mittellaute Papageien, für die nur paarweise Haltung empfohlen wird. Unbedingt zur Zucht verwenden, um einen sich selbst erhaltenden Stamm in Menschenobhut aufzubauen und zu sichern, noch sind dazu genügend Tiere vorhanden. Unterscheidet sich von *E. nana* durch das deutlich gelblichere Grün und Oliv des Gefieders. Die Unterart *E. a. vicinalis*, Östlicher Aztekensittich, wird vermutlich oft als Unterart nicht erkannt. Unbedingt unterartenrein züchten.

Eupsittula aurea

Goldstirnsittich

Englisch: Peach-fronted Conure
Französisch: Conure couronnée
Spanisch: Aratinga frentidorada

Herkunft: Südamerika
Status Freiland: Häufig.
Status Menschenobhut: Regelmäßig.

Geschlechtsunterschiede: Keine.
Haltungsansprüche: Mindestens eine 3 m lange Voliere. Den Vögeln viel Frischholz zum Benagen zur Verfügung stellen.
Ernährung: Eine Samenmischung für Sittiche, täglich mindestens 40 % der Futtermenge als Obst- und Gemüsemischung.
Zucht: Gelingt regelmäßig, den Paaren quer- und hochformatige Nistkästen zur Auswahl anbieten.

Besonderheiten: Mittellaute Papageien, nur die paarweise Haltung wird empfohlen. Sie eignen sich auch als zahme Hausgenossen, aber auch die Zucht sollte in Betracht gezogen werden, um einen langfristig sich selbst erhaltenden Zuchtstamm in Menschenobhut zu etablieren. Derzeit ist ein kleiner züchtender Bestand vorhanden.

Eupsittula cactorum cactorum (Nominatform)

Kaktussittich

Englisch: Cactus Conure
Französisch: Conure des cactus
Spanisch: Aratinga cactácea

Herkunft: Südamerika
Status Freiland: Häufig.
Status Menschenobhut: Selten.

Geschlechtsunterschiede: Keine.
Haltungsansprüche: Eine 3 m lange Voliere als Mindestgröße. Viel Frischholz zum Benagen zur Verfügung stellen.
Ernährung: Eine Samenmischung für Sittiche, täglich mindestens 40 % der Futtermenge als Obst- und Gemüsemischung.
Zucht: Gelingt selten, den Zuchtpaaren quer- und hochformatige Nistkästen zur Auswahl anbieten.

Besonderheiten: Mittellaute Papageien, für die nur paarweise Haltung empfohlen wird. Unbedingt zum Aufbau eines sich selbst erhaltenden Bestandes in Menschenobhut zur Zucht verwenden, noch sind dazu genügend Tiere vorhanden. Neben der Nominatform existiert auch die Unterart *E. c. caixana*, Blasser Kaktussittich. Er ist etwas blasser und hat einen gelben Bauch. Meist jedoch wird die Unterart nicht als solche erkannt. Unbedingt unterartenrein züchten. Es existiert eine blaue Farbmutation.

Eupsitulla canicularis canicularis (Nominatform)

Elfenbeinsittich

Englisch: Orange-fronted Conure
Französisch: Conure à front rouge
Spanisch: Aratinga frentinaranja

Herkunft: Südamerika
Status Freiland: Häufig.
Status Menschenobhut: Selten.

Geschlechtsunterschiede: Keine.
Haltungsansprüche: Eine 3 m lange Voliere sollte das Minimum sein. Viel Frischholz zum Benagen zur Verfügung stellen.
Ernährung: Eine Samenmischung für Sittiche, täglich mindestens 40 % der Futtermenge als Obst- und Gemüsemischung.
Zucht: Gelingt selten, den Zuchtpaaren quer- und hochformatige Nistkästen zur Auswahl anbieten.

Besonderheiten: Mittellaute Papageien, nur paarweise Haltung wird empfohlen. Unbedingt zur Zucht verwenden, um einen sich selbst erhaltenden Bestand in Menschenobhut aufzubauen, noch sind dazu genügend Tiere vorhanden. Neben der Nominatform existieren zwei weitere Unterarten, die sich in der Stirn- und Schnabelfärbung unterscheiden. Bei der Nominatform sind die Ober- und Unterschnäbel hell hornfarben. Unbedingt unterartenrein züchten.

Eupsittula canicularis clarae

Westmexikanischer Elfenbeinsittich

Englisch: Western Mexican Petz's Conure
Französisch: Conure de Petz de clarae
Spanisch: Aratinga de Petz de pico claro

Herkunft: Südamerika
Status Freiland: Häufig.
Status Menschenobhut: Sehr selten.

Geschlechtsunterschiede: Keine.
Haltungsansprüche: Als Mindestmaß gilt eine 3 m lange Voliere. Den Vögeln viel Frischholz zum Benagen zur Verfügung stellen.
Ernährung: Eine Samenmischung für Sittiche, täglich mindestens 40 % der Futtermenge als Obst- und Gemüsemischung.
Zucht: Gelingt sehr selten, den Paaren quer- und hochformatige Nistkästen zur Auswahl anbieten.

Besonderheiten: Mittellaute Papageien, für die nur paarweise Haltung empfohlen wird. Unbedingt zur Zucht verwenden, um einen sich selbst erhaltenden Zuchtstamm in Menschenobhut aufzubauen, noch existieren dafür genügend Tiere. Die Vögel unterscheiden sich von der Nominatform durch einen schwärzlichen Unterschnabel und schmalerem Stirnband. Unbedingt unterartenrein züchten.

Eupsittula canicularis eburnirostrum

Südmexikanischer Elfenbeinsittich

Englisch: Eastern Mexican Petz's Conure
Französisch: Conure de Petz orientale
Spanisch: Perico frentidorado ventriamarillo

Herkunft: Südamerika
Status Freiland: Häufig.
Status Menschenobhut: Sehr selten.

Geschlechtsunterschiede: Keine.
Haltungsansprüche: Als Mindestgröße gilt eine 3 m lange Voliere. Den Vögeln viel Frischholz zum Benagen zur Verfügung stellen.
Ernährung: Eine Samenmischung für Sittiche, täglich mindestens 40 % der Futtermenge als Obst- und Gemüsemischung.
Zucht: Gelingt sehr selten, den Paaren quer- und hochformatige Nistkästen zur Auswahl anbieten.

Besonderheiten: Mittellaute Papageien, für die nur paarweise Haltung empfohlen wird. Unbedingt zur Zucht verwenden, um einen sich selbst erhaltenden Zuchtstamm in Menschenobhut aufzubauen, noch gibt es genügend Tiere dafür. Die Vögel unterscheiden sich von der Nominatform durch einen grauen Unterschnabel. Unbedingt unterartenrein züchten.

Eupsittula nana

Jamaikasittich

Englisch: Jamaican Conure
Französisch: Conure aztèque
Spanisch: Aratinga pechisucia

Herkunft: Südamerika
Status Freiland: Selten.
Status Menschenobhut: Sehr selten.

Geschlechtsunterschiede: Keine.
Haltungsansprüche: Eine 3 m lange Voliere sollte als Mindestgröße angesehen werden. Viel Frischholz zum Benagen geben.
Ernährung: Samenmischung für Sittiche, täglich mindestens 40 % der Futtermenge als Obst- und Gemüsemischung.
Zucht: Gelingt sehr selten, den Paaren quer- und hochformatige Nistkästen zur Auswahl zur Verfügung stellen.

Besonderheiten: Mittellaute Papageien, für die nur paarweise Haltung empfohlen wird. Sie sollten unbedingt zur Zucht verwendet werden, um einen sich selbst erhaltenden Stamm in Menschenobhut aufzubauen. Es sind nur noch ganz wenige Tiere in Europa vorhanden, ob deren Erhalt gelingt, ist daher sehr fraglich. Früher wurden *A. n. actec* und *A. n. vicinalis* als Unterart von *E. nana* geführt. Unbedingt unterartenrein züchten.

Eupsittula pertinax pertinax (Nominatform)

St.-Thomas-Sittich

Englisch: St. Thomas Conure
Französisch: Conure cuivrée
Spanisch: Aratinga pertinaz

Herkunft: Südamerika
Status Freiland: Häufig.
Status Menschenobhut: Selten.

Geschlechtsunterschiede: Keine.
Haltungsansprüche: Eine 3 m lange Voliere sollte als Mindestgröße angesehen werden. Den Vögeln viel Frischholz zum Benagen geben.
Ernährung: Eine Samenmischung für Sittiche, täglich mindestens 40 % der Futtermenge als Obst- und Gemüsemischung.
Zucht: Gelingt selten, den Paaren immer quer- und hochformatige Nistkästen zur Auswahl bieten.

Besonderheiten: Mittellaute Papageien, nur paarweise Haltung wird empfohlen. Unbedingt zur Zucht verwenden, um einen sich selbst erhaltenden Zuchtstamm in Menschenobhut aufzubauen, noch existieren dazu genügend Tiere. Neben der Nominatform existieren 13 weitere Unterarten, von denen aber nur wenige in Menschenobhut gehalten werden. Oft werden sie auch nicht als solche erkannt. Unbedingt unterartenrein züchten.

Eupsittula pertinax surinama

Surinam-Braunwangensittich

Englisch: Surinam-Brown-throated Conure
Französisch: Conure cuivrée de Suriname
Spanisch: Perico carasucia

Herkunft: Südamerika
Status Freiland: Häufig.
Status Menschenobhut: Selten.

Geschlechtsunterschiede: Keine.
Haltungsansprüche: Als Minimum ist eine 3 m lange Voliere anzusehen. Viel Frischholz zum Benagen zur Verfügung stellen.
Ernährung: Eine Samenmischung für Sittiche, täglich mindestens 40 % der Futtermenge als Obst- und Gemüsemischung.
Zucht: Gelingt selten, den Vögeln dazu quer- und hochformatige Nistkästen zur Auswahl bieten.

Besonderheiten: Mittellaute Papageien, bei denen nur paarweise Haltung empfohlen wird. Die Vögel unbedingt zur Zucht verwenden, um einen sich selbst erhaltenden Stamm in Menschenobhut aufzubauen und zu sichern, noch sind dazu genügend Tiere vorhanden. Diese Unterart ist neben der Nominatform die einzige, die sich bisher in Menschenobhut etablieren konnte. Unbedingt unterartenrein züchten.

Guaruba guarouba

Goldsittich

Englisch: Golden Conure
Französisch: Conure dorée
Spanisch: Guaruba

Herkunft: Südamerika
Status Freiland: Bedroht, 1000–2500 Tiere, Tendenz abnehmend.
Status Menschenobhut: Selten.

Geschlechtsunterschiede: Keine.
Haltungsansprüche: Eine 5 m lange Voliere sollte als das Minimum angesehen werden. Viel Frischholz zum Benagen geben, die Vögel brauchen täglich neue Beschäftigungsmöglichkeiten, da sie bei Langeweile leicht mit dem Rupfen beginnen. Goldsittiche sind wärmeliebend, weil sie aus tropischen Zonen stammen.
Ernährung: Eine spezielle energiereiche Samenmischung für Aras, täglich mindestens 40 % der Futtermenge als Obst- und Gemüsemischung.
Zucht: Gelingt selten, den Paaren quer- und hochformatige Nistkästen zur Auswahl bieten. Auch diagonale Nistkastenformen haben sich bewährt.
Besonderheiten: Laute Papageien, paarweise Haltung wird empfohlen. Ihre Zucht kann auch in der Gruppe versucht werden oder man bringt sie bei paarweiser Haltung in nebeneinander liegenden Volieren unter. Sie sollten unbedingt zur Zucht verwendet werden, um einen sich selbst erhaltenden Bestand in Menschenobhut aufzubauen.

0 °C

30 cm

7,5 mm

3–5 Eier

nein

Myiopsitta monachus monachus (Nominatform)

Mönchssittich

Englisch: Monk Parakeet
Französisch: Conure veuve
Spanisch: Cotorra argentina

Herkunft: Südamerika
Status Freiland: Häufig.
Status Menschenobhut: Regelmäßig.

Geschlechtsunterschiede: Keine.
Haltungsansprüche: Mindestens eine 3 m lange Voliere. Viel Frischholz zum Benagen und zum Nestbau anbieten.
Ernährung: Samenmischung für Sittiche, täglich mindestens 40 % der Futtermenge als Obst- und Gemüsemischung.
Zucht: Gelingt regelmäßig, quer- und hochformatige Nistkästen bieten. Die Paare bauen Nest in den Nistkasten. Eine Drahtplattform um das Eingangsloch erleichtert ihnen dies. Manche bauen auch freistehende Nester auf Drahtplattformen oder in Volierenecken, die genügend Halt dazu bieten.
Besonderheiten: Laute Papageien, mindestens paarweise halten, auch als zahme Hausgenossen. Da in der Natur oft Koloniebrüter, können sie in größerer Gruppe zur Zucht gehalten werden. Inzwischen in Farbmutationen wie Blau, Lutino oder Weiß vorhanden. Es existieren neben der Nominatform zwei Unterarten und eine Schwesterart *Myiopsitta luchsi*, die aber kaum gehalten oder nicht als Unterart erkannt werden. Käfigflüchtlinge haben weltweit fern ihres natürlichen Verbreitungsgebietes Freilandpopulationen gegründet, die sich teilweise dauerhaft anzusiedeln scheinen.

Psittacara acuticaudata acuticaudata (Nominatform)

Blaukopfsittich

Englisch: Sharp-tailed Conure
Französisch: Conure à tete bleu
Spanisch: Aratinga cabeciazul

Herkunft: Südamerika
Status Freiland: Häufig.
Status Menschenobhut: Gelegentlich.

Geschlechtsunterschiede: Keine.
Haltungsansprüche: Als Mindestgröße gilt eine 3 m lange Voliere. Viel Frischholz zum Benagen sollte den Vögeln außerdem angeboten werden.
Ernährung: Eine Samenmischung für Sittiche, täglich mindestens 40 % der Futtermenge als Obst- und Gemüsemischung.
Zucht: Gelingt selten, dazu den Paaren quer- und hochformatige Nistkästen zur Auswahl anbieten.

Besonderheiten: Laute Papageien, für die nur paarweise Haltung empfohlen wird. Sie sollten in erster Linie zur Zucht verwendet werden, um eine sich selbst erhaltende Population in Menschenobhut aufzubauen und zu sichern. Neben der Nominatform gibt es vier weitere Unterarten, von denen aber nur der Blaustirnsittich (*P. a. haemorrhous*) in Europa gehalten werden dürfte, siehe eigenes Porträt. Unbedingt unterartenrein züchten.

10 °C

37 cm

8,5 mm

2–4 Eier

nein

Psittacara acuticaudata haemorrhous

Blaustirnsittich

Englisch: Blue-crowned Conure
Französisch: Conure á front bleu
Spanisch: Calancate de frente azul

Herkunft: Südamerika
Status Freiland: Häufig.
Status Menschenobhut: Sehr selten.

Geschlechtsunterschiede: Keine.
Haltungsansprüche: Eine 3 m lange Voliere als Mindestgröße. Viel Frischholz sollte den Vögeln zum Benagen angeboten werden.
Ernährung: Eine Samenmischung für Sittiche, täglich mindestens 40 % der Futtermenge als Obst- und Gemüsemischung.
Zucht: Gelingt selten, den Paaren quer- und hochformatige Nistkästen zur Auswahl anbieten.

Besonderheiten: Laute Papageien, für die nur paarweise Haltung empfohlen wird. Blaustirnsittiche sollten in erster Linie zur Zucht verwendet werden, um den Bestand in Meschenobhut durch einen sich selbst erhaltenden Zuchtstammzu sichern. Unterscheidet sich von der Nominatform durch die Blaufärbung am Kopf, so ist nur die Stirn blau, Ober- und Unterschnabel sind hornfarben, die Nominatform hat schwarzen Unterschnabel. Unbedingt unterartenrein züchten.

Psittacara chloropterus

Haitisittich

Englisch: Hispaniolan Conure
Französisch: Conure maitresse
Spanisch: Aratinga de la Española

Herkunft: Südamerika
Status Freiland: Bedroht, 2500–10 000 Tiere, Tendenz abnehmend.
Status Menschenobhut: Sehr selten.

Geschlechtsunterschiede: Keine.
Haltungsansprüche: Eine 3 m lange Voliere als Mindestgröße. Viel Frischholz zum Benagen.
Ernährung: Eine Samenmischung für Sittiche, täglich mindestens 40 % der Futtermenge als Obst- und Gemüsemischung.
Zucht: Gelingt sehr selten, den Paaren quer- und hochformatige Nistkästen zur Auswahl anbieten.

Besonderheiten: Laute Papageien, nur paarweise Haltung wird empfohlen. Sie sollten nur zur Zucht verwendet werden, um einen sich selbst erhaltenden Bestand in Menschenobhut aufzubauen und zu sichern. Noch existieren genügend Tiere dafür, da sie sehr ausdauernd sind. Alledings können die derzeitigen Zuchterfolge auf lange Sicht den Bestand nicht sichern, deshalb sind verstärkte Anstrengungen notwendig.

10 °C

33 cm

8,5 mm

2–4 Eier

nein

Psittacara erythrogenys

Guayaquilsittich

Englisch: Red-masked Conure
Französisch: Conure à tete rouge
Spanisch: Aratinga de Guayaquil

Herkunft: Südamerika
Status Freiland: Gelegentlich.
Status Menschenobhut: Selten.

Geschlechtsunterschiede: Keine.
Haltungsansprüche: Eine 3 m lange Voliere sollte als Mindestmaß angesehen werden. Viel Frischholz zum Benagen anbieten.
Ernährung: Eine Samenmischung für Sittiche, täglich mindestens 40 % der Futtermenge als Obst- und Gemüsemischung.
Zucht: Gelingt selten, den Paaren quer- und hochformatige Nistkästen zur Auswahl zur Verfügung stellen.

Besonderheiten: Laute Papageien, für die nur paarweise Haltung empfohlen wird. Sie sollten in erster Linie zur Zucht verwendet werden, um einen sich selbst erhaltenden Bestand in Menschenobhut aufzubauen. Früher häufig importiert, sind sie heute selten geworden. Noch gibt es genügend Tiere, da sie sehr ausdauernd sind. Die derzeitigen Zuchterfolge können auf lange Sicht den Bestand noch nicht halten, deshalb sind verstärkte Anstrengungen notwendig. Unbedingt artenrein züchten.

Psittacara euops

Kubasittich

Englisch: Cuban Conure
Französisch: Conure de Cuba
Spanisch: Aratinga cubana

Herkunft: Südamerika
Status Freiland: Bedroht, 2500–10000 Tiere, Tendenz abnehmend.
Status Menschenobhut: Sehr selten.

Geschlechtsunterschiede: Keine.
Haltungsansprüche: Eine 3 m lange Voliere als Mindestmaß. Viel Frischholz zum Benagen.
Ernährung: Eine Samenmischung für Sittiche, täglich mindestens 40 % der Futtermenge als Obst- und Gemüsemischung.
Zucht: Gelingt sehr selten, den Paaren quer- und hochformatige Nistkästen zur Auswahl zur Verfügung stellen.

Besonderheiten: Mittellaute Papageien, für die nur paarweise Haltung empfohlen wird. Sie sollten nur zur Zucht verwendet werden, um einen sich selbst erhaltenden Zuchtstamm in Menschenobhut aufzubauen und zu sichern. Es sind nur noch wenige Tiere vorhanden, mit derzeit äußerst seltenen Zuchterfolgen. Deshalb sind verstärkte Anstrengungen notwendig.

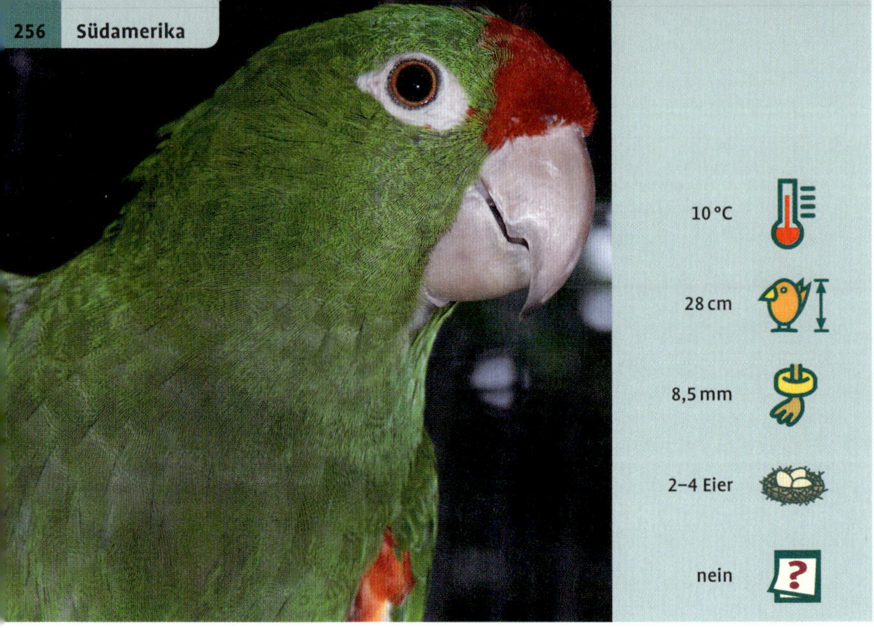

10 °C

28 cm

8,5 mm

2–4 Eier

nein

Psittacara finschi

Finschsittich

Englisch: Finsch's Conure
Französisch: Conure de Finsch
Spanisch: Aratinga de Finsch

Herkunft: Südamerika
Status Freiland: Häufig.
Status Menschenobhut: Selten.

Geschlechtsunterschiede: Keine.
Haltungsansprüche: Eine 3 m lange Voliere sollte als Mindestgröße angesehen werden. Viel Frischholz zum Benagen zur Verfügung stellen.
Ernährung: Eine Samenmischung für Sittiche, täglich mindestens 40 % der Futtermenge als Obst- und Gemüsemischung.
Zucht: Gelingt selten, den Vögeln quer- und hochformatige Nistkästen zur Auswahl anbieten.

Besonderheiten: Laute Papageien, für die nur paarweise Haltung empfohlen wird. Sie sollten in erster Linie zur Zucht verwendet werden, um eine sich selbst erhaltende Population in Menschenobhut aufzubauen. Noch existieren genügend Tiere, da sie sehr ausdauernd sind, aber die derzeitigen Zuchterfolge können auf lange Sicht den Bestand noch nicht garantieren. Deshalb sind verstärkte Anstrengungen in der Zucht notwendig.

Psittacara frontatus

Perusittich

Englisch: Scarlet-fronted Conure
Französisch: Conure de Wagler
Spanisch: Aratinga frentirroja de Wagler

Herkunft: Südamerika
Status Freiland: Gelegentlich.
Status Menschenobhut: Selten.

Geschlechtsunterschiede: Keine.
Haltungsansprüche: Mindestens 3 m lange Voliere. Viel Frischholz zum Benagen anbieten.
Ernährung: Eine Samenmischung für Sittiche, täglich mindestens 40 % der Futtermenge als Obst- und Gemüsemischung.
Zucht: Gelingt selten, den Vögeln quer- und hochformatige Nistkästen zur Auswahl bieten.
Besonderheiten: Laute Papageien, für die nur die paarweise Haltung empfohlen wird. Sie sollten zur Zucht verwendet werden, um eine sich selbst erhaltende Population in Menschenobhut aufzubauen. Noch sind dazu genügend dieser sehr ausdauernden Tiere vorhanden. Neben der Nominatform *P. frontatus Peru* gibt es noch die Unterart *P. f. minor*. Unbedingt artenrein züchten, der Perusittich wird leicht mit der Nominatform und mit *P. f. minor* verwechselt, ist aber größer.

Psittacara frontatus minor

Carrikersittich

Englisch: Carriker's Conure
Französisch: Conure de Carriker
Spanisch: Aratinga enana de Wagler

Herkunft: Südamerika
Status Freiland: Häufig.
Status Menschenobhut: Selten.

Geschlechtsunterschiede: Keine.
Haltungsansprüche: Eine 3 m lange Voliere sollte als Mindestgröße angesehen werden. Viel Frischholz zum Benagen geben.
Ernährung: Eine Samenmischung für Sittiche und täglich mindestens 40 % der Futtermenge als Obst- und Gemüsemischung.
Zucht: Gelingt selten, den Paaren quer- und hochformatige Nistkästen zur Auswahl zur Verfügung stellen.

Besonderheiten: Laute Papageien, für die nur paarweise Haltung empfohlen wird. Sie sollten in erster Linie zur Zucht verwendet werden, um einen sich selbst erhaltenden Stamm in Menschenobhut aufzubauen. Noch sind genügend dieser ausdauernden Tiere vorhanden, aber auf lange Sicht ist der Bestand nicht ohne verstärkte Anstrengungen zu sichern. Unbedingt unterartenrein züchten, der Carrikersittich wird leicht mit *P. f. frontatus* verwechselt, aber deutlich kleiner.

Psittacara holochlora holochlora (Nominatform)

Grünsittich

Englisch: Green Conure
Französisch: Conure verte
Spanisch: Aratinga verde

Herkunft: Südamerika
Status Freiland: Häufig.
Status Menschenobhut: Selten.

Geschlechtsunterschiede: Keine.
Haltungsansprüche:. Eine 3 m lange Voliere sollte als Mindestgröße angesehen werden. Den Vögeln viel Frischholz zum Benagen geben.
Ernährung: Eine Samenmischung für Sittiche, täglich mindestens 40 % der Futtermenge als Obst- und Gemüsemischung.
Zucht: Gelingt selten, den Paaren quer- und hochformatige Nistkästen zur Auswahl anbieten.

Besonderheiten: Laute Papageien, nur paarweise Haltung wird empfohlen. Sie sollten in erster Linie zur Zucht verwendet werden, um eine sich selbst erhaltende Population in Menschenobhut aufzubauen. Noch existieren genügend Tiere, da sie sehr ausdauernd sind. Die derzeitigen Zuchterfolge können auf lange Sicht den Bestand noch nicht garantieren. Neben der Nominatform existieren drei Unterarten, *P. h. brewesteri, A. h. strenua* und *P. h. brevipes* die aber meist nicht als solche erkannt werden. Unbedingt unterartenrein züchten.

Psittacara leucophthalmus leucophthalmus (Nominatform)

Pavuasittich

Englisch: White-eyed Conure
Französisch: Conure pavouane
Spanisch: Aratinga ojiblanca

Herkunft: Südamerika
Status Freiland: Häufig.
Status Menschenobhut: Selten.

Geschlechtsunterschiede: Keine.
Haltungsansprüche: Eine 3 m lange Voliere sollte als Mindestgröße angesehen werden. Viel Frischholz zum Benagen zur Verfügung stellen.
Ernährung: Eine Samenmischung für Sittiche, täglich mindestens 40 % der Futtermenge als Obst- und Gemüsemischung.
Zucht: Gelingt selten, quer- und hochformatige Nistkästen zur Auswahl bieten.
Besonderheiten: Laute Papageien, nur die paarweise Haltung wird empfohlen. Sie sollten in erster Linie zur Zucht verwendet werden, um einen sich selbst erhaltenden Stamm in Menschenobhut aufzubauen. Noch existieren genügend Tiere, da sie sehr ausdauernd sind. Die derzeitigen Zuchterfolge können auf lange Sicht den Bestand noch nicht garantieren. Neben der Nominatform gibt es zwei weitere Unterarten, *P. l. callogenys* und *P. l. nicefori*, die aber meist nicht als solche erkannt werden. Unbedingt unterartenrein züchten.

Psittacara mitratus mitratus (Nominatform)

Rotmaskensittich

Englisch: Mitred Conure
Französisch: Conure mitrée
Spanisch: Aratinga mitrada

Herkunft: Südamerika
Status Freiland: Häufig.
Status Menschenobhut: Selten.

Geschlechtsunterschiede: Keine.
Haltungsansprüche: Eine 3 m lange Voliere sollte als Mindestgröße angesehen werden. Viel Frischholz zum Benagen geben.
Ernährung: Samenmischung für Sittiche, täglich mindestens 40 % der Futtermenge als Obst- und Gemüsemischung.
Zucht: Gelingt selten, den Zuchtpaaren quer- und hochformatige Nistkästen zur Auswahl bieten.

Besonderheiten: Laute Papageien, nur paarweise Haltung wird empfohlen. Sie sollten in erster Linie zur Zucht verwendet werden, um einen sich selbst erhaltenden Stamm in Menschenobhut aufzubauen. Noch sind genügend Tiere vorhanden. Sie sind sehr ausdauernd, aber die derzeitigen Zuchterfolge können auf lange Sicht den Bestand nicht garantieren. Neben der Nominatform existiert die Unterart *P. m. chlorogenys*, die erst 2006 von Th. Arndt wissenschaftlich beschrieben wurde, die aber in Europa wohl nicht gehalten wird.

Psittacara rubritorquis

Guatemalasittich

Englisch: Red-throated Conure
Französisch: Conure à gorge rouge
Spanisch: Aratinga gorgirroja

Herkunft: Südamerika
Status Freiland: Häufig.
Status Menschenobhut: Selten.

Geschlechtsunterschiede: Keine.
Haltungsansprüche: Eine 3 m lange Voliere sollte als Mindestgröße angesehen werden. Viel Frischholz zum Benagen geben.
Ernährung: Eine Samenmischung für Sittiche, täglich mindestens 40 % der Futtermenge als Obst- und Gemüsemischung.
Zucht: Gelingt selten, den Paaren quer- und hochformatige Nistkästen zur Auswahl zur Verfügung stellen.

Besonderheiten: Laute Papageien, nur paarweise Haltung wird empfohlen. Diese Papageien sollten in erster Linie zur Zucht verwendet werden, um einen sich selbst erhaltenden Stamm in Menschenobhut aufzubauen. Noch sind genügend Tiere in Menschenhand vorhanden, aber viele stammen noch aus ehemaligen Importen und sind schon älter.

Psilopsiagon aurifrons aurifrons (Nominatform)

Zitronensittich

Englisch: Mountain Parakeet
Französisch: Toui à bandeau jaune
Spanisch: Catita frentidorada

Herkunft: Südamerika
Status Freiland: Häufig.
Status Menschenobhut: Häufig.

Geschlechtsunterschiede: Weibchen ohne Gelb auf der Stirn, Zügel, Wangen und Bauch.
Haltungsansprüche: Eine ein Kubikmeter große Voliere sollte als das Minimum angesehen werden. Das Nagebedürfnis ist gering.
Ernährung: Samenmischung für kleine Sittiche sowie eine Kanarien-/Waldvogelfuttermischung mit Wildsämereien, einmal wöchentlich eine Kolbenhirsenrispe, täglich mindestens 25 % der Futtermenge als Obst- und Gemüsemischung. Meist werden nur Apfel und Karotte angenommen, Beeren wie Feuerdorn oder Ebereschen anbieten.
Zucht: Gelingt häufig, allerdings können Zuchtpaare nach dem Umsetzen oft mehrere Jahre mit der Zucht aussetzen. Den Paaren quer- und hochformatige, doppelkammrige Nistkästen zur Auswahl bieten.
Besonderheiten: Leise, wenig aggressive Papageien, paarweise Haltung wird zur Zucht empfohlen. In großen Volieren, auch Zimmervolieren ist auch Gruppenhaltung möglich, ebenso wie die Vergesellschaftung mit anderen Vogelarten wie Finken. Neben der Nominatform existieren drei Unterarten, die allerdings sehr viel seltener gehalten und separat besprochen werden. Unbedingt unterartenrein züchten.

Psilopsiagon aurifrons margaritae

Magaritsittich

Englisch: Margarit's Parakeet
Französisch: Toui de Margaritae
Spanisch: Catalina frentidorada de Magarita

Herkunft: Südamerika
Status Freiland: Häufig.
Status Menschenobhut: Sehr selten.

Geschlechtsunterschiede: Weibchen insgesamt mit etwas dunklerem Grün, Oberschnabel grau, beim Männchen hornfarben.
Haltungsansprüche: Eine ein Kubikmeter große Voliere sollte als Mindestmaß angesehen werden. Das Nagebedürfnis der Vögel ist gering.
Ernährung: Samenmischung für kleine Sittiche sowie eine Kanarien-/Waldvogelfuttermischung mit Wildsämereien, einmal wöchentlich eine Kolbenhirsenrispe, täglich mindestens 25 % der Futtermenge als Obst- und Gemüsemischung, wobei meist nur Apfel und Karotte angenommen werden. Verschiedene Beeren, wie Feuerdorn oder Ebereschen anbieten.
Zucht: Gelingt sehr selten, allerdings können Zuchtpaare nach dem Umsetzen oft mehrere Jahre mit der Zucht aussetzen. Den Paaren quer- und hochformatige, doppelkammrige Nistkästen zur Wahl bieten.
Besonderheiten: Leise, wenig aggressive Papageien, paarweise Haltung zur Zucht empfohlen, sonst gut auch in Zimmervolieren zu halten. Wie die Nominatform gefärbt, aber ohne jedes Gelb. Es sind wohl nur noch so wenige Tiere in Europa vorhanden, dass es fraglich ist, ob sich damit ein Zuchtstamm aufbauen lässt.

Psilopsiagon aurifrons robertsi

Roberts-Zitronensittich

Englisch: Roberts' Parakeet
Französisch: Toui à bandeau jaune de Roberts
Spanisch: Catalina frentidorada de Roberts

Herkunft: Südamerika
Status Freiland: Häufig.
Status Menschenobhut: Selten.

Geschlechtsunterschiede: Weibchen ohne Gelb auf der Stirn, Zügel, Wangen und Kinn.
Haltungsansprüche: eine ein Kubikmeter große Voliere als Minimum. Das Nagebedürfnis der Vögel ist gering.
Ernährung: Samenmischung für kleine Sittiche sowie eine Kanarien-/Waldvogelfuttermischung mit Wildsämereien, einmal wöchentlich eine Kolbenhirsenrispe, täglich mindestens 25 % der Futtermenge als Obst- und Gemüsemischung, wobei meist bevorzugt Apfel und Karotte genommen werden, verschiedene Beeren wie Feuerdorn oder Ebereschen.
Zucht: Gelingt selten. Zuchtpaare können nach dem Umsetzen oft mehrere Jahre mit der Zucht aussetzen, quer- und hochformatige, doppelkammrige Nistkästen zur Wahl bieten.
Besonderheiten: Leise, wenig aggressive Papageien, zur Zucht paarweise Haltung empfohlen, sonst in großen Volieren, auch im Haus Gruppenhaltung möglich, auch mit anderen Vogelarten wie Finken. Wie Nominatform gefärbt, aber die gelben Bereiche des Männchens sind weniger stark ausgeprägt. Unbedingt unterartenrein züchten, um einen sich selbst erhaltenden Stamm aufzubauen.

Psilopsiagon aurifrons rubrirostris

Rotschnabelsittich

Englisch: Red-billed Parakeet
Französisch: Toui à bec rouge
Spanisch: Catalina frentidorada de picarojo

Herkunft: Südamerika
Status Freiland: Häufig.
Status Menschenobhut: Sehr selten.

Geschlechtsunterschiede: Weibchen mit dunklerem Grün, mehr bläulich, Oberschnabel grau, beim Männchen hornfarben.
Haltungsansprüche: Eine ein Kubikmeter große Voliere als Minimum. Das Nagebedürfnis ist gering.
Ernährung: Samenmischung für kleine Sittiche sowie eine Kanarien-/Waldvogelfuttermischung mit Wildsämereien, einmal wöchentlich eine Kolbenhirsenrispe, täglich mindestens 25 % der Futtermenge als Obst- und Gemüsemischung, bevorzugt Apfel und Karotte, verschiedene Beeren wie Feuerdorn oder Ebereschen.
Zucht: Gelingt sehr selten. Zuchtpaare können nach dem Umsetzen mehrere Jahre mit der Zucht aussetzen, quer- und hochformatige, doppelkammrige Nistkästen zur Wahl bieten.
Besonderheiten: Leise, wenig aggressive Papageien, zur Zucht paarweise Haltung empfohlen, sonst sehr gut auch in Zimmervolieren zu halten. Wie Nominatform gefärbt, aber ohne jedes Gelb, Grün insgesamt dunkler und mit deutlich blaugrauem Anflug. Es ist fraglich, ob mit den wenigen Tieren in Europa noch der Aubau eines Zuchtstammes möglich ist. Es sollte zuindest versucht werden.

Psilopsiagon aymara

Aymarasittich

Englisch: Sierra Parakeet
Französisch: Toui aymara
Spanisch: Catita aimará

Herkunft: Südamerika
Status Freiland: Häufig.
Status Menschenobhut: Häufig.

Geschlechtsunterschiede: Weibchen mit durchschnittlich blasserer dunkelgrauer Kappe, Brust matter.
Haltungsansprüche: eine ein Kubikmeter große Voliere als Minimum. Das Nagebedürfnis ist gering.
Ernährung: Samenmischung für kleine Sittiche sowie eine Kanarien-/Waldvogelfuttermischung mit Wildsämereien, einmal wöchentlich eine Kolbenhirsenrispe, täglich mindestens 25 % der Futtermenge als Obst- und Gemüsemischung, meist bevorzugt Apfel und Karotte, verschiedene Beeren wie Feuerdorn oder Ebereschen.
Zucht: Gelingt häufig. Zuchtpaare können nach dem Umsetzen mehrere Jahre mit der Zucht aussetzen, quer- und hochformatige, doppelkammrige Nistkästen zur Wahl bieten.
Besonderheiten: Leise, wenig aggressive Papageien, zur Zucht paarweise Haltung empfohlen, sonst in großen Volieren auch im Haus, Gruppenhaltung und die Vergesellschaftung mit anderen Vogelarten wie Finken möglich.

Pyrrhura cruentata

Blaulatzsittich

Englisch: Blue-throated Conure
Französisch: Conure tiriba
Spanisch: Cotorra tiriba

Herkunft: Südamerika
Status Freiland: Bedroht, 2500–10 000 Tiere, Tendenz abnehmend.
Status Menschenobhut: Regelmäßig.

Geschlechtsunterschiede: Keine.
Haltungsansprüche: Eine 3 m lange Voliere sollte als Mindestgröße angesehen werden. Den Vögeln viel Frischholz zum Benagen anbieten.
Ernährung: Eine Samenmischung für Sittiche, täglich mindestens 40 % der Gesamtfuttermenge in Form einer Obst- und Gemüsemischung.
Zucht: Gelingt regelmäßig, den Paaren dazu quer- und hochformatige Nistkästen zur Auswahl zur Verfügung stellen.
Besonderheiten: Mittellaute Papageien, für die nur paarweise Haltung empfohlen wird. Sie können vor allem während der Brutzeit sehr aggressiv gegenüber anderen Volierenmitbewohnern werden. Der Blaulatzsittich ist der größte Vertreter der Rotschwanzsittiche und wegen seiner abwechslungsreichen Färbung sehr beliebt. Da der Freilandbestand bedroht ist, sollte auch weiterhin bei der Zucht auf Artenreinheit geachtet werden, um den bestehenden Zuchtstamm zu sichern.

Pyrrhura egregia egregia (Nominatform)

Demerarasittich

Englisch: Demerara Conure
Französisch: Conure aile-de-feu
Spanisch: Cotorra egregia

Herkunft: Südamerika
Status Freiland: Gelegentlich.
Status Menschenobhut: Gelegentlich.

Geschlechtsunterschiede: Keine.
Haltungsansprüche: Eine 3 m lange Voliere sollte als das Mindestmaßangesehen werden. Den Vögeln viel Frischholz zum Benagen anbieten.
Ernährung: Eine Samenmischung für Sittiche, täglich mindestens 40 % der Futtermenge als Obst- und Gemüsemischung.
Zucht: Gelingt gelegentlich, den Paaren dazu quer- und hochformatige Nistkästen zur Auswahl zur Verfügung stellen.

Besonderheiten: Mittellaute Papageien, für die paarweise Haltung empfohlen wird. Neben der Nominatform existiert die Unterart *P. e. obscura*, der Gran-Sabana-Sittich, die aber sich nur durch das etwas dunklere Grün und geringere Größe unterscheidet und deshalb oft nicht als Unterart erkannt wird. Es sollte unbedingt unterartenreine Zucht angestrebt werden, um langfristig eine sich selbst erhaltende Population aufzubauen. Es sind dazu noch genügend Tiere vorhanden.

Pyrrhura emma

Emmas Weißohrsittich

Englisch: Emma's Conure
Französisch: Conure emma
Spanisch: Perico orejeblanco frentiazul

Herkunft: Südamerika
Status Freiland: Häufig.
Status Menschenobhut: Gelegentlich.

Geschlechtsunterschiede: Keine.
Haltungsansprüche: Als Minimum sollte eine 3 m lange Voliere angesehen werden. Den Vögeln viel Frischholz zum Benagen anbieten.
Ernährung: Eine Samenmischung für Sittiche, täglich mindestens 40 % der Futtermenge als Obst- und Gemüsemischung.
Zucht: Gelingt gelegentlich, den Paaren dazu quer- und hochformatige Nistkästen zur Auswahl zur Verfügung stellen.

Besonderheiten: Mittellaute Papageien, für die paarweise Haltung empfohlen wird. Wie *P. leucotis* gefärbt, aber Vorderscheitel und Nacken kräftig blau, Brust mit breiten, weißlichen Säumen, die auf der Unterbrust in Mattgelb übergehen. Emmas Weißohrsittich wird selten gehalten und sollte deshalb nur zur unterartenreinen Zucht eingesetzt werden, wobei sich inzwischen ein fester Bestand bei einigen spezialisierten Züchtern etabliert hat. Früher als Unterart von *P. leucotis* geführt, heute eigneständige Art.

Pyrrhura frontalis frontalis (Nominatform)

Braunohrsittich

Englisch: Maroon-bellied Conure
Französisch: Conure de Vieillot
Spanisch: Cotorra chiripepé

Herkunft: Südamerika
Status Freiland: Häufig.
Status Menschenobhut: Regelmäßig.

Geschlechtsunterschiede: Keine.
Haltungsansprüche: Eine 3 m lange Voliere sollte als das Minimum angesehen werden. Den Vögeln viel Frischholz zum Benagen anbieten.
Ernährung: Eine Samenmischung für Sittiche, täglich mindestens 40 % der Futtermenge als Obst- und Gemüsemischung.
Zucht: Gelingt regelmäßig, den Paaren dazu quer- und hochformatige Nistkästen zur Auswahl zur Verfügung stellen.

Besonderheiten: Mittellaute Papageien, für die mindestens paarweise Haltung empfohlen wird. Neben der Nominatform existiert eine weitere Unterart, die etwas kleiner ist und sich nur wenig von der Nominatform unterscheiden. *P. f. chiripepe* hat eine vollständig olivgrüne Schwanzoberseite. Bei der Zucht unbedingt auf Unterartenreinheit achten.

Pyrrhura griseipectus

Salvadori-Weißohrsittich

Englisch: Brazilian Grey-breasted Conure
Französisch: Conure griseipectus
Spanisch: Conuro pecho gris de mejillas blancas

Herkunft: Südamerika
Status Freiland: Stark bedroht.
Status Menschenobhut: Selten.

Geschlechtsunterschiede: Keine.
Haltungsansprüche: Eine 3 m lange Voliere sollte als das Mindestmaß angesehen werden. Den Vögeln viel Frischholz zum Benagen anbieten.
Ernährung: Eine Samenmischung für Sittiche, täglich mindestens 40 % der Futtermenge als Obst- und Gemüsemischung.
Zucht: Gelingt selten, den Paaren dazu quer- und hochformatige Nistkästen zur Auswahl zur Verfügung stellen.

Besonderheiten: Mittellaute Papageien, für die paarweise Haltung empfohlen wird. Sie unterscheiden sich von *P. leucotis* durch das fehlende Blau auf der Stirn, weiter ausgedehnte weißlichen Ohrdecken, stärker ausgeprägtes blaues Nackenband und bis zur Mitte grünen Schwanzoberseite. Um die Art in Menschenobhut zu erhalten, sollten alle verfügbaren Tiere zur artenreinen Zucht eingesetzt werden, noch sind dazu genügend Exemplare vorhanden. Heute wird P. griseipectus als eigenständige Art geführt, früher galt sie als Unterart von *Pyrrhura leucotis*.

Pyrrhura hoffmanni gaudens

Chiriquisittich

Englisch: Chiriquí Conure
Französisch: Conure chiriqui
Spanisch: Perico alidorado oscuro

Herkunft: Südamerika
Status Freiland: Häufig.
Status Menschenobhut: Gelegentlich.

Geschlechtsunterschiede: Keine.
Haltungsansprüche: Eine 3 m lange Voliere sollte als Minimum angesehen werden. Den Vögeln viel Frischholz zum Benagen anbieten.
Ernährung: Eine Samenmischung für Sittiche, täglich mindestens 40 % der Futtermenge als Obst- und Gemüsemischung.
Zucht: Gelingt gelegentlich, den Paaren dazu quer- und hochformatige Nistkästen zur Auswahl geben.

Besonderheiten: Mittellaute Papageien, für die paarweise Haltung empfohlen wird. Diese Rotschwanzsittichart fand erst vor wenigen Jahren den Weg in die Papageienhaltung. Einige Spezialisten vermehren die Vögel inzwischen regelmäßig, sodass die Population tendenziell zunimmt. Dennoch sollte die unterartenreine Zucht angestrebt werden, um langfristig einen sich selbst erhaltenden Stamm aufzubauen. Bei als Nominatform deklarierten Tieren handelt es sich sehr oft um die Unterart *P. h. gaudens*. Im Vergleich zur Nominatform hat der Chiriquisittich eine stärker ausgeprägte gelbe Säumung am Kopf.

Pyrrhura lepida coerulescens

Miritiba-Blausteißsittich

Englisch: Miritiba Pearly Conure
Französisch: Perruche miritiba
Spanisch: Cotorra miritiba

Herkunft: Südamerika
Status Freiland: Bedroht – vielleicht ausgestorben, Zahlen unbekannt.
Status Menschenobhut: Gelegentlich.

Geschlechtsunterschiede: Keine.
Haltungsansprüche: eine 3 m lange Voliere sollte das Mindestmaß sein. Viel Frischholz zum Benagen anbieten.
Ernährung: eine Samenmischung für Sittiche, täglich mindestens 40 % der Futtermenge als Obst- und Gemüsemischung.
Zucht: gelingt gelegentlich, quer- und hochformatige Nistkästen zur Auswahl bieten.

Besonderheiten: mittellaute Papageien, paarweise Haltung empfohlen, sollten unbedingt zur Zucht eingesetzt werden, um einen sich selbst erhaltenden Zuchtstamm aufzubauen, der ist unbedingt notwendig, da die Unterart in der Natur ausgestorben sein könnte, da ihr ursprüngliches Habitat so gut wie abgeholzt ist und damit die Lebensgrundlagen für die Unterart nicht mehr gegeben sind. *P. l. coerulescens* unterscheidet sich gegenüber der Nominatform durch einen oberen grünen Wangenbereich.

Pyrrhura lepida lepida (Nominatform)

Blausteißsittich

Englisch: Pearly Conure
Französisch: Conure perlée
Spanisch: Cotorra pulcra

Herkunft: Südamerika
Status Freiland: Gelegentlich.
Status Menschenobhut: Gelegentlich.

Geschlechtsunterschiede: Keine.
Haltungsansprüche: Als Minimum sollte eine 3 m lange Voliere angesehen werden. Den Vögeln viel Frischholz zum Benagen anbieten.
Ernährung: Eine Samenmischung für Sittiche, täglich mindestens 40 % der Futtermenge als Obst- und Gemüsemischung.
Zucht: Gelingt gelegentlich, den Paaren dazu quer- und hochformatige Nistkästen zur Auswahl zur Verfügung stellen.

Besonderheiten: Mittellaute Papageien, für die paarweise Haltung empfohlen wird. Sie sollten zur Zucht eingesetzt werden, um eine sich selbst erhaltende Population aufzubauen, die Bestände sind in den letzten Jahren rückläufig. Neben der Nominatform existieren zwei weitere Unterarten, *P. l. coersulescens*, die einen oberen grünen Wangenbereich aufweisen und *P. l. anerythra* mit einem grünen Flügelbug sowie grünen Unterflügeldecken.

Pyrrhura leucotis

Weißohrsittich

Englisch: White-eared Conure
Französisch: Conure emma
Spanisch: Cotorra caripada

Herkunft: Südamerika
Status Freiland: Gelegentlich.
Status Menschenobhut: Selten.

Geschlechtsunterschiede: Keine.
Haltungsansprüche: Eine 3 m lange Voliere sollte als das Mindestmaß angesehen werden. Den Vögeln viel Frischholz zum Benagen anbieten.
Ernährung: Eine Samenmischung für Sittiche, täglich mindestens 40 % der Futtermenge als Obst- und Gemüsemischung.
Zucht: Gelingt selten, den Paaren dazu quer- und hochformatige Nistkästen zur Auswahl zur Verfügung stellen.

Besonderheiten: Mittellaute Papageien, für die paarweise Haltung empfohlen wird. Früher hatte diese Art mehrere Unterarten, die heute alle als eigenständige Arten geführt werden: *P. emma, P. griseipectus, P. pfrimeri*. Um die Art in Menschenobhut zu sichern, sollten alle verfügbaren Tiere zur unterartenreinen Zucht eingesetzt werden. Noch sind dazu genügend vorhanden.

Pyrrhura melanura melanura (Nominatform)

Schwarzschwanzsittich

Englisch: Maroon-tailed Conure
Französisch: Conure de Souancé
Spanisch: Cotorra colinegra

Herkunft: Südamerika
Status Freiland: Häufig.
Status Menschenobhut: Selten.

Geschlechtsunterschiede: Keine.
Haltungsansprüche: Eine 3 m lange Voliere sollte als das Mindestmaß angesehen werden. Den Vögeln viel Frischholz zum Benagen anbieten.
Ernährung: Eine Samenmischung für Sittiche, täglich mindestens 40 % der Futtermenge als Obst- und Gemüsemischung.
Zucht: Gelingt selten, dazu den Paaren quer- und hochformatige Nistkästen zur Auswahl zur Verfügung stellen.

Besonderheiten: Mittellaute Papageien, für die paarweise Haltung empfohlen wird. Neben der Nominatform existieren drei weitere Unterarten, von denen eine separat besprochen wird. Es gibt noch genügend Tiere in Menschenobhut, mit denen unbedingt eine unterartenreine Zucht angestrebt werden sollte, um langfristig eine sich selbst erhaltende Population aufzubauen. *P. m. berlepschi* und *P. m. chapmani* werden derzeit wohl nicht in Europa gehalten.

Pyrrhura melanura souancei

Souancé-Schwarzschwanzsittich

Englisch: Souancé's Conure
Französisch: Conure de Souancé
Spanisch: Cotorrita de Chapman

Herkunft: Südamerika
Status Freiland: Häufig.
Status Menschenobhut: Selten.

Geschlechtsunterschiede: Keine.
Haltungsansprüche: Eine 3 m lange Voliere sollte als das Mindestmaß angesehen werden. Den Vögeln viel Frischholz zum Benagen anbieten.
Ernährung: Samenmischung für Sittiche, täglich mindestens 40 % der Futtermenge als Obst- und Gemüsemischung.
Zucht: Gelingt selten, den Vögeln dazu quer- und hochformatige Nistkästen zur Auswahl geben.

Besonderheiten: Mittellaute Papageien, für die paarweise Haltung empfohlen wird. Die Unterart unterscheidet sich von der Nominatform durch die fehlenden gelben Spitzen auf den roten Handdecken, roten Flügelsaum, ausgedehnte grüne Oberschwanzbasis. *P. m. berlepschi*, Berlepschsittich, ist wie *souancei* gefärbt, aber Stirn und Vorderscheitel ohne grüne Säume, seitliche Nackenfedern, Hals, Oberbrust und vordere Wangen mit sehr breitem Saum, Ohrdecken heller grün, Flügelbug mit vereinzelten roten Federn. Unbedingt unterartenrein züchten, um eine sich selbst erhaltende Population aufzubauen, genügend Tiere gibt es dazu noch.

Pyrrhura molinae hypoxantha

Gelbseitensittich oder Mato-Grosso-Grünwangen-Rotschwanzsittich

Englisch: Sordid Conure, Yellow-sided Conure
Französisch: Conure à flancs jaunes
Spanisch: Cotorra de cachetes verdes forma amarilla

Herkunft: Südamerika
Status Freiland: Häufig.
Status Menschenobhut: Häufig.

Geschlechtsunterschiede: Keine.
Haltungsansprüche: Eine 3 m lange Voliere sollte als das Mindestmaß angesehen werden. Viel Frischholz zum Benagen anbieten.
Ernährung: Eine Samenmischung für Sittiche, täglich mindestens 40 % der Futtermenge als Obst- und Gemüsemischung.
Zucht: Gelingt häufig, quer- und hochformatige Nistkästen zur Auswahl geben.

Besonderheiten: Mittellaute Papageien, paarweise Haltung wird empfohlen. Es gibt eine grüne Farbvariante der Unterart und eine gelbe, die dann Gelbseitensittich genannt wird. Früher galt sie als eigenständige Art, bis man erkannte, dass es sich um eine Farbmutation des Mato-Grosso-Grünwangen-Rotschwanzsittichs handelt. Dieser ist sehr beliebt bei den Züchtern, allerdings sollte auch die grüne Variante nicht vernachlässigt werden, da sie sonst schnell aus den Beständen verschwinden könnten. Unbedingt unterartenrein züchten.

10 °C

26 cm

5,5 mm

4–7 Eier

nein

Pyrrhura molinae molinae (Nominatform)

Grünwangen-Rotschwanzsittich

Englisch: Green-cheeked Conure
Französisch: Conure de Molina
Spanisch: Cotorra de Molina

Herkunft: Südamerika
Status Freiland: Häufig.
Status Menschenobhut: Häufig.

Geschlechtsunterschiede: Keine.
Haltungsansprüche: Als Minimum sollte eine 3 m lange Voliere angesehen werden. Den Vögeln viel Frischholz zum Benagen anbieten.
Ernährung: Eine Samenmischung für Sittiche, täglich mindestens 40 % der Futtermenge als Obst- und Gemüsemischung.
Zucht: Gelingt häufig, den Paaren dazu quer- und hochformatige Nistkästen zur Auswahl zur Verfügung stellen.

Besonderheiten: Mittellaute Papageien, für die paarweise Haltung empfohlen wird. Sie gehören zu den am häufigsten gehaltenen Rotschwanzsittichen. Neben der Nominatform existieren fünf weitere Unterarten, von denen *P. m. hypoxantha* und *P. m. restricta* auch in Menschenobhut gezüchtet werden. Bei der Zucht unbedingt auf Unterartenreinheit achten.

Pyrrhura molinae restricta

Palmarito-Grünwangen-Rotschwanzsittich

Englisch: Santa-Cruz-Conure
Französisch: Conure de Santa Cruz
Spanisch: Cotorra gusacee de cachetes grises

Herkunft: Südamerika
Status Freiland: Häufig.
Status Menschenobhut: Selten.

Geschlechtsunterschiede: Keine.
Haltungsansprüche: Eine 3 m lange Voliere sollte als das Mindestmaß angesehen werden. Den Vögeln viel Frischholz zum Benagen anbieten.
Ernährung: Eine Samenmischung für Sittiche, täglich mindestens 40 % der Futtermenge als Obst- und Gemüsemischung.
Zucht: Gelingt selten, dazu den Paaren quer- und hochformatige Nistkästen zur Auswahl zur Verfügung stellen.

Besonderheiten: Mittellaute Papageien, für die paarweise Haltung empfohlen wird. Die Unterart ist gezeichnet wie die grüne Variante von *P. m. hypoxantha*, aber mit deutlich bläulicherem Anflug im Gefieder sowie etwas kleiner. Um die Unterart in Menschenobhut zu erhalten, sollten alle verfügbaren Tiere zur unterartenreinen Zucht eingesetzt werden.

10 °C

23 cm

5,5 mm

4–5 Eier

nein

Pyrrhura pacifica

Pazifik-Schwarzschwanzsittich

Englisch: Pacific Black-tailed Conure
Französisch: Conure pacifica
Spanisch: Cotorrita de los Andes orientales

Herkunft: Südamerika
Status Freiland: Gelegentlich.
Status Menschenobhut: Selten.

Geschlechtsunterschiede: Keine.
Haltungsansprüche: Eine 3 m lange Voliere sollte als das Mindestmaß angesehen werden. Den Vögeln viel Frischholz zum Benagen anbieten.
Ernährung: Eine Samenmischung für Sittiche, täglich mindestens 40 % der Futtermenge als Obst- und Gemüsemischung.
Zucht: Gelingt selten, den Paaren dazu quer- und hochformatige Nistkästen zur Auswahl zur Verfügung stellen.

Besonderheiten: Mittellaute Papageien, für die paarweise Haltung empfohlen wird. Die Unterart unterscheidet sich von *P. melanura* durch ihre grüne Stirn, Handdecken ohne gelbe Spitzen, roten Flügelsaum, sehr schmaler und bräunlich weißer Brustsäumung und einem nackten, schwärzlichen Augenring. Unbedingt artenreine Zucht anstreben, um langfristig eine sich selbst erhaltende Population aufzubauen, noch sind dazu genügend Tiere vorhanden. Früher galt die Art als Unterart von *P. melanura*, heute wird sie als eigene monotypische Art ausgewiesen.

Pyrrhura perlata

Rotbauchsittich

Englisch: Crimson-bellied Conure
Französisch: Conure à ventre rouge
Spanisch: Cotorra ventirroja

Herkunft: Südamerika
Status Freiland: Gelegentlich.
Status Menschenobhut: Häufig.

Geschlechtsunterschiede: Keine.
Haltungsansprüche: Als Minimum sollte eine 3 m lange Voliere angesehen werden. Den Vögeln viel Frischholz zum Benagen anbieten.
Ernährung: Eine Samenmischung für Sittiche, täglich mindestens 40 % der Futtermenge als Obst- und Gemüsemischung.
Zucht: Gelingt häufig, den Paaren dazu quer- und hochformatige Nistkästen zur Auswahl zur Verfügung stellen.

Besonderheiten: Mittellaute Papageien, für die paarweise Haltung empfohlen wird. Sie sind auch als zahme Hausgenossen geeignet, durch die rote Bauchfärbung sehr attraktiv und sehr beliebt in Menschenobhut. Noch Anfang der 1990er Jahre war der Rotbauchsittich einer der seltensten Rotschwanzsittiche und gehörte zu den großen Raritäten in Menschenobhut. Inzwischen gehört er durch die gezielte Zucht zu den häufigsten *Pyrrhura*-Arten.

Pyrrhura pfrimeri

Pfrimers Weißohrsittich

Englisch: Pfrimer's Conure
Französisch: Conure de Pfrimer
Spanisch: Perico orejeblanco de cabeza azul

Herkunft: Südamerika
Status Freiland: Bedroht.
Status Menschenobhut: Sehr selten.

Geschlechtsunterschiede: Keine.
Haltungsansprüche: Als Minimum sollte eine 3 m lange Voliere gelten. Den Vögeln viel Frischholz zum Benagen anbieten.
Ernährung: Sine Samenmischung für Sittiche, täglich mindestens 40 % der Futtermenge als Obst- und Gemüsemischung.
Zucht: Gelingt selten, den Paaren dazu quer- und hochformatige Nistkästen zur Auswahl zur Verfügung stellen.

Besonderheiten: Mittellaute Papageien, für die paarweise Haltung empfohlen wird. Gefärbt wie *Pyrrhura leucotis*, aber Stirn, Zügel, Wangen und teilweise Ohrdecken sind rotbraun, Scheitel, Nacken und Hinterkopf mattblau, Brust grünlich blau mit weißlichen Säumen. Um die Art in Menschenobhut zu erhalten und zu sichern sollten alle verfügbaren Tiere zur artenreinen Zucht eingesetzt werden, noch sind dazu genügend Exemplare vorhanden. Wird erst seit wenigen Jahren in Europa gehalten. Wird heute als eigenständige Art geführt, früher als Unterart von *P. leucotis*.

Pyrrhura picta

Blaustirn-Rotschwanzsittich

Englisch: Painted Conure
Französisch: Conure versicolore
Spanisch: Cotorra Pintada

Herkunft: Südamerika
Status Freiland: Häufig.
Status Menschenobhut: Selten.

Geschlechtsunterschiede: Keine.
Haltungsansprüche: Eine 3 m lange Voliere sollte als das Mindestmaß angesehen werden. Den Vögeln immer viel Frischholz zum Benagen zur Verfügung stellen.
Ernährung: Eine Samenmischung für Sittiche, täglich mindestens 40 % der Futtermenge als Obst- und Gemüsemischung.
Zucht: Gelingt selten, dazu quer- und hochformatige Nistkästen zur Auswahl bieten.

Besonderheiten: Mittellaute Papageien, für die paarweise Haltung empfohlen wird. Früher als Nominatform mit acht weiteren Unterarten, die heute teilweise als eigene Arten geführt werden. Die Art wird nur noch selten gehalten. Deshalb sollte sie bevorzugt nur zur artenreinen Zucht eingesetzt werden, um langfristig eine sich selbst erhaltende Population aufzubauen.

Pyrrhura rhodocephala

Rotkopfsittich

Englisch: Rose-crowned Conure
Französisch: Conure tete-de feu
Spanisch: Cotorra coronirroja

Herkunft: Südamerika
Status Freiland: Gelegentlich.
Status Menschenobhut: Selten.

Geschlechtsunterschiede: Keine.
Haltungsansprüche: Eine 3 m lange Voliere sollte als das Mindestmaß angesehen werden. Den Vögeln viel Frischholz zum Benagen anbieten.
Ernährung: Eine Samenmischung für Sittiche, täglich mindestens 40 % der Futtermenge als Obst- und Gemüsemischung.
Zucht: Gelingt gelegentlich, quer- und hochformatige Nistkästen zur Auswahl geben.

Besonderheiten: Mittellaute Papageien, für die paarweise Haltung empfohlen wird. Diese Rotschwanzsittichart fand erst vor wenigen Jahren den Weg in die Papageienhaltung. Einige Spezialisten vermehren sie inzwischen regelmäßig, sodass der Bestand tendenziell zunimmt. Dennoch sollte unbedingt die Zucht angestrebt werden, um langfristig eine sich selbst erhaltende Population aufzubauen, denn es sind inzwischen dazu genügend Tiere vorhanden.

Pyrrhura roseifrons

Rotscheitelsittich

Englisch: Rose-headed Conure
Französisch: Conure roseifrons
Spanisch: Perico pintado de frente roja

Herkunft: Südamerika
Status Freiland: Häufig.
Status Menschenobhut: Gelegentlich.

Geschlechtsunterschiede: Keine.
Haltungsansprüche: Als Minimum sollte eine 3 m lange Voliere angesehen werden. Den Vögeln viel Frischholz zum Benagen anbieten.
Ernährung: Eine Samenmischung für Sittiche, täglich mindestens 40 % der Futtermenge als Obst- und Gemüsemischung.
Zucht: Gelingt gelegentlich, dazu den Paaren quer- und hochformatige Nistkästen zur Auswahl zur Verfügung stellen.

Besonderheiten: Mittellaute Papageien, für die paarweise Haltung empfohlen wird. Die Rotfärbung des Kopfes des Rotscheitelsittichs ist unterschiedlich stark ausgeprägt. Es gibt Exemplare, bei denen es bis in den tiefen Nacken reicht. Allerdings sind solche Tiere oft erst nach fünf oder mehr Jahren so gefärbt. Je älter sie werden, desto mehr nimmt die Rotfärbung zu. Noch existieren genügend Tiere, um durch eine unterartenreine Zucht langfristig eine sich selbst erhaltende Poululation in Menschenobhut aufzubauen. Früher wurde die Art als Unterart von *P. picta* geführt, heute ist sie eine eigene monotypische Art.

Pyrrhura rupicola rupicola (Nominatform)

Steinsittich

Englisch: Black-capped Conure
Französisch: Conure à cape noir
Spanisch: Cotorra capirotada

Herkunft: Südamerika
Status Freiland: Häufig.
Status Menschenobhut: Regelmäßig.

Geschlechtsunterschiede: Keine.
Haltungsansprüche: Als Minimum sollte eine 3 m lange Voliere gelten. Dabei den Vögeln viel Frischholz zum Benagen anbieten.
Ernährung: Eine Samenmischung für Sittiche, täglich mindestens 40 % der Futtermenge als Obst- und Gemüsemischung.
Zucht: Gelingt regelmäßig, den Brutpaaren quer- und hochformatige Nistkästen zur Auswahl zur Verfügung stellen.

Besonderheiten: Mittellaute Papageien, es wird paarweise Haltung empfohlen. Neben der Nominatform existiert die Unterart des Sandia-Steinsittich, *P. r. sandiae*, die sich von der Nominatform durch deutlich schmalere Säume auf Hals und Brust unterscheidet. Diese Unterart ist ebenfalls regelmäßig in Züchtervolieren anzutreffen. Es sollte unterartenreine Zucht angestrebt werden, um sich selbst erhaltende Populationen aufzubauen. Noch sind dazu genügend Tiere in den beiden Unterarten in Menschenobhut vorhanden.

Rhynchopsitta pachyrhyncha

Arasittich

Englisch: Thick-billed Parrot
Französisch: Conure à gros bec
Spanisch: Cotorra seranna occidental

Herkunft: Südamerika
Status Freiland: Bedroht, 1000–4000 Tiere, Tendenz abnehmend.
Status Menschenobhut: Sehr selten.

Geschlechtsunterschiede: Keine.
Haltungsansprüche: Eine 5 m lange Voliere sollte als das Mindestmaß gelten. Viel Frischholz zum Benagen geben, die Vögel brauchen täglich neue Beschäftigungsmöglichkeiten, da sie sonst leicht mit dem Rupfen beginnen.
Ernährung: Eine spezielle, energiereiche Samenmischung für Aras, täglich mindestens 40 % der Futtermenge als Obst- und Gemüsemischung, zusätzlich regelmäßig Kiefernsamen, auch im Wald gesammelte Zapfen bearbeiten sie gerne.
Zucht: Gelingt sehr selten, quer- und hochformatige Nistkästen zur Auswahl bieten. Auch diagonale Nistkastenformen haben sich bewährt.
Besonderheiten: Mittellaute Papageien, nur die paarweise Haltung wird empfohlen. Die bedrohten Vögel sollten unbedingt zur Zucht verwendet werden, um einen sich selbst erhaltenden Bestand in Menschenobhut aufzubauen.

10 °C

42 cm

9,5 mm

2–4 Eier

ja

Rhynchopsitta terrisi

Maronenstirnsittich

Englisch: Maroon-fronted Parrot
Französisch: Conure à front brun
Spanisch: Cotorra serrana oriental

Herkunft: Südamerika
Status Freiland: Bedroht, 1000–3000 Tiere, Tendenz abnehmend.
Status Menschenobhut: Sehr selten.

Geschlechtsunterschiede: Keine.
Haltungsansprüche: Eine 5 m lange Voliere sollte das Mindestmaß sein. Viel Frischholz zum Benagen, die Vögel brauchen täglich neue Beschäftigungsmöglichkeiten, da sie bei Langeweile leicht mit dem Rupfen beginnen.
Ernährung: Eine spezielle energiereiche Samenmischung für Aras, täglich mindestens 40 % der Futtermenge als Obst- und Gemüsemischung, zusätzlich regelmäßig Kiefernsamen füttern, auch im Wald gesammelte Zapfen werden gerne bearbeitet.
Zucht: Gelingt sehr selten, den Paaren quer- und hochformatige Nistkästen zur Auswahl bieten. Auch diagonale Nistkastenformen haben sich bewährt.
Besonderheiten: Laute Papageien, für die nur paarweise Haltung empfohlen wird. Sie sollten unbedingt zur Zucht verwendet werden, um eine sich selbst erhaltende Population in Menschenobhut aufzubauen. Der Loro Parque auf Teneriffa ist derzeit der einzige Zoo Europas, der diese Papageienart seit dem Jahr 2008 hält.

10 °C

13 cm

4,0 mm

4–7 Eier

nein

Forpus coelestis

Blaugenick-Sperlingspapagei

Englisch: Pacific Parrotlet
Französisch: Toui céleste
Spanisch: Cotorritta de Piura

Herkunft: Südamerika
Status Freiland: Häufig.
Status Menschenobhut: Sehr häufig.

Geschlechtsunterschiede: Weibchen grundsätzlich grün, mit Ausnahme des blauen Anfluges an Nacken, Unterrücken sowie den Oberschwanzdecken.
Haltungsansprüche: Als Minimum gilt eine ein Kubikmeter große Voliere. Das Nagebedürfnis der Vögel ist gering.
Ernährung: Samenmischung für kleine Sittiche sowie eine Kanarien-/Waldvogelfuttermischung mit Wildsämereien, einmal wöchentlich eine Kolbenhirsenrispe, täglich mindestens 25 % der Futtermenge als Obst- und Gemüsemischung, bevorzugt werden Apfel und Karotte, außerdem verschiedene Beeren, wie Feuerdorn oder Ebereschen.
Zucht: Gelingt sehr häufig, den Paaren quer- und hochformatige Nistkästen zur Auswahl bieten.
Besonderheiten: Leise Papageien, zur Zucht wird paarweise Haltung empfohlen. Sie sind sehr gut auch im Haus in Zimmervolieren zu halten. Inzwischen existieren viele Farbmutationen wie zum Beispiel Blau, Gelb und Weiß. Blaugenick-Sperlingspapageien sind die beliebtesten und am häufigsten gehaltenen Sperlingspapageien.

Forpus conspicillatus conspicillatus (Nominatform)

Augenring-Sperlingspapagei

Englisch: Spectacled Parrotlet
Französisch: Toui à lunettes
Spanisch: Cotorritta de Anteojos

Herkunft: Südamerika
Status Freiland: Häufig.
Status Menschenobhut: Häufig.

Geschlechtsunterschiede: Weibchen ohne Blau und von insgesamt hellerem Grün.
Haltungsansprüche: Eine ein Kubikmeter große Voliere sollte als das Minimum angesehen werden. Das Nagebedürfnis der Vögel ist gering.
Ernährung: Eine Samenmischung für kleine Sittiche sowie eine Kanarien-/Waldvogelfuttermischung mit Wildsämereien, einmal wöchentlich eine Kolbenhirsenrispe, täglich mindestens 25 % der Futtermenge als Obst- und Gemüsemischung, Apfel und Karotte werden bevorzugt angenommen, dazu verschiedene Beeren wie Feuerdorn oder Ebereschen.
Zucht: Gelingt häufig, den Paaren quer- und hochformatige Nistkästen zur Auswahl bieten.
Besonderheiten: Leise Papageien, zur Zucht wird paarweise Haltung empfohlen und sie sind sehr gut auch im Haus in Zimmervolieren zu halten. Neben der Nominatform existieren zwei weitere Unterarten, *F. c. metae* und *F. c. caucae*, die aber derzeit nicht gehalten oder nicht als solche erkannt wurden. Unbedingt unterartenrein züchten.

Forpus cyanopygius cyanopygius (Nominatform)

Mexikanischer Sperlingspapagei

Englisch: Mexican Parrotlet
Französisch: Toui de Mexique
Spanisch: Cotorrita mexicana

Herkunft: Südamerika
Status Freiland: Häufig.
Status Menschenobhut: Selten.

Geschlechtsunterschiede: Weibchen ohne Blau.
Haltungsansprüche: Eine ein Kubikmeter große Voliere sollte als das Mindestmaß angesehen werden. Das Nagebedürfnis der Vögel ist gering.
Ernährung: Samenmischung für kleine Sittiche sowie eine Kanarien-/Waldvogelfuttermischung mit Wildsämereien, einmal wöchentlich eine Kolbenhirsenrispe, täglich mindestens 25 % der Futtermenge als Obst- und Gemüsemischung, bevorzugt Apfel und Karotte sowie verschiedene Beeren, wie Feuerdorn oder Ebereschen anbieten.
Zucht: Gelingt selten, den Vögeln dazu quer- und hochformatige Nistkästen zur Auswahl geben.
Besonderheiten: Leise Papageien, zur Zucht wird paarweise Haltung empfohlen. Sie sind sehr gut auch im Haus in Zimmervolieren zu halten. Alle Tiere sollten unbedingt zur Zucht eingesetzt werden, um langfristig den Bestand zu sichern, da die Anzahl der Tiere in Menschenobhut stark abnehmende Tendenz zeigt. Neben der Nominatform existiert eine weitere Unterart, *F. c. insularis*, die aber derzeit wohl nicht in Europa gehalten wird.

Forpus passerinus deliciosus

Amazonas-Grünbürzel-Sperlingspapagei

Englisch: Santarem Passerin Parrotlet
Französisch: Toui d'été de Santarém
Spanisch: Cascabelito delicioso

Herkunft: Südamerika
Status Freiland: Häufig.
Status Menschenobhut: Selten.

Geschlechtsunterschiede: Weibchen ohne Blau, gelblicher im Grünton und mit kräftiger gelber Stirn.
Haltungsansprüche: Mindestens eine ein Kubikmeter große Voliere.
Ernährung: Samenmischung für kleine Sittiche sowie eine Kanarien-/Waldvogelfuttermischung mit Wildsämereien, einmal wöchentlich eine Kolbenhirsenrispe, täglich mindestens 25 % der Futtermenge als Obst- und Gemüsemischung, wobei Apfel und Karotte bevorzugt werden, dazu verschiedene Beeren wie Feuerdorn oder Ebereschen.
Zucht: Gelingt selten, quer- und hochformatige Nistkästen zur Auswahl anbieten.
Besonderheiten: Leise Papageien mit geringem Nagebedürfnis. Zur Zucht wird paarweise Haltung empfohlen und sie sind sehr gut auch im Haus in Zimmervolieren zu pflegen. Sie sind wie Nominatform gezeichnet, aber mit smaragdgrünem Unterrücken und Bürzelgefieder mit einem blauen Anflug, besonders auf dem Unterrücken. Die großen Flügeldecken sind grün mit breiter hellblauer Säumung. Die Vögel sollten unbedingt unterartenrein gezüchtet werden, denn oft werden Mischlinge angeboten!

Forpus passerinus passerinus (Nominatform)

Grünbürzel-Sperlingspapagei

Englisch: Green-rumped Parrotlet
Französisch: Toui de été
Spanisch: Cotorrita culiverde

Herkunft: Südamerika
Status Freiland: Häufig.
Status Menschenobhut: Regelmäßig.

Geschlechtsunterschiede: Weibchen ohne Blau.
Haltungsansprüche: Als Minimum sollte eine ein Kubikmeter große Voliere angesehen werden. Das Nagebedürfnis der Vögel ist gering.
Ernährung: Samenmischung für kleine Sittiche sowie eine Kanarien-/Waldvogelfuttermischung mit Wildsämereien, einmal wöchentlich eine Kolbenhirsenrispe, täglich mindestens 25 % der Futtermenge als Obst- und Gemüsemischung, wobei meist Apfel und Karotte bevorzugt werden, dazu verschiedene Beeren wie Feuerdorn oder Ebereschen anbieten.
Zucht: Gelingt regelmäßig, den Paaren quer- und hochformatige Nistkästen zur Auswahl bieten.
Besonderheiten: Leise Papageien, für die zur Zucht paarweise Haltung empfohlen wird und die sehr gut auch im Haus in Zimmervolieren gepflegt werden können. Neben der Nominatform existieren vier weitere Unterarten: *F. p. viridissimus, F. p. deliciosus, F. p. cyanophanes* und *F. p. cyanochlorus*, von denen die beiden letzteren derzeit wohl nicht in Europa gehalten werden. Unbedingt unterartenrein züchten.

10 °C

12 cm

4,0 mm

4–7 Eier

nein

Forpus passerinus viridissimus

Venezuela-Grünbürzel-Sperlingspapagei

Englisch: Venezuelan Green Parrotlet
Französisch: Toui d'été de Vénézuela
Spanisch: Cascabelito veridisimo

Herkunft: Südamerika
Status Freiland: Häufig.
Status Menschenobhut: Selten.

Geschlechtsunterschiede: Weibchen ohne Blau.
Haltungsansprüche: Mindestens eine ein Kubikmeter große Voliere.
Ernährung: Samenmischung für kleine Sittiche sowie Kanarien-/Waldvogelfuttermischung, einmal wöchentlich eine Kolbenhirsenrispe, täglich mindestens 25 % der Futtermenge als Obst- und Gemüsemischung. Verschiedene Beeren wie vom Feuerdorn oder Ebereschen regelmäßig anbieten.
Zucht: Gelingt selten, quer- und hochformatige Nistkästen zur Auswahl bieten.
Besonderheiten: Leise Papageien mit geringem Nagebedürfnis. Zur Zucht wird paarweise Haltung empfohlen und sie sind sehr gut auch in Zimmervolieren zu pflegen. Sonst wie die Nominatform gezeichnet, allerdings dunkler und deutlich kräftiger im Grünton, sind nur die Unterflügeldecken blass blaugrün, lediglich Achselfedern und die sich anschließenden Unterflügeldecken sind noch dunkel violettblau. Sie sollte unbedingt unterartenrein gezüchtet werden, um die Unterart zu erhalten. Oft werden Mischlinge angeboten!

Forpus spengeli

Kolumbianischer Sperlingspapagei

Englisch: Turquoise-rumped Parrotlet
Französisch: Forpus turquoise violet
Spanisch: Forpus de ala turquesa

Herkunft: Südamerika
Status Freiland: Gelegentlich.
Status Menschenobhut: Gelegentlich.

Geschlechtsunterschiede: Weibchen ohne Blau, Stirn und Zügel gelb.
Haltungsansprüche: Als Minimum eine ein Kubikmeter große Voliere.
Ernährung: Eine Samenmischung für kleine Sittiche sowie eine Kanarien-/Waldvogelfuttermischung mit Wildsämereien, einmal wöchentlich eine Kolbenhirsenrispe, täglich mindestens 25 % der Futtermenge als Obst- und Gemüsemischung, wobei die Vögel meist nur Apfel und Karotte annehmen. Verschiedene Beeren wie Feuerdorn oder Ebereschen anbieten.
Zucht: Gelingt gelegentlich, den Paaren dazu quer- und hochformatige Nistkästen zur Auswahl zur Verfügung stellen.
Besonderheiten: Leise Papageien mit geringem Nagebedürfnis. Zur Zucht wird die paarweise Haltung empfohlen. Die Vögel können sehr gut auch im Haus in Zimmervolieren gepflegt werden. Sie sollten verstärkt zur Zucht eingesetzt werden, um eine Population dieser Art auch langfristig in Menschenobhut zu erhalten. Unbedingt artenrein züchten.

10 °C

15 cm

4,5 mm

4–6 Eier

nein

Forpus xanthops

Gelbgesicht-Sperlingspapagei

Englisch: Yellow-faced Parrotlet
Französisch: Toui à tete jaune
Spanisch: Cotorrita carigulata

Herkunft: Südamerika
Status Freiland: Häufig.
Status Menschenobhut: Regelmäßig.

Geschlechtsunterschiede: Weibchen wie Männchen, aber alle blauen Federpartien grün mit bläulichem Anflug.
Haltungsansprüche: Eine ein Kubikmeter große Voliere als Minimum.
Ernährung: Samenmischung für kleine Sittiche sowie eine Kanarien-/Waldvogelfuttermischung mit Wildsämereien, einmal wöchentlich eine Kolbenhirsenrispe, täglich mindestens 25 % der Futtermenge als Obst- und Gemüsemischung, wobei die Vögel meist nur Apfel und Karotte annehmen, außerdem verschiedene Beeren wie Feuerdorn oder Ebereschen anbieten.
Zucht: Gelingt regelmäßig, sie sind allerdings etwas anspruchsvoller als andere Sperlingspapageienarten. Den Paaren quer- und hochformatige Nistkästen zur Auswahl bieten.
Besonderheiten: Leise Papageien mit geringem Nagebedürnis. Zur Zucht wird paarweise Haltung empfohlen, sie sind auch sehr gut im Haus in Zimmervolieren zu pflegen. Gelbgesicht-Sperlingspapageien sollten eher von erfahrenen Züchtern gehalten werden, weil sie etwas sensibler auf Veränderungen reagieren, als die anderen Arten.

Forpus xanthopterygius flavissimus

Blassgelber Blauflügel-Sperlingspapagei

Englisch: Ceara Blue-winged Parrotlet
Französisch: Toui de Spix de Céara
Spanisch: Cotorrita aliazul flavissimus

Herkunft: Südamerika
Status Freiland: Häufig.
Status Menschenobhut: Gelegentlich.

Geschlechtsunterschiede: Weibchen ohne Blau.
Haltungsansprüche: Mindestens eine ein Kubikmeter große Voliere.
Ernährung: Eine Samenmischung für kleine Sittiche sowie eine Kanarien-/Waldvogelfuttermischung mit Wildsämereien, einmal wöchentlich eine Kolbenhirsenrispe, täglich mindestens 25 % der Futtermenge als Obst- und Gemüsemischung. Verschiedene Beeren wie Feuerdorn oder Ebereschen anbieten.
Zucht: Gelingt gelegentlich, dazu den Zuchtpaaren quer- und hochformatige Nistkästen zur Auswahl anbieten.
Besonderheiten: Leise Papageien mit geringem Nagebedürfnis, zur Zucht wird die paarweise Haltung empfohlen. Sie lassen sich sehr gut auch im Haus in Zimmervolieren pflegen.
Der Blassgelbe Blauflügel-Sperlingspapagei unterscheidet sich von der Nominatform durch das insgesamt gelblichere Gefieder und dadurch, dass die violettblauen Gefiederpartien der Männchen etwas blasser sind. Unbedingt unterartenrein züchten.

Forpus xanthopterygius xanthopterygius (Nominatform)

Blauflügel-Sperlingspapagei

Englisch: Blue-winged Parrotlet
Französisch: Toui de Spix
Spanisch: Cotorrita aliazul

Herkunft: Südamerika
Status Freiland: Häufig.
Status Menschenobhut: Gelegentlich

Geschlechtsunterschiede: Weibchen ohne Blau.
Haltungsansprüche: Mindestens eine ein Kubikmeter große Voliere.
Ernährung: eine Samenmischung für kleine Sittiche sowie eine Kanarien-/Waldvogelfuttermischung mit Wildsämereien, einmal wöchentlich eine Kolbenhirsenrispe, täglich mindestens 25 % der Futtermenge als Obst- und Gemüsemischung, wobei meist nur Apfel und Karotte angenommen werden. Verschiedene Beeren, wie Feuerdorn oder Ebereschen anbieten.
Zucht: Gelingt gelegentlich, quer- und hochformatige Nistkästen zur Auswahl bieten.
Besonderheiten: Leise Papageien mit geringem Nagebedürfnis. Zur Zucht wird die paarweise Haltung empfohlen, sie sind sehr gut auch im Haus in Zimmervolieren zu pflegen. Neben der Nominatform existieren drei weitere Unterarten: *F. x. flavissimus, F. x. crassirostris* und *F. x. flavescens*, von denen derzeit wohl in Europa nur *flavissimus* gehalten wird. Sie sollten unbedingt unterartenrein gezüchtet werden.

Pionus chalcopterus

Glanzflügelpapagei

Englisch: Bronze-winged Parrot
Französisch: Pione noire
Spanisch: Loro alibronzeado

Herkunft: Südamerika
Status Freiland: Häufig.
Status Menschenobhut: Regelmäßig.

Geschlechtsunterschiede: Keine.
Haltungsansprüche: Eine 3 m lange Voliere sollte als das Mindestmaß angesehen werden. Den Vögeln viel Frischholz zum Benagen zur Verfügung stellen.
Ernährung: Eine Diätsamenmischung wie für Amazonen, täglich mindestens 40 % der Futtermenge als Obst- und Gemüsemischung.
Zucht: Gelingt regelmäßig, dazu den Paaren hochformatige Nistkästen anbieten.

Besonderheiten: Mittellaute Papageien, für die nur die paarweise Haltung empfohlen wird. Als zahme Tiere sind sie sehr angenehme Hausgenossen. Besonders bei reiner Zimmerhaltung sind die Vögel sehr anfällig für Aspergillose. Neben der Nominatform wurde früher die Unterart Ekuador-Glanzflügelpapagei, *P. c. cyanescens*, die etwas bläulicher an Brust und Bauch sein soll, sowie mit 27 cm etwas kleiner ist, geführt. Diese Unterart wird heute nicht mehr anerkannt.

Pionus fuscus

Veilchenpapagei

Englisch: Dusky Parrot
Französisch: Pione violette
Spanisch: Loro morado

Herkunft: Südamerika
Status Freiland: Häufig.
Status Menschenobhut: Gelegentlich.

Geschlechtsunterschiede: Keine.
Haltungsansprüche: Eine 3 m lange Voliere sollte als das Mindestmaß angesehen werden. Den Vögeln viel Frischholz zum Benagen anbieten.
Ernährung: Diätsamenmischung wie für Amazonen, täglich mindestens 40 % der Futtermenge als Obst- und Gemüsemischung.
Zucht: Gelingt gelegentlich, dazu den Tieren hochformatige Nistkästen geben.

Besonderheiten: Mittellaute Papageien, für die nur die paarweise Haltung empfohlen wird. Besonders bei reiner Zimmerhaltung sind sie sehr anfällig für Aspergillose. Diese Rotsteißpapageienart scheint etwas heikler und schwieriger zu züchten zu sein als andere Arten der gleichen Gattung. Deshalb sollte sie nur von erfahrenen Züchtern gehalten werden, die die Erhaltungszucht in den Vordergrund stellen. Noch sind dazu genügend Tiere vorhanden.

Pionus maximiliani maximiliani (Nominatform)

Maximilianpapagei

Englisch: Scaly-headed Parrot
Französisch: Pione de Maximilien
Spanisch: Loro choclero

Herkunft: Südamerika
Status Freiland: Häufig.
Status Menschenobhut: Regelmäßig.

Geschlechtsunterschiede: Keine.
Haltungsansprüche: Als Minimum ist eine 3 m lange Voliere anzusehen. Den Vögeln sollte viel Frischholz zum Benagen zur Verfügung gestellt werden.
Ernährung: Eine Diätsamenmischung wie für Amazonen, täglich mindestens 40 % der Futtermenge als Obst- und Gemüsemischung.
Zucht: Gelingt regelmäßig, dazu den Paaren hochformatige Nistkästen anbieten.

Besonderheiten: Mittellaute Papageien, für die nur die paarweise Haltung empfohlen wird. Besonders bei reiner Zimmerhaltung sind die Vögel sehr anfällig für Aspergillose. Neben der Nominatform existieren drei Unterarten, von denen wahrscheinlich nur der Bolivien-Maximilianpapagei, *P. m. siy*, derzeit in Europa gehalten wird. Es ist wahrscheinlich, dass auch die beiden anderen, *P. m. melanoblepharus* und *P. m. lacerus*, in der Vergangenheit importiert wurden, aber nicht als Unterarten erkannt wurden. Bei der Zucht sollte daher unbedingt auf Unterartenreinheit geachtet werden.

Pionus menstruus menstruus (Nominatform)

Schwarzohrpapagei

Englisch: Blue-headed Parrot
Französisch: Pione à tete bleue
Spanisch: Loro cabeciazul

Herkunft: Südamerika
Status Freiland: Häufig.
Status Menschenobhut: Regelmäßig.

Geschlechtsunterschiede: Keine.
Haltungsansprüche: Eine mindestens 3 m lange Voliere. Den Vögeln sollte sehr viel Frischholz zum Benagen angeboten werden.
Ernährung: Eine Diätsamenmischung wie für Amazonen, täglich mindestens 40 % der Futtermenge als Obst- und Gemüsemischung.
Zucht: Gelingt regelmäßig, den Zuchtpaaren dazu hochformatige Nistkästen zur Verfügung stellen.

Besonderheiten: Mittellaute Papageien, für die nur die paarweise Haltung empfohlen wird. Besonders bei reiner Zimmerhaltung sind sie sehr anfällig für Aspergillose. Neben der Nominatform existiert eine weitere Unterart: *P. m. rubrigularis* hat ein matteres Blau, wird aber oft nicht als Unterart erkannt. Die Schwesternart *reichenowi* mit deutlich mehr Blau als die Nominatform. Diese Art ist nur in wenigen Exemplaren in Europa vertreten. Bei der Zucht sollte unbedingt auf Arten- und Unterartenreinheit geachtet werden.

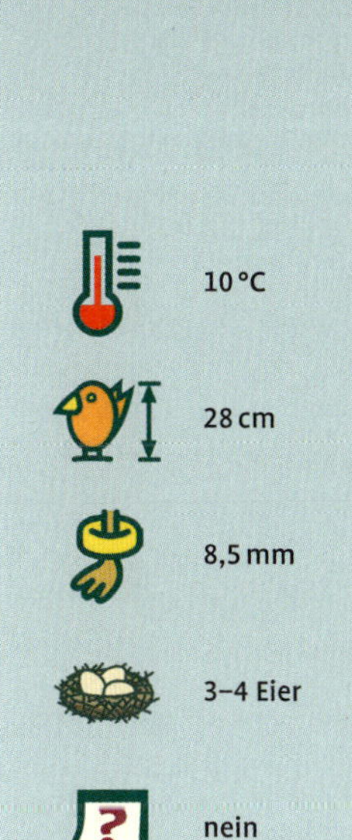

Pionus reichenowi

Reichenows Schwarzohrpapagei

Englisch: Blue-breasted Parrot
Französisch: Pione à poitrine bleue
Spanisch: Loro pechiazul

Herkunft: Südamerika
Status Freiland: Gelegentlich.
Status Menschenobhut: Sehr selten.

Geschlechtsunterschiede: Keine.
Haltungsansprüche: Eine mindestens 3 m lange Voliere. Dem Nagebedürfnis entsprechend regelmäßig frische Äste anbieten.
Ernährung: Eine Diätsamenmischung wie für Amazonen,täglich mindestens 40 % der Gesamtfuttermenge als Obst- und Gemüsemischung anbieten.
Zucht: Gelingt bei den wenigen Züchtern regelmäßig, hochformatigen Nistkasten anbieten.

Besonderheiten: Kam erst vor wenigen Jahren aus Südamerika als gezüchtete Papageien in die Volieren von europäischen Züchtern. In Europa sind derzeit nur wenige Haltungen bekannt, in denen aber regelmäßig gezüchtet wird, so dass sich der kleine Ausgangsbestand langsam entwickelt. Früher wurde P. reichenowi als Unterart von Pionus menstruus geführt, heute ist sie als eigenständige Art anerkannt.

Pionus senilis

Weißkopfpapagei

Englisch: White-capped Parrot
Französisch: Pione à couronne blanche
Spanisch: Loro senil

Herkunft: Südamerika
Status Freiland: Häufig.
Status Menschenobhut: Regelmäßig.

Geschlechtsunterschiede: Keine.
Haltungsansprüche: Eine 3 m lange Voliere sollte als das Mindestmaß angesehen werden. Den Vögeln sollte viel Frischholz zum Benagen angeboten werden.
Ernährung: Eine Diätsamenmischung wie für Amazonen, täglich mindestens 40 % der Futtermenge als Obst- und Gemüsemischung.
Zucht: Gelingt regelmäßig, dazu den Zuchtpaaren hochformatige Nistkästen geben.

Besonderheiten: Mittellaute Papageien, für die nur die paarweise Haltung empfohlen wird. Als zahme Vögel zeigen sie sich als sehr angenehme Hausgenossen. Besonders bei reiner Zimmerhaltung haben sie sich als sehr anfällig für Aspergillose erwiesen. Der Weißkopfpapagei ist der kleinste der Rotsteißpapageien.

Pionus seniloides

Greisenkopfpapagei

Englisch: White-headed Parrot
Französisch: Pione givrée
Spanisch: Loro de cabeza examosa

Herkunft: Südamerika
Status Freiland: Selten.
Status Menschenobhut: Sehr selten.

Geschlechtsunterschiede: Keine.
Haltungsansprüche: Eine 3 m lange Voliere sollte als das Mindestmaß angesehen werden. Die Vögel brauchen regelmäßig viel Frischholz zum Benagen.
Ernährung: Eine Diätsamenmischung wie für Amazonen und täglich mindestens 40 % der Futtermenge als Obst- und Gemüsemischung.
Zucht: Gelingt sehr selten, dazu den Paaren hochformatige Nistkästen geben.

Besonderheiten: Mittellaute Papageien, für die nur die paarweise Haltung empfohlen wird. Diese Art gehört zu den absoluten Raritäten in Menschenobhut. Da sie nur noch in wenigen Haltungen präsent sind, sollte unbedingt jedes Tier zu Zuchtzwecken eingesetzt werden. Diese Papageienart gehört nur in Spezialistenhände! Besonders bei reiner Zimmerhaltung haben sich die Vögel als sehr anfällig für Aspergillose erwiesen.

Pionus sordidus corallinus

Korallenschnabelpapagei

Englisch: Coral-billed Parrot
Französisch: Pione à bec rouge
Spanisch: Loro piquirrojo

Herkunft: Südamerika
Status Freiland: Gelegentlich.
Status Menschenobhut: Sehr selten.

Geschlechtsunterschiede: Keine.
Haltungsansprüche: Als Minimum sollte eine 3 m lange Voliere angesehen werden. Den Vögeln viel Frischholz zum Benagen zur Verfügung stellen.
Ernährung: Eine Diätsamenmischung wie für Amazonen, täglich mindestens 40 % der Futtermenge als Obst- und Gemüsemischung.
Zucht: Gelingt sehr selten, dazu den Paaren hochformatige Nistkästen anbieten.

Besonderheiten: Mittellaute Papageien, für die nur die paarweise Haltung empfohlen wird. Besonders bei reiner Zimmerhaltung haben sie sich als sehr anfällig für Aspergillose erwiesen. Neben dem Korallenschnabelpapagei existieren fünf weitere Unterarten, die aber derzeit wohl nicht in Europa gehalten werden. Unbedingt sollte jedes Tier zu Zuchtzwecken eingesetzt werden, um eine sich selbst erhaltende Population aufzubauen, da nur noch wenige Exemplare in Menschenobhut vorhanden sind.

10 °C

29 cm

8,5 mm

3–4 Eier

nein

Pionus tumultuosus

Rosenkopfpapagei

Englisch: Plum-crowned Parrot
Französisch: Pione pailletée
Spanisch: Loro tumultuoso

Herkunft: Südamerika
Status Freiland: Selten.
Status Menschenobhut: Sehr selten.

Geschlechtsunterschiede: Keine.
Haltungsansprüche: Eine 3 m lange Voliere sollte als das Mindestmaß angesehen werden. Den Vögeln viel Frischholz zum Benagen zur Verfügung stellen.
Ernährung: Eine Diätsamenmischung wie für Amazonen, täglich mindestens 40 % der Futtermenge als Obst- und Gemüsemischung.
Zucht: Gelingt sehr selten, dazu den Paaren hochformatige Nistkästen anbieten.

Besonderheiten: Mittellaute Papageien, für die nur die paarweise Haltung empfohlen wird. Besonders bei reiner Zimmerhaltung haben sie sich als sehr anfällig für Aspergillose erwiesen. Diese Art gehört zu den absoluten Raritäten in Menschenobhut, die nur noch in wenigen Haltungen präsent sind. Daher sollte unbedingt jedes Tier zu Zuchtzwecken eingesetzt werden. Rosenkopfpapageien gehören nur in Spezialistenhände!

Alipiopsitta xanthops

Gelbbauchamazone/Ribeiropapagei

Englisch: Yellow-faced Amazon
Französisch: Amazone à face jaune
Spanisch: Amazona del Cerrado

Herkunft: Südamerika
Status Freiland: Bedroht, weniger als 10 000 Tiere, Tendenz abnehmend.
Status Menschenobhut: Selten.

Geschlechtsunterschiede: Keine.
Haltungsansprüche: Eine 3 m lange Voliere sollte als das Mindestmaß angesehen werden. Viel Frischholz zum Benagen geben.
Ernährung: Eine Diätsamenmischung für Amazonen, täglich mindestens 40 % der Futtermenge als Obst- und Gemüsemischung.
Zucht: Gelingt selten, den Paaren dazu hochformatige Nistkästen anbieten.

Besonderheiten: Laute Papageien, für die nur paarweise Haltung empfohlen wird und die in der Brutzeit sehr aggressiv werden können, auch dem eigenen Partner gegenüber. Die gelborangefarbene Ausprägung des Bauches ist bei den Tieren sehr unterschiedlich ausgeprägt, von fast Grün bis vollständig Gelborange. Eine weiter gehende Selektion in Richtung der gelben Exemplare sollte nicht angestrebt werden. DNA-Untersuchungen ergaben 2004, dass die Gelbbauchamazone eine eigene, monotypische Gattung darstellt: *Alipiopsitta*. Unbedingt zur Zucht verwenden, um eine gesicherte Population in Menschenobhut aufzubauen, noch existieren dazu genügend Tiere.

Amazona aestiva aestiva (Nominatform)

Blaustirnamazone

Englisch: Blue-fronted Amazon
Französisch: Amazone à front bleu
Spanisch: Amazona frentiazul

Herkunft: Südamerika
Status Freiland: Häufig.
Status Menschenobhut: Regelmäßig.

Geschlechtsunterschiede: Keine.
Haltungsansprüche: Als Minimum eine 3 m lange Voliere. Den Vögeln sollte viel Frischholz zum Benagen gegeben werden.
Ernährung: Eine Diätsamenmischung für Amazonen, täglich mindestens 40 % der Futtermenge als Obst- und Gemüsemischung.
Zucht: Gelingt regelmäßig, dazu den Zuchtpaaren hochformatige Nistkästen zur Verfügung stellen.

Besonderheiten: Laute Papageien, für die nur paarweise Haltung empfohlen wird. Wegen ihres Nachahmungstalentes werden sie gerne als zahme Hausgenossen gehalten, können aber während der Brutzeit aggressiv werden. Die Nominatform lebt nur in Brasilien und hat einen komplett roten Flügelbug, ohne oder mit wenigen gelben Federchen. Da seit einigen Jahrzehnten keine Papageien mehr aus Brasilien ausgeführt werden, gehören die meisten in Europa gehaltenen Blaustirnamazonen der Unterart *A. a. xanthopteryx* an, die bis zum allgemeinen Importstopp 2006 regelmäßig aus Argentinien exportiert wurde. Ihre Kopffärbung ist sehr variabel und hat nichts mit der Unterartzuordnung zu tun. Unbedingt unterartenrein züchten.

Amazona aestiva xanthopteryx

Gelbflügel-Blaustirnamazone

Englisch: Yellow-winged Amazon
Französisch: Amazone aigle jaune à front bleu
Spanisch: Loro hablador de hombros amarillos

Herkunft: Südamerika
Status Freiland: Häufig.
Status Menschenobhut: Häufig.

Geschlechtsunterschiede: Keine.
Haltungsansprüche: Eine 3 m lange Voliere sollte als Mindestmaß gelten. Den Tieren viel Frischholz zum Benagen geben.
Ernährung: Diätsamenmischung für Amazonen, täglich mindestens 40 % der Futtermenge als Obst- und Gemüsemischung.
Zucht: Gelingt häufig, dazu den Zuchtpaaren hochformatige Nistkästen zur Verfügung stellen.

Besonderheiten: Laute Papageien, nur paarweise Haltung empfohlen. Wegen ihres Nachahmungstalentes werden sie gern als zahme Hausgenossen gehalten, können aber während der Brutzeit aggressiv werden. Die Gelbflügel-Blaustirnamazone hat einen gelben Flügelbug, der mit roten Federchen durchsetzt sein kann, die Gelbausdehnung ist sehr variabel und kann von wenig bis fast zur Hälfte des Flügels reichen. Die meisten Blaustirnamazonen in Europa gehören *A. a. xanthopteryx* an, die bis zum Importstopp 2006 regelmäßig aus Argentinien exportiert wurde. Auch die Kopffärbung ist sehr variabel, unabhängig von der Unterart. Unbedingt unterartenrein züchten.

Amazona agilis

Rotspiegelamazone

Englisch: Black-billed Amazon
Französisch: Amazone verte
Spanisch: Amazona jamaicana piquioscura

Herkunft: Südamerika
Status Freiland: Bedroht, unter 10 000 Tieren, Tendenz abnehmend.
Status Menschenobhut: Sehr selten.

Geschlechtsunterschiede: Männchen haben rote Handdecken, die Weibchen mit einigen grünen Federn dazwischen.
Haltungsansprüche: Mindestens eine 3 m lange Voliere. Den Vögeln sollte viel Frischholz zum Benagen gegeben werden.
Ernährung: Eine Diätsamenmischung für Amazonen, täglich mindestens 40 % der Futtermenge als Obst- und Gemüsemischung.
Zucht: Gelingt sehr selten, den Vögeln dazu hochformatige Nistkästen zur Verfügung stellen.
Besonderheiten: Mittellaute Papageien, für die nur die paarweise Haltung empfohlen wird. Rotspiegelamazonen können besonders in der Brutzeit sehr aggressiv werden. Es handelt sich um eine sehr heikle, temperaturempfindliche Amazone, die nur in erfahrene Spezialistenhände gehört! Es sind nur noch einzelne Exemplare in Europa vorhanden und es ist fraglich, ob sich eine Population aufbauen lässt, die langfristig fähig ist, sich selbst zu erhalten. Dennoch sollte man es unbedingt versuchen.

Amazona albifrons albifrons (Nominatform)

Weißstirnamazone

Englisch: White-fronted Amazon
Französisch: Amazone à front blanc
Spanisch: Amazona frentialba

Herkunft: Südamerika
Status Freiland: Häufig.
Status Menschenobhut: Regelmäßig.

Geschlechtsunterschiede: Daumenfittich bei den Weibchen in der Regel grün oder wenige rote Federn, Männchen dagegen haben rote Daumenfittiche und Handdecken.
Haltungsansprüche: Eine 3 m lange Voliere sollte als das Mindestmaß angesehen werden. Den Vögeln Viel Frischholz zum Benagen geben.
Ernährung: Diätsamenmischung für Amazonen, täglich mindestens 40 % der Futtermenge als Obst- und Gemüsemischung.
Zucht: Gelingt regelmäßig, den Paaren dazu hochformatige Nistkästen zur Verfügung stellen.
Besonderheiten: Laute, robuste und sehr bewegungsaktive Amazonenart, die sich auch für Anfänger in der Amazonenhaltung eignet. Es wird nur die paarweise Haltung empfohlen. Die Vögel können zur Brutzeit sehr aggressiv werden. Neben der Nominatform existieren zwei weitere Unterarten: *A. a. saltuensis* und *A. a. nana*, wobei *saltuensis* wohl nicht in Europa vorhanden ist oder nicht als Unterart erkannt wurde. Zwischen *albifrons* und *nana* werden oft auch Unterartenmischlinge gezüchtet, deshalb unbedingt auf die Herkunft achten und unterartenrein züchten.

Amazona albifrons nana

Kleine Weißstirnamazone

Englisch: Lesser White-fronted Amazon
Französisch: Petite Amazone à front blanc
Spanisch: Amazona enana de frente blanca

Herkunft: Südamerika
Status Freiland: Häufig.
Status Menschenobhut: Regelmäßig.

Geschlechtsunterschiede: Daumenfittich bei den Weibchen in der Regel grün oder wenige rote Federn, beim Männchen dagegen sind Daumenfittich und Handdecken rot.
Haltungsansprüche: Als Minimum sollte eine 3 m lange Voliere gelten. Den Tieren viel Frischholz zum Benagen zur Verfügung stellen.
Ernährung: Diätsamenmischung für Amazonen, täglich mindestens 40 % der Futtermenge als Obst- und Gemüsemischung.
Zucht: Gelingt regelmäßig, den Tieren dazu hochformatige Nistkästen anbieten.
Besonderheiten: Laute, sehr bewegungsaktiv, robuste Amazonenart, für die nur paarweise Haltung empfohlen wird. Sie ist auch für Anfänger in der Amazonenhaltung geeignet, kann aber in der Brutzeit sehr aggressiv werden. Die Unterart unterscheidet sich von der Nominatform nur durch die deutlich geringere Größe. Zwischen *A. a. albifrons* und *nana* werden oft Unterartenmischlinge gezüchtet, deshalb unbedingt auf die Herkunft der Vögel achten und unbedingt unterartenrein züchten.

Amazona amazonica

Venezuela-Amazone

Englisch: Orange-winged Amazon
Französisch: Amazone aourou
Spanisch: Amazona alinaranja

Herkunft: Südamerika
Status Freiland: Häufig.
Status Menschenobhut: Häufig.

Geschlechtsunterschiede: Keine.
Haltungsansprüche: Mindestens eine 3 m lange Voliere und viel frisches Nageholz bieten.
Ernährung: Diätsamenmischung für Amazonen, täglich mindestens 40 % der Futtermenge als Obst- und Gemüsemischung.
Zucht: Gelingt gelegentlich, dazu hochformatige Nistkästen anbieten.
Besonderheiten: Laute Papageien, für die nur paarweise Haltung empfohlen wird. Während der Brutzeit können die Tiere aggressiv werden. Diese Amazone kann bei Erregung ihre Nackenfedern kranzförmig aufstellen, ähnlich einem Fächerpapagei. Im Vergleich zu den ehemals großen Mengen an Importtieren gibt es heute relativ wenige nachgezüchtete Vögel. Die meisten importe waren wahrscheinlich wegen ihres günstigen Preises in Privathaushalte gelangt, nicht um mit ihnen zu züchten. Die Unterart *A. a. tobagensis* wird heute nicht mehr anerkannt, so dass *A. amazonica* eine monotypische Art ist, nahe verwandt mit *A. brasilienis* und *A. guildingii*.

Amazona arausiaca

Blaukopfamazone

Englisch: Red-necked Amazon
Französisch: Amazone de Bouquet
Spanisch: Amazona gorgirroja

Herkunft: Südamerika
Status Freiland: Bedroht, zwischen 500 und 1000 Tiere, Tendenz steigend.
Status Menschenobhut: Sehr selten.

Geschlechtsunterschiede: Keine.
Haltungsansprüche: Eine 6 m lange Voliere sollte als das Mindestmaß angesehen werden. Den Vögeln viel Frischholz zum Benagen zur Verfügung stellen.
Ernährung: Eine Diätsamenmischung für Amazonen, täglich mindestens 40 % der gesamten Futtermenge in Form einer Obst- und Gemüsemischung.

Zucht: Bisher noch nicht gelungen. Den Paaren hochformatige Nistkästen anbieten.
Besonderheiten: Laute Papageien, für die nur die paarweise Haltung empfohlen wird. Die Vögel können besonders in der Brutzeit sehr aggressiv werden und gehören in jedem Fall nur in erfahrene Spezialistenhände! Es existieren noch einzelne Exemplare in Europa in einigen Zoos und es ist äußerst fraglich, dass sich damit langfristig eine sich selbsterhaltende Population von genügend großer genetischer Breite aufbauen lässt. Dennoch sollte es unbedingt versucht werden.

Amazona autumnalis autumnalis (Nominatform)

Gelbwangenamazone

Englisch: Red-lored Amazon
Französisch: Amazone diadème
Spanisch: Amazona frentirroja

Herkunft: Südamerika
Status Freiland: Häufig.
Status Menschenobhut: Regelmäßig.

Geschlechtsunterschiede: Keine.
Haltungsansprüche: Eine 3 m lange Voliere als Minimum. Viel Frischholz zum Benagen geben.
Ernährung: Diätsamenmischung für Amazonen, täglich mindestens 40 % der Futtermenge als Obst- und Gemüsemischung.
Zucht: Gelingt regelmäßig, den Paaren hochformatige Nistkästen anbieten.
Besonderheiten: Laute, sehr bewegungsaktive, robuste Amazonenart, die sich auch für Anfänger in der Amazonenhaltung eignet. Nur die paarweise Haltung wird empfohlen, die Vögel können zur Brutzeit sehr aggressiv werden.
Je nach Herkuft ist ihre Ausprägung der gelben Wangenbereiche sehr unterschiedlich. Einige aus Mexiko stammende Amazonen zeigen unterhalb der gelben Wangen eine Rotfärbung, die bis an die Kehle reichen kann. Neben der Nominatform existiert eine weitere Unterart: *A. a. salvini,* diese wird separat vorgestellt. Die früher als Unterarten bezeichnete *A. a. diadema* und *Amazona a. lilacina* haben heute eigenen Artstatus. Unbedingt unterartenrein züchten.

Amazona autumnalis salvini

Salvin-Amazone

Englisch: Salvin's Amazon
Französisch: Amazone de Salvin
Spanisch: Cueha de cachete verde

Herkunft: Südamerika
Status Freiland: Häufig.
Status Menschenobhut: Selten.

Geschlechtsunterschiede: Keine.
Haltungsansprüche: Als Mindestmaß wird eine 3 m lange Voliere betrachtet. Den Vögeln sollte viel frisches Holz zum Benagen zur Verfügung gestellt werden.
Ernährung: Diätsamenmischung für Amazonen, täglich mindestens 40 % der Futtermenge als Obst- und Gemüsemischung.
Zucht: Gelingt selten, dazu den Paaren hochformatige Nistkästen anbieten.

Besonderheiten: Laute Papageien, für die nur die paarweise Haltung empfohlen wird und die zur Brutzeit sehr aggressiv werden können. Diese Amazone unterscheidet sich von der Nominatform dadurch, dass die gelben Wangenbereiche durch grüne Federn ersetzt und die Vögel etwas größer sind. Sie sollten zur Zucht verwendet werden. Noch gibt es genügend Exemplare in der Haltung, um einen sich selbst erhaltenden Zuchtstamm in Menschenobhut aufzubauen. Dabei unbedingt auf Unterartenreinheit achten.

Amazona auropalliata auropalliata (Nominatform)

Gelbnackenamazone

Englisch: Yellow-naped Amazon
Französisch: Amazone à nuque d'or
Spanisch: Loro real de nuca amarillo

Herkunft: Südamerika
Status Freiland: Selten.
Status Menschenobhut: Regelmäßig.

Geschlechtsunterschiede: Keine.
Haltungsansprüche: Eine 3 m lange Voliere sollte als das Mindestmaß angesehen werden, länger wäre besser. Viel Frischholz zum Benagen geben.
Ernährung: Eine Diätsamenmischung für Amazonen, täglich mindestens 40 % der Futtermenge als Obst- und Gemüsemischung.
Zucht: Gelingt regelmäßig, dazu hochformatige Nistkästen anbieten.

Besonderheiten: Laute Papageien, für die nur die paarweise Haltung empfohlen wird. Wegen ihres guten Nachahmungstalentes sind sie als zahme Hausgenossen sehr beliebt, können aber während der Brutzeit aggressiv werden. Die Gelbnackenamazone besitzt eine grüne Stirn, Scheitel und Schenkel. Einige Exemplare haben ein schmales gelbes Stirnband. Der gelbe Nacken ist variabel, von wenigen gelben Federchen bis zum kompletten Gelb. Der Flügelbug ist grün, der Schnabel dunkelgrau, die Vögel sind größer. *A. a. auropalliata* hat mit *A. a. caribeca* und *A. a. parvipes* zwei weitere Unterarten. Vorsicht, gelegentlich werden Unterartenmischlinge mit *A. o. parvipes* angeboten! Unbedingt unterartenrein züchten.

Amazona auropalliata caribaea

Roatán-Gelbnackenamazone

Englisch: Roatán Yellow-naped Amazon
Französisch: Amazone à nuque d'or de Roatan
Spanisch: Loro real de caribeno

Herkunft: Südamerika
Status Freiland: Bedroht.
Status Menschenobhut: Sehr selten.

Geschlechtsunterschiede: Keine.
Haltungsansprüche: Als Minimum sollte eine 3 m lange Voliere angesehen werden, länger wäre besser. Den Vögeln viel Frischholz zum Benagen geben.
Ernährung: Eine Diätsamenmischung für Amazonen, täglich mindestens 40 % der Futtermenge als Obst- und Gemüsemischung.
Zucht: Gelingt sehr selten, dazu den Paaren hochformatige Nistkästen anbieten.

Besonderheiten: Laute Papageien, die gerne auch wegen ihres guten Nachahmungstalentes als zahme Hausgenossen gepflegt werden.
Es wird nur die paarweise Haltung empfohlen und die Vögel können aber in der Brutzeit aggressiv werden. Sie sind gefärbt wie *A. a. parvipes*, aber mit hornfarbenem Schnabel. Der gelbe Nacken ist variabel ausgeprägt. Die wenigen vorhandenen Tiere sollten unbedingt zur unterartenreinen Zucht verwendet werden, um den Bestand langfristig in Menschenobhut zu sichern. Vorsicht, gelegentlich werden Unterartenmischlinge mit *auropalliata oder parvipes* angeboten!

Amazona auropalliata parvipes

Rotbug-Gelbnackenamazone

Englisch: Honduras Yellow-naped Amazon
Französisch: Amazone à nuque d'or d'Hondure
Spanisch: Loro nuca amarilla de hombros rojos

Herkunft: Südamerika
Status Freiland: Selten.
Status Menschenobhut: Selten.

Geschlechtsunterschiede: Keine.
Haltungsansprüche: Eine 3 m lange Voliere sollte als das Mindestmaß angesehen werden, länger wäre besser. Viel Frischholz zum Benagen geben.
Ernährung: Eine Diätsamenmischung für Amazonen, täglich mindestens 40 % der Futtermenge als Obst- und Gemüsemischung.
Zucht: Gelingt selten, den Vögeln dazu hochformatige Nistkästen anbieten.

Besonderheiten: Laute Papageien, für die nur eine paarweise Haltung empfohlen wird. Während der Brutzeit können sie aggressiv werden. Wegen ihres guten Nachahmungstalentes sind sie als zahme Hausgenossen beliebt. Gefärbt wie *A. a. auropalliata* aber mit rotem Flügelbug. Der gelbe Nacken ist variabel ausgeprägt, die Schnabelfarbe variiert von dunkelgrau bis grau. Die vorhandenen Tiere sollten unbedingt zur unterartenreinen Zucht verwendet werden, um den Bestand auch langfristig in Menschenobhut zu erhalten, noch sind dazu genügend Tiere vorhanden. Vorsicht, oft werden Unterartenmischlinge mit *auropalliata* angeboten!

Amazona barbadensis

Gelbschulteramazone

Englisch: Yellow-shouldered Amazon
Französisch: Amazone à épaulettes jaunes
Spanisch: Amazona hombrogualda

Herkunft: Südamerika
Status Freiland: Bedroht, 2500 und 10 000 Tiere, Tendenz abnehmend.
Status Menschenobhut: Gelegentlich.

Geschlechtsunterschiede: Männchen meist mit höherem Gelbanteil am Kopf.
Haltungsansprüche: Eine 3 m lange Voliere sollte als das Mindestmaß angesehen werden. Den Vögeln viel Frischholz zum Benagen zur Verfügung stellen.
Ernährung: Eine Diätsamenmischung für Amazonen, täglich mindestens 40 % der Futtermenge als Obst- und Gemüsemischung.
Zucht: Gelingt gelegentlich, den Paaren hochformatige Nistkästen anbieten.
Besonderheiten: Laute Papageien, für die nur paarweise Haltung empfohlen wird. Sie können besonders in der Brutzeit sehr aggressiv werden, auch zum eigenen Partner, deshalb möglichst viel Platz und Ausweichmöglichkeiten bieten. Zum Aufbau einer sich langfristig selbst erhaltenden Population in Menschenobhut sollte man unbedingt alle Tiere zur Zucht einsetzen, noch sind genügend Exemplare dafür vorhanden.

Amazona bodini

Bodinus-Amazone

Englisch: Bodinus' Amazon
Französisch: Amazone de Bodin
Spanisch: Lora cara azul

Herkunft: Südamerika
Status Freiland: Häufig.
Status Menschenobhut: Selten.

Geschlechtsunterschiede: Keine.
Haltungsansprüche: Eine 3 m lange Voliere sollte als das Mindestmaß angesehen werden. Den Vögeln viel frisches Holz zum Benagen zur Verfügung stellen.
Ernährung: Eine Diätsamenmischung für Amazonen, täglich mindestens 40 % der Futtermenge als Obst- und Gemüsemischung.
Zucht: Gelingt selten, den Paaren dazu hochformatige Nistkästen anbieten.

Besonderheiten: Laute Papageien, für die nur paarweise Haltung empfohlen wird. Sie sind wie die Schwesterart gefärbt, allerdings ist das Grün insgesamt gelblicher, das rote Stirnband reicht bis zum Vorderscheitel und die Scheitel und Nackenfedern sind matt lila gesäumt. Die Wangen haben einen deutlichen bläulichen Anflug und die Handdecken sind grün. Alle vorhandenen Vögel sollten unbedingt artenrein zur Zucht eingesetzt werden, um langfristig eine sich selbst erhaltende Population aufzubauen und zu sichern. Noch sind dazu genügend Tiere vorhanden.

Amazona brasiliensis

Rotschwanzamazone

Englisch: Red-tailed Amazon
Französisch: Amazone à joues bleues
Spanisch: Amazona colirroja

Herkunft: Südamerika
Status Freiland: Bedroht, 4000-5000 Tiere, Tendenz abnehmend.
Status Menschenobhut: Selten.

Geschlechtsunterschiede: Keine.
Haltungsansprüche: Eine 5 m lange Voliere sollte als das Mindestmaß angesehen werden. Den Vögeln viel Frischholz zum Benagen zur Verfügung stellen.
Ernährung: Eine Diätsamenmischung für Amazonen, täglich mindestens 40 % der gesamten Futtermenge in Form einer Obst- und Gemüsemischung.
Zucht: Gelingt selten, den Paaren dazu hochformatige Nistkästen anbieten.
Besonderheiten: Laute Papageien, für die nur die paarweise Haltung empfohlen wird. Besonders in der Brutzeit können sie sehr aggressiv werden, auch dem eigenen Partner gegenüber. Zum Aufbau eines sich langfristig selbst erhaltenden Zuchtstammes in Menschenobhut sollten unbedingt alle Tiere zur Zucht eingesetzt werden, noch sind genügend Exemplare dafür vorhanden.

Amazona collaria

Jamaika-Amazone

Englisch: Yellow-billed Amazon
Französisch: Amazone sasabé
Spanisch: Amazona jamaicana piquiclara

Herkunft: Mittelamerika
Status Freiland: Bedroht, etwa 10 000 Tiere, Tendenz abnehmend.
Status Menschenobhut: Sehr selten

Geschlechtsunterschiede: Keine.
Haltungsansprüche: Als Minimum sollte eine 3 m lange Voliere angesehen werden. Den Vögeln viel Frischholz zum Benagen zur Verfügung stellen.
Ernährung: Eine Diätsamenmischung für Amazonen, täglich mindestens 40 % der Futtermenge als Obst- und Gemüsemischung.
Zucht: Gelingt sehr selten, dazu den Paaren hochformatige Nistkästen anbieten.

Besonderheiten: Mittellaute Papageien, für die nur eine paarweise Haltung empfohlen wird. Diese Amazonenart gehört zu den empfindlicheren Arten und sollte deshalb nur von erfahrenen Züchtern gehalten werden. Da nur noch wenige Exemplare in Menschenobhut vorhanden sind, sollte unbedingt jedes Tier zu Zuchtzwecken eingesetzt werden, um eine sich selbst erhaltende Population aufzubauen und zu sichern.

Amazona diadema

Diademamazone

Englisch: Diademed Amazon
Französisch: Amazone diadème
Spanisch: Loro guayabero mayor

Herkunft: Südamerika
Status Freiland: Bedroht.
Status Menschenobhut: Sehr selten.

Geschlechtsunterschiede: Keine.
Haltungsansprüche: Eine 3 m lange Voliere sollte als das Mindestmaß angesehen werden. Den Vögeln viel Frischholz zum Benagen zur Verfügung stellen.
Ernährung: Diätsamenmischung für Amazonen, täglich mindestens 40 % der Futtermenge als Obst- und Gemüsemischung.
Zucht: Gelingt sehr selten, dazu den Paaren hochformatige Nistkästen anbieten.

Besonderheiten: Laute Papageien, für die nur die paarweise Haltung empfohlen wird und die zur Brutzeit sehr aggressiv werden können. Gezeichnet wie *A. a. salvini*, jedoch mit karmesinroter Stirn, einschließlich der befiederten Wachshaut, auf den Zügeln in Dunkelrot übergehend, Wangen mit bläulichem Anflug, Scheitel lila, Nacken blassgrün mit dunkler Federsäumung. Die Diademamazone sollte ausschließlich zur Zucht verwendet werden, um einen Zuchtstamm in Menschenobhut aufzubauen. Dazu sind aber nur wenige Tiere vorhanden. Früher wurde die Diademaamazone als Unterart der *autumnalis* geführt, hat heute aber eigenen Artstatus.

10 °C

34 cm

11 mm

2–4 Eier

nein

Amazona dufresniana

Goldmaskenamazone

Englisch: Blue-cheeked Amazon
Französisch: Amazone de Dufresne
Spanisch: Amazona cariazul

Herkunft: Südamerika
Status Freiland: Bedroht.
Status Menschenobhut: Selten.

Geschlechtsunterschiede: Keine.
Haltungsansprüche: Eine 5 m lange Voliere sollte das Minimum sein. Den Vögeln viel Frischholz zum Benagen geben.
Ernährung: Diätsamenmischung für Amazonen, täglich mindestens 40 % der Futtermenge als Obst- und Gemüsemischung.
Zucht: Gelingt sehr selten, dazu den Paaren immer hochformatige Nistkästen zur Verfügung stellen.

Besonderheiten: Laute Papageien, die aber nur selten ihre Stimme hören lassen. Paarweise Haltung wird empfohlen, sie können in sehr großen Volieren in der Gruppe auch zur Brutzeit gehalten werden. Sehr scheue Tiere, die selten zahm werden, oft sitzen sie wie versteinert in der Voliere. Nur sehr wenige Paare schritten bisher überhaupt zur Eiablage, trotz gleicher Haltungsbedingungen wie für andere züchtende Amazonen. Der Auslöser für ein erfolgreiches Brutgeschäft ist bisher noch nicht bekannt. Zum Aufbau eines sich langfristig selbst erhaltenden Zuchtstammes in Menschenobhut sollte man unbedingt alle Tiere zur Zucht einsetzen, noch sind einige Tiere dafür vorhanden.

Amazona farinosa

Mülleramazone

Englisch: Mealy Amazon
Französisch: Amazone poudrée
Spanisch: Amazona harinosa

Herkunft: Südamerika
Status Freiland: Gelegentlich.
Status Menschenobhut: Selten.

Geschlechtsunterschiede: Keine.
Haltungsansprüche: Eine 5 m lange Voliere sollte als das Mindestmaß angesehen werden. Den Vögeln viel Frischholz zum Benagen anbieten.
Ernährung: Eine Diätsamenmischung für Amazonen, täglich mindestens 40 % der Futtermenge als Obst- und Gemüsemischung.
Zucht: Gelingt sehr selten, den Paaren dazu hochformatige Nistkästen zur Verfügung stellen.

Besonderheiten: Laute Papageien, für die nur die paarweise Haltung empfohlen wird und die während der Brutzeit aggressiv werden können. Es sind sehr träge Amazonen, die bei Bewegungsmangel schnell verfetten. Heute wird Amazona farinosa als monotypische Art geführt. Zwei der früher beschriebenen Unterarten sind inzwischen eigene Arten (*guatemalae* und *virenticeps*). Zwei weitere (*inornata* und *chapmani*) werden nicht mehr anerkannt. Die vorhandenen Tiere sollten zu Zuchtzwecken eingesetzt werden, um die Art auch langfristig in Menschenobhut zu erhalten.

10 °C

34 cm

11 mm

3–4 Eier

nein

Amazona festiva

Blaubartamazone

Englisch: Festive Amazon
Französisch: Amazone tavoua
Spanisch: Amazona festiva

Herkunft: Südamerika
Status Freiland: Häufig.
Status Menschenobhut: Sehr selten.

Geschlechtsunterschiede: Keine.
Haltungsansprüche: Als Minimum eine 3 m lange Voliere. Den Vögeln viel Frischholz zum Benagen geben.
Ernährung: Eine Diätsamenmischung für Amazonen, täglich mindestens 40 % der Futtermenge als Obst- und Gemüsemischung.
Zucht: Gelingt sehr selten, den Paaren dazu immer hochformatige Nistkästen zur Verfügung stellen.

Besonderheiten: Laute Papageien, für die nur eine paarweise Haltung empfohlen wird. Diese Art wurde bisher nur wenige Male gezüchtet, die genauen Auslöser des Brutgeschäftes sind bisher noch nicht bekannt. Es exisitiert eine Schwersternart die Bodinus-Amazone, *A. bodini*, die separat vorgestellt wird. Früher wurde sie als Unterart der Blaubart amazone angesehen. Alle Tiere sollten unbedingt artenrein zu Zuchtzwecken gehalten werden, mit dem Ziel, einen sich selbst erhaltenden Zuchtstamm aufzubauen. Da nur wenige Tiere noch vorhanden sind, ist dies allerdings fraglich.

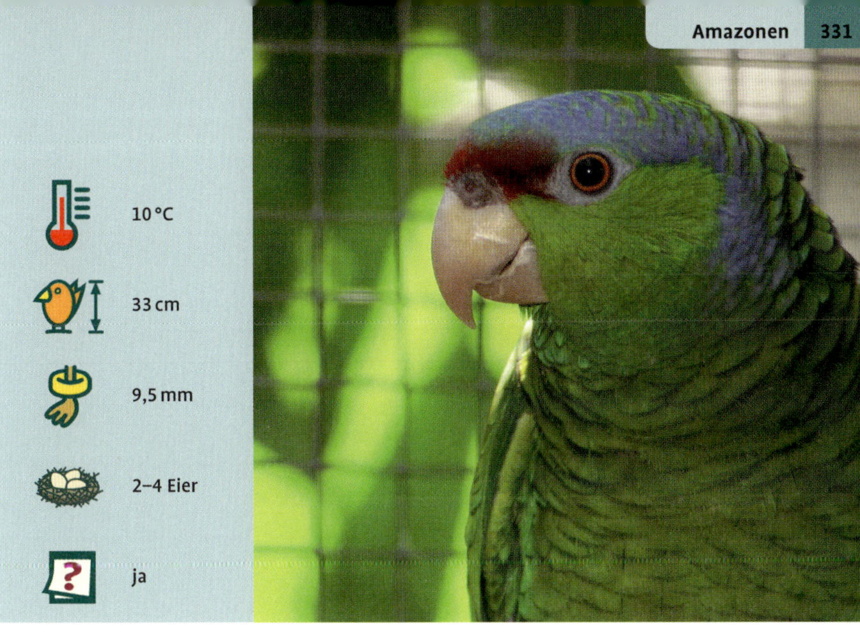

Amazona finschi

Blaukappenamazone

Englisch: Lilac-crowned Amazon
Französisch: Amazone à couronne lilas
Spanisch: Amazona guayabera

Herkunft: Südamerika
Status Freiland: Selten.
Status Menschenobhut: Selten.

Geschlechtsunterschiede: Keine.
Haltungsansprüche: Eine 3 m lange Voliere sollte als das Mindestmaß angesehen werden. Den Vögeln viel Frischholz als Nagematerial anbieten.
Ernährung: Eine Diätsamenmischung für Amazonen, täglich mindestens 40 % der Futtermenge als Obst- und Gemüsemischung.
Zucht: Gelingt selten, dazu den Paaren hochformatige Nistkästen zur Verfügung stellen.

Besonderheiten: Laute Papageien, die besonders in der Brutzeit sehr aggressiv werden können. Es wird nur paarweise Haltung empfohlen. Die früher anerkannte Unterart *A. f. woodi* soll ein weniger gelbliches Grün des Gefieder haben, blaue Bereiche in Hals und Nacken sollen stärker ausgeprägt sein. Heute wird diese Unterart jedochnicht mehr eigenständig, sondern der Nominatform zugerechnet. Zum Aufbau eines sich langfristig selbst erhaltenden Zuchtstammes in Menschenobhut sollten unbedingt alle Tiere zur Zucht eingesetzt werden, noch existieren genügend Tiere dafür in der Haltung.

Amazona guatemalae guatemalae (Nominatform)

Guatemala-Amazone

Englisch: Guatemalan Amazon
Französisch: Amazone de Guatemala
Spanisch: Loro burrón de Guatemala

Herkunft: Südamerika
Status Freiland: Gelegentlich.
Status Menschenobhut: Selten.

Geschlechtsunterschiede: Keine.
Haltungsansprüche: Als Minimum sollte eine 5 m lange Voliere angesehen werden. Den Vögeln viel frisches Holz zum Benagen zur Verfügung stellen.
Ernährung: Eine Diätsamenmischung für Amazonen, täglich mindestens 40 % der Futtermenge als Obst- und Gemüsemischung.
Zucht: Gelingt sehr selten, dazu den Zuchtpaaren hochformatige Nistkästen anbieten.

Besonderheiten: Laute Papageien, für die nur eine paarweise Haltung empfohlen wird und die während der Brutzeit aggressiv werden können. Es sind sehr träge Amazonen, die bei Bewegungsmangel schnell verfetten. Sie sind gefärbt wie *A. g. virenticeps*, aber Stirn, Zügel und Scheitel sind kräftig blau, der Flügelsaum bei allen Vögeln grüngelb. Die vorhandenen Tiere sollten unbedingt unterartenrein zu Zuchtzwecken eingesetzt werden, um die Art auch langfristig in Menschenobhut zu erhalten. Früher war *A. g. guatemalae* eine Unterart von *A. farinosa*, wird aber heute als eigenständige Art geführt.

Amazona guatemalae virenticeps

Salvadoris Mülleramazone

Englisch: Costa-Rica Mealy Amazon
Französisch: Amazona poudrée du Costa Rica
Spanisch: Lora choronguera

Herkunft: Südamerika
Status Freiland: Häufig.
Status Menschenobhut: Selten.

Geschlechtsunterschiede: Keine.
Haltungsansprüche: Eine 5 m lange Voliere sollte als das Mindestmaß angesehen werden. Den Vögeln viel Frischholz zum Benagen geben.
Ernährung: Eine Diätsamenmischung für Amazonen, täglich mindestens 40 % der Futtermenge als Obst- und Gemüsemischung.
Zucht: Gelingt sehr selten, den Paaren dazu hochformatige Nistkästen zur Auswahl zur Verfügung stellen.

Besonderheiten: Laute, sehr träge Papageien, die bei Bewegungsmangel schnell verfetten. Empfohlen wird nur die paarweise Haltung. Die Amazonen können während der Brutzeit aggressiv werden. Sie unterscheiden sich von der Nominatform durch grüne Stirn, Zügel und Scheitel mit deutlichem Anflug eines blassen Hellblaus. Die vorhandenen Tiere sollten unbedingt unterartenrein zu Zuchtzwecken eingesetzt werden, um die Art langfristig in Menschenobhut zu erhalten.

Amazona guildingii

Königsamazone

Englisch: St. Vincent Amazon
Französisch: Amazone de Saint-Vincent
Spanisch: Amazona de San Vincente

Herkunft: Südamerika
Status Freiland: Bedroht, etwa 800 Tiere, Tendenz steigend.
Status Menschenobhut: Sehr selten.

Geschlechtsunterschiede: keine
Haltungsansprüche: Eine 6 m lange Voliere sollte als das Mindestmaß angesehen werden. Den Vögeln viel frisches Holz als Nagematerieal zur Verfügung stellen.
Ernährung: Eine Diätsamenmischung für Amazonen, täglich mindestens 40 % der Futtermenge in Form einer Obst- und Gemüsemischung.
Zucht: Sehr selten, den Paaren dazu hochformatige Nistkästen anbieten.
Besonderheiten: Laute Papageien, für die nur die paarweise Haltung empfohlen wird. Sie können besonders in der Brutzeit sehr aggressiv werden, auch gegenüber dem eigenen Partner. Die Königsamazone gehört nur in Spezialistenhände! In Europa sind in einigen Zoos und bei ganz wenigen Privatzüchtern nur noch einzelne Exemplare vorhanden. So ist es ist äußerst fraglich, ob sich damit ein sich selbsterhaltender Zuchtstamm aufbauen lässt. Dennoch sollte es unbedingt versucht werden.

Amazona imperialis

Kaiseramazone

Englisch: Imperial Amazon
Französisch: Amazone impériale
Spanisch: Amazona imperial

Herkunft: Südamerika
Status Freiland: Bedroht, zwischen 250 und 300 Tiere, Tendenz steigend.
Status Menschenobhut: Sehr selten.

Geschlechtsunterschiede: Keine.
Haltungsansprüche: Eine 6 m lange Voliere sollte als das Mindestmaß angesehen werden. Den Vögeln viel Frischholz zum Benagen geben.
Ernährung: Eine Diätsamenmischung für Amazonen, täglich mindestens 40 % der Futtermenge als Obst- und Gemüsemischung.
Zucht: Noch nicht gelungen, den Paaren hochformatige Nistkästen anbieten.

Besonderheiten: Laute Papageien, für die nur die paarweise Haltung empfohlen wird. Sie können besonders in der Brutzeit sehr aggressiv werden, auch gegenüber dem eigenen Partner und gehören nur in Spezialistenhände! Wenn überhaupt, dann sind nur noch einzelne Exemplare in Europa vorhanden und so ist es es ist unwahrscheinlich, dass sich ein sich selbst erhaltender Zuchtstamm aufbauen lässt. Dennoch sollte es versucht werden.

Amazona leucocephala leucocephala (Nominatform)

Kuba-Amazone

Englisch: Cuban Amazon
Französisch: Amazone de Cuba
Spanisch: Amazona cubana

Herkunft: Mittelamerika
Status Freiland: Selten.
Status Menschenobhut: Regelmäßig.

Geschlechtsunterschiede: Keine.
Haltungsansprüche: Als Minimum sollte eine 3 m lange Voliere gelten. Den Vögeln viel Frischholz zum Benagen geben.
Ernährung: Eine Diätsamenmischung für Amazonen, täglich mindestens 40 % der Futtermenge als Obst- und Gemüsemischung.
Zucht: Gelingt regelmäßig, dazu den Paaren immer hochformatige Nistkästen zur Verfügung stellen.

Besonderheiten: Laute Papageien, die besonders in der Brutzeit sehr aggressiv werden können, auch zum eigenen Partner. Es wird nur die paarweise Haltung empfohlen. Neben der Nominatform existieren drei weitere Unterarten: *A. l. caymanensis, A. l. hesterna* und *A. l. bahamensis*, die wenn überhaupt, nur in Einzelexemplaren in Europa vertreten sind, wahrscheinlich oft auch nicht erkannt und der Nominatform zugerechnet wurden. Die frühere Unterart *A. l. palmarum* wird heute der Nominatform zugerechnet. Unbedingt unterartenrein züchten.

Amazona lilacina

Ekuador-Amazone

Englisch: Lilacine Amazon
Französisch: Liliac amazone
Spanisch: Cucha de cabeza lila

Herkunft: Südamerika
Status Freiland: Bedroht.
Status Menschenobhut: Gelegentlich.

Geschlechtsunterschiede: Keine.
Haltungsansprüche: Mindestens eine 3 m lange Voliere. Den Vögeln viel Frischholz zum Benagen geben.
Ernährung: Diätsamenmischung für Amazonen, täglich mindestens 40 % der Futtermenge als Obst- und Gemüsemischung.
Zucht: Gelingt selten, dazu den Zuchtpaaren hochformatige Nistkästen zur Auswahl zur Verfügung stellen.

Besonderheiten: Laute Papageien, für die nur die paarweise Haltung empfohlen wird und die zur Brutzeit sehr aggressiv werden können. Die Ekuador-Amazone unterscheidet sich von der Nominatform durch eine matter rote Stirn, einen grün-lila Scheitel mit mattroten Federsäumen, gelblich grüne Wangen und einen grauen Schnabel. Die Vögel sollten ausschließlich zur Zucht verwendet werden, um eine unterartenreine Population in Menschenobhut aufzubauen, noch sind genügend Tiere dafür vorhanden. Früher wurde die Ekuador Amazone als Unterart von *Amazona autumnalis* geführt, hat heute aber eigenen Artenstatus.

10 °C

34 cm

11 mm

2–3 Eier

nein

Amazona mercenaria mercenaria (Nominatform)

Soldatenamazone

Englisch: Scaly-naped Amazon
Französisch: Amazone mercenaire
Spanisch: Amazona mercenaria

Herkunft: Südamerika
Status Freiland: Selten.
Status Menschenobhut: Sehr selten.

Geschlechtsunterschiede: Keine.
Haltungsansprüche: Als Minimum gilt eine 3 m lange Voliere. Den Vögeln sollte viel frisches Holz zum Benagen gegeben werden.
Ernährung: Eine Diätsamenmischung für Amazonen, täglich mindestens 40 % der Futtermenge als Obst- und Gemüsemischung.
Zucht: Gelingt sehr selten, den Paaren dazu immer hochformatige Nistkästen zur Verfügung stellen.

Besonderheiten: Laute Papageien, für die nur eine paarweise Haltung empfohlen wird. Sie gehören wegen ihrer Seltenheit in Spezialistenhände. Bisher gelangen nur ganz vereinzelte Zuchterfolge. Die Nominatform hat an den äußeren drei Armschwingen einen roten Flügelspiegel, welcher der einzigen Unterart, *A. m. canipalliata*, fehlt. Sie zeigt dafür an der Basis der drei äußeren Armschwingen braune Flecken. Es sind nur Einzelexemplare in Menschenobhut vorhanden, die unbedingt zur unterartenreinen Zucht verwendet werden sollten, um die Art auch in Menschenhand zu erhalten.

Amazona ochrocephala nattereri

Nattereramazone

Englisch: Natterer's Amazon
Französisch: Amazone de Natterer
Spanisch: Loro real de Natterer

Herkunft: Südamerika
Status Freiland: Häufig.
Status Menschenobhut: Sehr selten.

Geschlechtsunterschiede: Keine.
Haltungsansprüche: Eine 3 m lange Voliere sollte als das Mindestmaß angesehen werden. Den Vögeln viel Frischholz zum Benagen geben.
Ernährung: Eine Diätsamenmischung für Amazonen, täglich mindestens 40 % der Futtermenge als Obst- und Gemüsemischung.
Zucht: Gelingt sehr selten, dazu den Paaren immer hochformatige Nistkästen zur Verfügung stellen.

Besonderheiten: Laute Papageien, für die nur paarweise Haltung empfohlen wird und die während der Brutzeit aggressiv werden können. Die Unterart unterscheidet sich von der Nominatform durch das grüne Stirnband, das ebenso wie Wangen, Ohrdecken und Hals einen deutlichen blauen Anflug zeigt, einen roten, oft mit gelben Federn durchsetzten Flügelbug, einen grauen Oberschnabel mit gelblichen bis rosafarbenen Seitenpartien. Es existieren nur wenige Exemplare, wurden wahrscheinlich auch gelegentlich nicht als solche erkannt. Es ist notwendig alle vorhandenen Tiere zur unterartenreinen Zucht zu nutzen.

Amazona ochrocephala ochrocephala (Nominatform)

Gelbscheitelamazone

Englisch: Yellow-crowned Amazon
Französisch: Amazone à front jaune
Spanisch: Amazona real

Herkunft: Südamerika
Status Freiland: Häufig.
Status Menschenobhut: Regelmäßig.

Geschlechtsunterschiede: Keine.
Haltungsansprüche: Eine 3 m lange Voliere sollte als das Mindestmaß angesehen werden. Den Vögeln viel Frischholz zum Benagen geben.
Ernährung: Eine Diätsamenmischung für Amazonen, täglich mindestens 40 % der gesamten Futtermenge in Form einer Obst- und Gemüsemischung.
Zucht: Gelingt regelmäßig, dazu den Paaren hochformatige Nistkästen zur Verfügung stellen.

Besonderheiten: Laute Papageien, für die nur paarweise Haltung empfohlen wird. Wegen ihres Nachahmungstalentes sind sie als zahme Hausgenossen beliebt, können aber während der Brutzeit aggressiv werden. Neben der Nominatform: dunkles Grün, gelber Scheitel, Schnabel grau mit rötlichen Oberschnabelseiten, existierten früher elf weitere Unterarten, die alle mehr oder weniger gut zu unterscheiden sind und von denen die meisten in eigenen Porträts vorgestellt werden. Heute splittet man diesen Unterartenkomplex in drei eigene Arten auf. A. ochrocephula, A. oratrix und A. auropalliata. A. ochrocephula hat heute drei weitere Unterarten, die alle seperat vorgestellt werde.

Amazona ochrocephala panamensis

Gelbstirn- oder Panama-Amazone

Englisch: Panama Yellow-fronted Amazon
Französisch: Amazone de Panama
Spanisch: Loro real de Panamá

Herkunft: Südamerika
Status Freiland: Häufig.
Status Menschenobhut: Gelegentlich.

Geschlechtsunterschiede: Keine.
Haltungsansprüche: Eine 3 m lange Voliere sollte das Mindestmaß sein. Den Vögeln viel Frischholz zum Benagen geben.
Ernährung: Eine Diätsamenmischung für Amazonen, täglich mindestens 40 % der Futtermenge als Obst- und Gemüsemischung.
Zucht: Gelingt gelegentlich, den Brutpaaren dazu hochformatige Nistkästen zur Verfügung stellen.

Besonderheiten: Laute Papageien, für die nur paarweise Haltung empfohlen wird, die aber während der Brutzeit aggressiv werden können. Sie sind wegen ihres Nachahmungstalentes auch als zahme Hausgenossen sehr beliebt. Diese Unterart unterscheidet sich von der Nominatform durch das breitere gelbe Stirnband sowie das hellere Grün des Gefieders, sie sind kleiner, ihr Ober- und Unterschnabel ist hornfarben. Unbedingt unterartenrein züchten.

Amazona ochrocephala xantholaema

Marajó-Amazone

Englisch: Marajó Yellow-headed Amazon
Französisch: Amazone de Marajó
Spanisch: Loro de corona amarilla de Marajo

Herkunft: Südamerika
Status Freiland: Häufig.
Status Menschenobhut: Sehr selten.

Geschlechtsunterschiede: Männchen meist mit mehr und klarerem Gelbanteil am Kopf.
Haltungsansprüche: Mindestens eine 3 m lange Voliere, länger wäre besser. Den Vögeln viel frisches Holz als Nagematerial geben.
Ernährung: Eine Diätsamenmischung für Amazonen, täglich mindestens 40 % der Futtermenge als Obst- und Gemüsemischung.
Zucht: Gelingt sehr selten, dazu den Paaren hochformatige Nistkästen anbieten.

Besonderheiten: Laute Papageien, für die nur die paarweise Haltung empfohlen wird und die während der Brutzeit aggressiv werden können. Die Unterart unterscheidet sich von der Nominatform durch das ausgedehntere Gelb, das sich variabel bis zum Hinterkopf ziehen kann, das Brustgefieder mit bläulichem Anflug, grauem Schnabel mit leichten rötlichen Oberschnabelseiten, auch ist sie deutlich größer. Sie wird nur von einigen spezialisierten Züchtern gehalten und gezüchtet. Es ist notwendig, alle vorhandenen Tiere zur unterartenreinen Zucht einzusetzen, um sie langfristig in Menschenobhut zu erhalten.

Amazona oratrix belizensis

Gelbkopfamazone

Englisch: Belize Yellow-headed Amazon
Französisch: Amazone de Belize
Spanisch: Loro real de Belize

Herkunft: Südamerika
Status Freiland: Bedroht.
Status Menschenobhut: Selten.

Geschlechtsunterschiede: Keine.
Haltungsansprüche: Eine 3 m lange Voliere sollte als das Mindestmaß angesehen werden, länger wäre besser. Viel Frischholz zum Benagen anbieten.
Ernährung: Eine Diätsamenmischung für Amazonen, täglich mindestens 40 % der Futtermenge als Obst- und Gemüsemischung.
Zucht: Gelingt regelmäßig, dazu den Paaren hochformatige Nistkästen zur Verfügung stellen.

Besonderheiten: Laute Papageien, die wegen ihres Nachahmungstalentes gerne als zahme Hausgenossen gepflegt werden. Nur paarweise Haltung wird empfohlen, die Vögel können aber während der Brutzeit aggressiv werden. Wie Nominatform gefärbt, aber das Gelb dehnt sich auf Augenbereich, Wangen und Ohrdecken aus, gelegentlich auch einzelne gelbe Federn an Hals und Hinterkopf, der Schnabel ist hornfarben. Die Gelbkopfamazone wird aus Unkenntnis oft als *A. o. oratrix* bestimmt, daher gibt es auch viele Unterartenmischlinge! Unbedingt unterartenrein züchten.

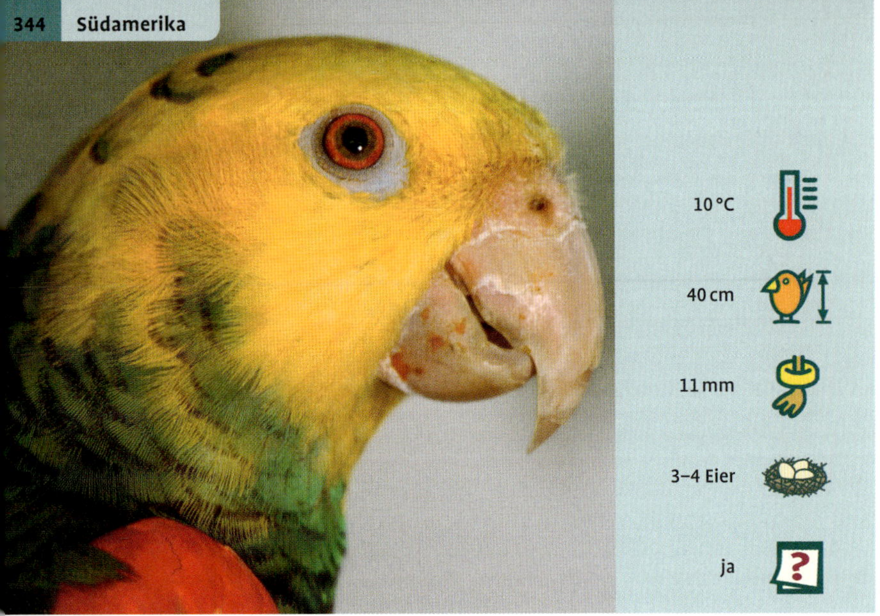

Amazona oratrix magna

Große Gelbkopfamazone

Englisch: Greater Yellow-headed Amazon
Französisch: Amazona à double tête jaune
Spanisch: Loro cabeciamarillo mayor

Herkunft: Südamerika
Status Freiland: Bedroht.
Status Menschenobhut: Selten.

Geschlechtsunterschiede: Keine.
Haltungsansprüche: Eine mindestens 3 m lange Voliere, länger wäre besser. Den Vögeln viel frisches Holz als Nagematerial anbieten.
Ernährung: Eine Diätsamenmischung für Amazonen, täglich mindestens 40 % der gesamten Futtermenge als Obst- und Gemüsemischung.
Zucht: Gelingt selten, dann den Paaren dazu hochformatige Nistkästen zur Auswahl zur Verfügung stellen.

Besonderheiten: Laute Papageien, für die nur paarweise Haltung empfohlen wird. Wegen ihres Nachahmungstalentes sind sie als zahme Hausgenossen sehr beliebt, können aber während der Brutzeit aggressiv werden. Wie *A. o. oratrix* gefärbt, aber das Gelb dehnt sich bis auf Brust und Nacken aus, die Schenkel sind vollständig gelb, der rote Flügelbug ist oft weit ausgedehnt und stark mit gelben Federn durchsetzt, der Schnabel hornfarben, die Vögel sind größer.
Da oft aus Unkenntnis mit *A. o. oratrix* oder *tresmariae* verpaart, gibt es viele Unterartenmischlinge! Unbedingt unterartenrein züchten. Diese Unterart wird heute meist der Nominatform zugerechnet und nicht mehr als eigenständige Unterart geführt.

Amazona oratrix oratrix (Nominatform)

Doppelgelbkopfamazone

Englisch: Yellow-headed Amazon
Französisch: Amazone à tête jaune
Spanisch: Loro real de cabeza amarillo

Herkunft: Südamerika
Status Freiland: Bedroht, weniger als 7000 Tiere, Tendenz abnehmend.
Status Menschenobhut: Gelegentlich.

Geschlechtsunterschiede: Keine.
Haltungsansprüche: Mindestens eine 3 m lange Voliere, länger wäre besser. Den Vögeln viel Frischholz zum Benagen zur Verfügung stellen.
Ernährung: Eine Diätsamenmischung für Amazonen, täglich mindestens 40 % der Futtermenge als Obst- und Gemüsemischung.
Zucht: Gelingt regelmäßig, dazu den Paaren hochformatige Nistkästen anbieten.

Besonderheiten: Laute Papageien, die wegen ihres Nachahmungstalentes gerne als zahme Hausgenossen gepflegt werden. Nur paarweise Haltung wird empfohlen und die Vögel können während der Brutzeit aggressiv werden. Gefärbt wie *A. o. belizensis*, aber das Gelb dehnt sich bis auf Hals, Kopfseiten und Hinterkopf aus, sie haben einen roten Flügelbug, der Schnabel ist hornfarben. Wird oft aus Unkenntnis mit *A. o. belizensis, magna* oder *tresmariae* verpaart, deshalb existieren viele Unterartenmischlinge! Unbedingt unterartenrein züchten. Die erst 1997 beschriebene Unterart *A. o. hondureusis* wird in Europa derzeit wohl nicht gehlaten.

Amazona oratrix tresmariae

Tres-Marías-Amazone

Englisch: Tres Marias Amazon
Französisch: Amazone des Îles Tres Marías
Spanisch: Loro real de Tresmaria

Herkunft: Südamerika
Status Freiland: Bedroht.
Status Menschenobhut: Selten.

Geschlechtsunterschiede: Keine.
Haltungsansprüche: Eine mindestens 3 m lange Voliere, länger wäre besser. Den Vögeln viel Frischholz zum Benagen geben.
Ernährung: Eine Diätsamenmischung für Amazonen, täglich mindestens 40 % der Futtermenge als Obst- und Gemüsemischung.
Zucht: Gelingt selten, dazu den Zuchtpaaren immer hochformatige Nistkästen zur Verfügung stellen.

Besonderheiten: Laute Papageien, für die nur eine paarweise Haltung empfohlen wird und die während der Brutzeit aggressiv werden können. Sie sind wegen ihres Nachahmungstalentes auch als zahme Hausgenossen sehr beliebt. Wie *oratrix* gefärbt, mit insgesamt etwas blasserem Gelb, es dehnt sich bis zum Hinterkopf aus, einige Tieren bis auf die Brust, Brust und Bauch grün mit sehr deutlichem türkisblauem Anflug und ohne dunkle Säumung, die Schenkel zeigen ein Gelb an den Innenseiten, schmaler Flügelbug rot mit gelben Federn, der Schnabel ist hornfarben. Da oft aus Unkenntnis mit *A. o. oratrix* oder *magna* verpaart, existieren viele Unterartenmischlinge! Unbedingt unterartenrein züchten.

Amazona pretrei

Prachtamazone

Englisch: Red-spectacled Amazon
Französisch: Amazone de Pretre
Spanisch: Amazona charao tucumana

Herkunft: Südamerika
Status Freiland: Bedroht, etwa 16 000 Tiere, Tendenz abnehmend.
Status Menschenobhut: Selten.

Geschlechtsunterschiede: Männchen mit sechs bis acht roten Handdecken, die Weibchen haben bis zu sechs, meistens aber weniger.
Haltungsansprüche: Eine 5 m lange Voliere sollte als Mindestmaß gelten. Den Vögeln viel frisches Holz als Nagematerial geben.
Ernährung: Eine Diätsamenmischung für Amazonen, täglich mindestens 40 % der Futtermenge als Obst- und Gemüsemischung.
Zucht: Gelingt selten, dazu den Paaren hochformatige Nistkästen anbieten.
Besonderheiten: Laute Papageien, für die nur eine paarweise Haltung empfohlen wird und die besonders in der Brutzeit auch gegenüber dem eigenen Partner sehr aggressiv werden können. Zum Aufbau einer sich langfristig selbst erhaltenden Population in Menschenobhut sollte man unbedingt alle Tiere zur Zucht einsetzen, noch sind genügend dafür vorhanden.

Amazona rhodocorytha

Granada-Amazone

Englisch: Red-browed Amazon
Französisch: Amazone à sourcils rouges
Spanisch: Amazona coronirroja

Herkunft: Südamerika
Status Freiland: Bedroht, etwa 800 Tiere, Tendenz abnehmend.
Status Menschenobhut: Selten.

Geschlechtsunterschiede: Keine, sehr variable Kopffärbung in beiden Geschlechtern.
Haltungsansprüche: Eine 5 m lange Voliere sollte als das Mindestmaß angesehen werden. Den Vögeln viel Frischholz zum Benagen zur Verfügung stellen.
Ernährung: Eine Diätsamenmischung für Amazonen, täglich mindestens 40 % der Futtermenge als Obst- und Gemüsemischung.
Zucht: Gelingt selten, dazu den Paaren hochformatige Nistkästen anbieten.
Besonderheiten: Laute Papageien, für die mindestens paarweise Haltung empfohlen wird. Mehrere Paare in der Gruppe können auch zur Brutzeit in großen Volieren gehalten werden. Im Loro Parque klappt die Zucht in der Gruppe seit vielen Jahren, allerdings werden die Paare ab Ende Oktober für etwa drei Monate getrennt, um im Januar wieder zusammengesetzt zu werden. Dies bringt sehr viel Stimulanz, die dann meist zur Eiablage führt. Zum Aufbau eines sich langfristig selbst erhaltenden Zuchtstammes in Menschenobhut sollte man unbedingt alle Tiere zur Zucht einsetzen.

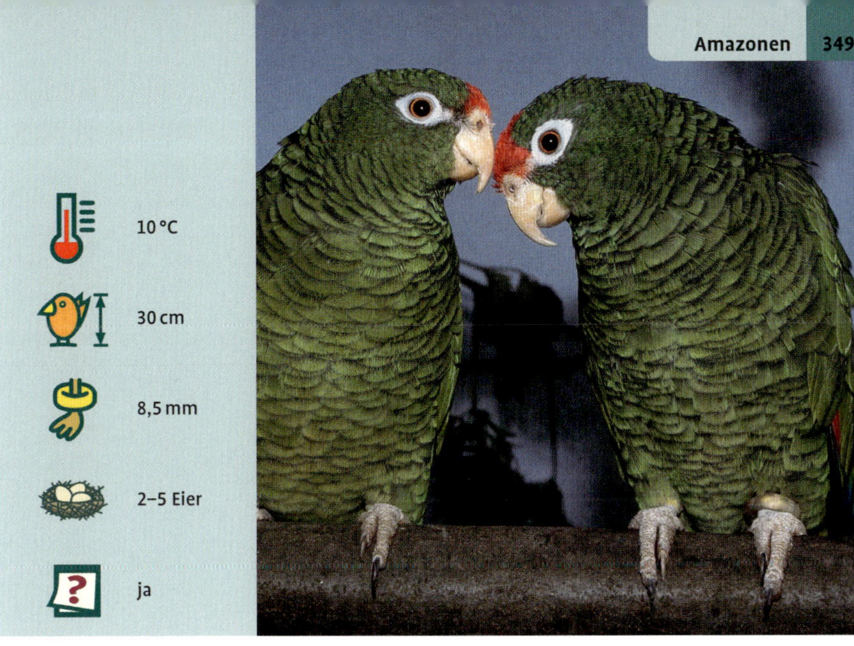

Amazona tucumana

Tucumán-Amazone

Englisch: Tucumán Amazon
Französisch: Amazone de Tucuman
Spanisch: Amazona tucumana

Herkunft: Südamerika
Status Freiland: Selten. Tendenz abnehmend.
Status Menschenobhut: Selten.

Geschlechtsunterschiede: Die Männchen haben sechs bis acht rote Handdecken, die Weibchen haben bis zu sechs, meist aber weniger.
Haltungsansprüche: Als Minimum sollte eine 3 m lange Voliere gelten. Den Vögeln viel Frischholz zum Benagen zur Verfügung stellen.
Ernährung: Eine Diätsamenmischung für Amazonen, täglich mindestens 40 % der gesamten Futtermenge in Form einer Obst- und Gemüsemischung.
Zucht: Gelingt selten, dazu den Zuchtpaaren hochformatige Nistkästen anbieten.
Besonderheiten: Laute Papageien, für die nur paarweise Haltung empfohlen wird und die besonders in der Brutzeit sehr aggressiv werden können, auch dem eigenen Partner gegenüber. Zum Aufbau einer sich langfristig selbst erhaltenden Population in Menschenobhut sollte man unbedingt alle Tiere zur Zucht einsetzen, noch gibt es genügend.

Amazona ventralis

Blaukronenamazone

Englisch: Hispaniolan Amazon
Französisch: Amazone d'Hispaniola
Spanisch: Amazona de la Española

Herkunft: Mittelamerika
Status Freiland: Bedroht, unter 10 000 Tieren, Tendenz abnehmend.
Status Menschenobhut: Selten.

Geschlechtsunterschiede: Keine.
Haltungsansprüche: Eine 3 m lange Voliere sollte als das Mindestmaß angesehen werden. Den Vögeln viel frisches Holz als Nagematerial zur Verfügung stellen.
Ernährung: Eine Diätsamenmischung für Amazonen, täglich mindestens 40 % der gesamten Futtermenge in Form einer Obst- und Gemüsemischung.
Zucht: Gelingt selten, dazu den Paaren hochformatige Nistkästen anbieten.
Besonderheiten: Laute Papageien, für die nur eine paarweise Haltung empfohlen wird und die besonders in der Brutzeit sehr aggressiv werden können, auch dem eigenen Partner gegenüber. Sie sollten unbedingt zur Zucht verwendet werden, um einen langfristig gesicherten Bestand in Menschenobhut aufzubauen. Noch sind dazu genügend Tiere vorhanden.

Amazona versicolor

Blaumaskenamazone

Englisch: St. Lucia Amazon
Französisch: Amazone de Sainte-Lucie
Spanisch: Amazona de Santa Lucia

Herkunft: Südamerika
Status Freiland: Bedroht, zwischen 350 und 500 Tiere, Tendenz steigend.
Status Menschenobhut: Sehr selten.

Geschlechtsunterschiede: Keine.
Haltungsansprüche: Eine 6 m lange Voliere sollte als das Mindestmaß angesehen werden. Den Vögeln viel frisches Holz als Nagematerial zu Verfügung stellen.
Ernährung: Eine Diätsamenmischung für Amazonen, täglich mindestens 40 % der gesamten Futtermenge in Form einer Obst- und Gemüsemischung.
Zucht: Gelingt sehr selten, dazu den Paaren hochformatige Nistkästen anbieten.
Besonderheiten: Laute Papageien, für die nur eine paarweise Haltung empfohlen wird und die besonders in der Brutzeit sehr aggressiv werden können. Sie gehören in Spezialistenhände! Es sind nur noch einzelne Exemplare in Europa in einigen Zoos vorhanden. So ist es fraglich ob sich damit langfristig ein sich selbst erhaltender Zuchtstamm aufbauen lässt, es sollte jedoch unbedingt versucht werden.

Amazona vinacea

Taubenhalsamazone

Englisch: Vinaceous Amazon
Französisch: Amazone vineuse
Spanisch: Amazona vinosa

Herkunft: Südamerika
Status Freiland: Bedroht, zwischen 1000 und 2500 Tiere, Tendenz abnehmend.
Status Menschenobhut: Gelegentlich.

Geschlechtsunterschiede: Keine.
Haltungsansprüche: Eine 3 m lange Voliere sollte als das Mindestmaß angesehen werden. den Vögeln viel frisches Holz als Nagematereial zur Verfügung stellen.
Ernährung: Eine Diätsamenmischung für Amazonen, täglich mindestens 40 % der gesamten Futtermenge in Form einer Obst- und Gemüsemischung.

Zucht: Gelingt gelegentlich, dazu den Paaren hochformatige Nistkästen anbieten.
Besonderheiten: Laute Papageien, für die nur paarweise Haltung empfohlen wird und die besonders in der Brutzeit sehr aggressiv werden können. Die Amazone kann bei Erregung ihre Nackenfedern kranzförmig aufstellen und hat dann Ähnlichkeit mit einem Fächerpapagei. Zum Aufbau eines sich langfristig selbst erhaltenden Zuchtstammes in Menschenobhut sollte man unbedingt alle Tiere zur Zucht einsetzen, noch sind genügend in der Haltung vorhanden.

Amazona viridigenalis

Grünwangenamazone

Englisch: Green-cheeked Amazon
Französisch: Amazone à joues vertes
Spanisch: Amazona tamaulipeca

Herkunft: Südamerika
Status Freiland: Bedroht, zwischen 3000 und 6500 Tiere, Tendenz abnehmend.
Status Menschenobhut: Gelegentlich.

Geschlechtsunterschiede: Männchen haben meist eine stärker ausgebildete, rote Stirn, die weit hinter die Augen reicht.
Haltungsansprüche: Eine 3 m lange Voliere als Mindestmaß. Den Vögeln viel frisches Holz als Nagematerial geben.
Ernährung: Eine Diätsamenmischung für Amazonen, täglich mindestens 40 % der Futtermenge als Obst- und Gemüsemischung.
Zucht: Gelingt gelegentlich, dazu den Paaren hochformatige Nistkästen anbieten.
Besonderheiten: Laute Papageien, nur eine paarweise Haltung wird empfohlen. Diese Amazonen können besonders in der Brutzeit sehr aggressiv werden. Zum Aufbau eines sich langfristig selbst erhaltenden Zuchtstammes in Menschenobhut sollte man unbedingt alle Tiere zur Zucht einsetzen, noch existiert eine genügende Anzahl dafür in der Haltung.

Amazona xantholora

Goldzügelamazone

Englisch: Yellow-lored Amazon
Französisch: Amazone du Yucatan
Spanisch: Amazona yucateca

Herkunft: Mittelamerika
Status Freiland: Häufig.
Status Menschenobhut: Selten.

Geschlechtsunterschiede: Das Weiß der Weibchen auf Stirn und Vorderscheitel ist weniger weit ausgedehnt, das Rot um die Augen beim Männchen sehr viel stärker ausgeprägt.
Haltungsansprüche: Eine 3 m lange Voliere als Mindestmaß. Den Vögeln viel frisches Holz als Nagematerial geben.
Ernährung: Eine Diätsamenmischung für Amazonen, täglich mindestens 40 % der Futtermenge als Obst- und Gemüsemischung.
Zucht: Gelingt selten, dazu den Paaren hochformatige Nistkästen anbieten.
Besonderheiten: Laute, sehr bewegungsaktive Papageien, für die nur paarweise Haltung empfohlen wird und die vor allem in der Brutzeit sehr aggressiv werden können. Sie sollten unbedingt zur Zucht verwendet werden, um einen langfristig gesicherten Zuchtstamm in Menschenobhut aufzubauen. Noch existieren dazu genügend Tiere in der Haltung.

Deroptyus accipitrinus accipitrinus (Nominatform)

Fächerpapagei

Englisch: Hawk-headed Parrot
Französisch: Papegeai maillé
Spanisch: Loro cacique

Herkunft: Südamerika
Status Freiland: Häufig.
Status Menschenobhut: Gelegentlich.

Geschlechtsunterschiede: Keine.
Haltungsansprüche: Eine 3 m lange Voliere als Mindestmaß. Den Vögeln viel Frischholz zum Benagen geben.
Ernährung: Diätsamenmischung wie für Amazonen, täglich mindestens 40 % der Futtermenge als Obst- und Gemüsemischung.
Zucht: Gelingt selten, den Paaren dazu hoch- und querformatige Nistkästen zur Auswahl anbieten.

Besonderheiten: Laute Papageien, für die eine paarweise Haltung empfohlen wird. Es handelt sich bei ihnen um sehr verspielte Papageien, denen man in ihrer Voliere immer neue Reize bieten sollte, damit sie nicht mit dem Rupfen beginnen, denn gerade diese Art ist bei Unterbeschäftigung sehr anfällig dafür. Sie sind als zahme Hausgenossen geeignet, allerdings sollte man die Tiere zur Zucht einsetzen, damit die Art auch langfristig in Menschenobhut erhalten werden kann. Neben der Nominatform existiert noch die Unterart *D. a. fuscifrons*.

Deroptyus accipitrinus fuscifrons

Dunkelstirniger Fächerpapagei

Englisch: Brazilian Hawk-headed Parrot
Französisch: Papegeai maillé de Brazil
Spanisch: Loro halcón brasileno

Herkunft: Südamerika
Status Freiland: Häufig.
Status Menschenobhut: Selten.

Geschlechtsunterschiede: Keine.
Haltungsansprüche: Eine 3 m lange Voliere als Mindestmaß. Den Vögeln viel Frischholz zum Benagen geben.
Ernährung: Diätsamenmischung wie für Amazonen, täglich mindestens 40 % der Futtermenge als Obst- und Gemüsemischung.
Zucht: Gelingt sehr selten, den Paaren dazu hoch- und querformatige Nistkästen zur Auswahl anbieten.

Besonderheiten: Laute Papageien, für die paarweise Haltung empfohlen wird. Es sind sehr verspielte Papageien, denen man in ihrer Voliere immer wieder neue Reize bieten sollte, damit sie nicht mit dem Rupfen beginnen, denn gerade diese Art ist bei Unterbeschäftigung sehr anfällig dafür. Sie unterscheidet sich von der Nominatform mit ihrer matt weißlichen durch eine dunkelbraun gezeichnete Stirn und Scheitel. Fächerpapageien sollten unbedingt zur Zucht eingesetzt werden, um die Art und Unterart auch langfristig in Menschenobhut erhalten zu können.

Graydidascalus brachyurus

Kurzschwanzpapagei

Englisch: Short-tailed Parrot
Französisch: Caique à queue courte
Spanisch: Lorito colicorto

Herkunft: Südamerika
Status Freiland: Häufig.
Status Menschenobhut: Sehr selten.

Geschlechtsunterschiede: Keine.
Haltungsansprüche: Eine 3 m lange Voliere als Mindestmaß. Den Vögeln viel Frischholz zum Benagen geben.
Ernährung: Diätsamenmischung wie für Amazonen, täglich mindestens 40 % der Futtermenge als Obst- und Gemüsemischung.
Zucht: Gelingt sehr selten, dazu den Paaren hoch- und querformatige Nistkästen zur Auswahl anbieten.

Besonderheiten: Mittellaute Papageien, für die paarweise Haltung empfohlen wird, die aber in sehr großen Volieren auch in der Gruppe gehalten werden können. Zur Zucht sollte man die Tiere aber abtrennen, da die Paare aggressiv werden. Sie werden nur von einigen wenigen Spezialisten gehalten. Oft treten unbefruchtete Eier auf, wobei größere Volieren, in denen die Tiere eine bessere Fitness erlangen, dem abhelfen können. Im Loro Parque gelang in großen Volieren auch die Zucht mit mehreren Paaren. Die Kurzschwanzpapageien sollten unbedingt zur Zucht eingesetzt werden, um die Art auch langfristig in Menschenobhut zu erhalten.

Pionites leucogaster

Rostkappenpapagei

Englisch: White-bellied Caique
Französisch: Caique à ventre blanc
Spanisch: Lorito rubio

Herkunft: Südamerika
Status Freiland: Bedroht.
Status Menschenobhut: Gelegentlich.

Geschlechtsunterschiede: Keine.
Haltungsansprüche: Eine 3 m lange Voliere sollte als das Mindestmaß gelten. Viel Frischholz zum Benagen geben.
Ernährung: Diätsamenmischung wie für Amazonen, täglich mindestens 40 % der Futtermenge als Obst- und Gemüsemischung.
Zucht: Gelingt gelegentlich, den Zuchtpaaren dazu hochformatige Nistkästen zur Verfügung stellen.

Besonderheiten: Laute Papageien, für die nur eine paarweise Haltung empfohlen wird. Alle Weißbauchpapageien sind sehr verspielt, in der Voliere müssen immer wieder neue Reize in Form von Spielzeug, Schaukeln, Ästen und Ähnlichem geboten werden. Auch senkrecht oder schräg verlaufende Sitzstangen werden gerne benutzt. Die früher beschriebenen beiden Unterarten: der Gelbschwanz-Rostkappenpapagei, *P. l. xanthurus*, sowie der Gelbschenkel-Rostkappenpapagei, *P. l. xanthomeria*, werden heute als eigenständige Arten geführt.

Pionites melanocephalus melanocephalus (Nominatform)

Grünzügelpapagei

Englisch: Black-headed Caique
Französisch: Caique mapourri
Spanisch: Lorito chirlecrés

Herkunft: Südamerika
Status Freiland: Häufig.
Status Menschenobhut: Regelmäßig.

Geschlechtsunterschiede: Keine.
Haltungsansprüche: Eine 3 m lange Voliere sollte als das Mindestmaß angesehen werden. Den Vögeln viel Frischholz zum Benagen zur Verfügung stellen.
Ernährung: Diätsamenmischung wie für Amazonen, täglich mindestens 40 % der Futtermenge als Obst- und Gemüsemischung.
Zucht: Gelingt regelmäßig, dazu den Paaren hochformatige Nistkästen anbieten.

Besonderheiten: Laute Papageien, für die nur paarweise Haltung empfohlen wird. Wie alle Weißbauchpapageien sind sie sehr verspielt und man sollte in der Voliere immer wieder neue Reize in Form von Spielzeug, Schaukeln, Ästen und Ähnliches bieten. Auch senkrecht oder schräg verlaufende Sitzstangen benutzen die Tiere gerne. Neben der Nominatform existiert eine Unterart, *P. m. pallida*, die aber derzeit wohl nicht in Europa vorhanden ist. Bei ihr sind alle sonst orangefarbenen Gefiederpartien gelb gefärbt. Bei der Zucht unbedingt auf Unterartenreinheit achten.

10 °C

23 cm

7,5 mm

2–5 Eier

nein

Pionites xanthomerius

Gelbschenkel-Rostkappenpapagei

Englisch: Yellow-thighed Caique
Französisch: Caïque à ventre blanc et à cuisses jaunes
Spanisch: Calzoncito de piernas amarillas

Herkunft: Südamerika
Status Freiland: Häufig.
Status Menschenobhut: Regelmäßig.

Geschlechtsunterschiede: Keine.
Haltungsansprüche: Mindestens eine 3 m lange Voliere. Den Vögeln viel frisches Holz als Nagematerial zur Verfügung stellen.
Ernährung: Diätsamenmischung wie für Amazonen, täglich mindestens 40 % der Futtermenge als Obst- und Gemüsemischung.
Zucht: gelingt regelmäßig, hochformatige Nistkästen anbieten.

Besonderheiten: Laute Papageien, für die nur eine paarweise Haltung empfohlen wird. Alle Weißbauchpapageien sind sehr verspielt, deshalb sollten ihnen in der Voliere immer wieder neue Reize in Form von Spielzeug, Schaukeln, Ästen und Ähnlichem geboten werden. Auch senkrecht oder schräg verlaufende Sitzstangen werden gerne benutzt. Diese Art unterscheidet sich von der Schwesterart *P. leucogaster* mit grünen Schenkeln dadurch, dass sie gelbe Schenkel aufweist. Bei der Zucht sollte unbedingt auf Artenreinheit geachtet werden.

Pionopsitta pileata

Scharlachkopfpapagei

Englisch: Pileated Parrot
Französisch: Caique mitré
Spanisch: Lorito pileato

Herkunft: Südamerika
Status Freiland: Gelegentlich.
Status Menschenobhut: Selten.

Geschlechtsunterschiede: Weibchen ohne Rot am Kopf.
Haltungsansprüche: Eine 3 m lange Voliere sollte als das Mindestmaß angesehen werden. Den Vögeln viel frisches Hols als Nagematerial zur Verfügung stellen.
Ernährung: Diätsamenmischung wie für Amazonen, täglich mindestens 40 % der gesamten Futtermenge in Form einer Obst- und Gemüsemischung.

Zucht: Gelingt selten, dann Paaren dazu hoch- und querformatige Nistkästen anbieten.
Besonderheiten: Leise Papageien, für die paarweise Haltung empfohlen wird, die aber auch in großen Volieren in der Gruppe gehalten und gezüchtet werden können. Sie werden nur von einigen wenigen Spezialisten gehalten. Oft treten unbefruchtete Eier auf, wobei größere Volieren, in denen die Tiere eine bessere Fitness erlangen, dem abhelfen können. Sie sollten unbedingt zur Zucht eingesetzt werden, damit man die Art auch langfristig in Menschenobhut etablieren kann.

Triclaria malachitacea

Blaubauchpapagei

Englisch: Purple-bellied Parrot
Französisch: Crick à ventre bleu
Spanisch: Loro ventriazul

Herkunft: Südamerika
Status Freiland: Bedroht, 10 000 Tiere, Tendenz abnehmend.
Status Menschenobhut: Sehr selten.

Geschlechtsunterschiede: Männchen mit blauem Bauch, Weibchen rein grün.
Haltungsansprüche: Mindestens eine 3 m lange Voliere. Den Vögeln viel Frischholz zum Benagen zur Verfügung stellen.
Ernährung: Diätsamenmischung wie für Amazonen, täglich mindestens 40 % der gesamten Futtermenge als Obst- und Gemüsemischung, zur Brutzeit auch einen Brei auf Getreideflockenbasis.
Zucht: Gelingt sehr selten, den Paaren dazu hoch- und querformatige Nistkästen zur Auswahl anbieten.
Besonderheiten: Leise Papageien, sie haben eine melodische Stimme, die angenehm klingt. Die paarweise Haltung wird empfohlen. Blaubauchpapageien gelten als heikel und können nur Züchtern mit Erfahrung empfohlen werden. Die Vögel sollten unbedingt zur Zucht eingesetzt werden, damit man die Art auch langfristig in Menschenobhut erhalten kann. Noch sind zum Aufbau eines sich selbst erhaltenden Zuchtstammes genügend Tiere in der Haltung vorhanden.

Serviceseiten

Papageiensystematik

Die vorliegende Papageien-Systematik umfasst insgesamt 780 Formen, von denen 359 als Arten und 421 als Unterarten gelten. 32 Formen (1 Art und 31 Unterarten) sind nicht bei allen Systematikern anerkannt und daher in ihrer Existenz umstritten (*). Zwei Arten gelten als verschollen, wahrscheinlich ausgestorben (**), eine gilt als Hybride (***). Rot unterlegte Arten werden im Porträt vorgestellt.

A

Agapornis canus (Grauköpfchen) 191
Agapornis c. ablectaneus (Bangs-Grauköpfchen)
Agapornis fischeri (Pfirsichköpfchen) 192
Agapornis lilianae (Erdbeerköpfchen) 193
Agapornis nigrigenis (Rußköpfchen) 194
Agapornis personatus (Schwarzköpfchen) 195
Agapornis pullarius (Orangeköpfchen) 196
Agapornis p. ugandae (Uganda-Orangeköpfchen)
Agapornis roseicollis (Rosenköpfchen) 197
Agapornis r. catumbella (Angola-Rosenköpfchen)
Agapornis swindernianus (Grünköpfchen)
Agapornis s. emini (Neumanns Grünköpfchen) *
Agapornis s. zenkeri (Zenkers Grünköpfchen)
Agapornis taranta (Taranta-Bergpapagei) 198
Alipiopsitta xanthops (Gelbbauchamazone) 310
Alisterus amboinensis (Amboina-Königssittich) 116
Alisterus a. buruensis (Buru-Königssittich) 117
Alisterus a. dorsalis (Salawati-Königssittich) 118
Alisterus a. hypophonius (Halmahera-Königssittich)
Alisterus a. sulaensis (Sula-Königssittich)
Alisterus a. versicolor (Peleng-Königssittich)
Alisterus chloropterus (Grünflügel-Königssittich) 119
Alisterus c. callopterus (Salvadoris Grünflügel-Königssittich)
Alisterus c. moszkowskii (Moszkowski-Grünflügel-Königssittich) 120
Alisterus scapularis (Australischer Königssittich) 121
Alisterus s. minor (Kleiner Australischer Königssittich)
Amazona aestiva (Blaustirnamazone) 311
Amazona a. xanthopteryx (Gelbflügel-Blaustirnamazone) 312
Amazona agilis (Rotspiegelamazone) 313
Amazona albifrons (Weißstirnamazone) 314
Amazona a. nana (Kleine Weißstirnamazone) 315
Amazona a. saltuensis (Sonora-Weißstirnamazone)
Amazona amazonica (Venezuela-Amazone) 316
Amazona arausiaca (Blaukopfamazone) 317

V

Z

Register der deutschen Namen

Adressen

www.arndt-verlag.de
www.azvogelzucht.de
www.bna-ev.de
www.dr-reinschmidt.com
www.loroparque.com
www.loroparque-fundacion.org
www.gefiedertewelt.de
www.papageien.de
www.vogelfreunde-achern.de
www.vze-online.net
www.wp-magazin.de
www.zgap.de

Bildquellen

Titelfoto: Ulrich Brodde
Thomas Arndt, Bretten: Seite 273
Roman Dörholt: Seite 276
commons.wikimedia.org/Drägüs: Seite 59
Lars Lepperhoff, Ittingen, Schweiz: Seite 206
Eckhard Lietzow, Enger: Seite 290
Rüdiger Neff, Fichtenberg: Seite 86
Franz Pfeffer, Plattling: Seite 48, 69, 97, 106, 117, 121, 155, 168, 180, 185, 276, 292, 293, 295, 296, 298, 299, 324, 332, 339
René Wüst, Bretten: Seite 262
Alle anderen Bilder stammen vom Autor.

Literatur

Arndt, T. (1990–1996): Lexikon der Papageien, Arndt-Verlag, Bretten.

Arndt, T. (2006): Neue Aratinga-Arten und Unterarten. PAPAGEIEN: Jg. 19. S. 62–70.

Arndt, T. und Reinschmidt, M. (2006): Amazonen, Freileben–Haltung–Ernährung-Zucht, Arndt-Verlag, Bretten.

Arndt, T. und Reinschmidt, M. (2009): Amazonen, Arten-Unterarten-spezielle Bedürfnisse. Arndt-Verlag, Bretten.

Arndt, T. (2011-2017): Taxonomische Poster, Bretten.

Bezzel, E. und Prinzinger, R. (1990): Ornithologie. Verlag Eugen Ulmer, Stuttgart.

Bakers, M., S. J. J. Davies and Reilly, P. N. (1984): The Atlas of Australian Birds. Carlton: Melbourne Univ. Press.

Collar, N. (1997): Family Psittacidae (Parrots) In: Del Hoyo, J., Elliott, A. and Sargatal, J. Eds. (1997): Handbook of the Birds of the World, Vol. 4, Sandgrouse to Cuckoos. Barcelona.

Del Hoyo, J. & N. Collar (2014): Illustrated Checklist of the Birds of the World. Vol. 1, Lynx, Barcelona.

Forshaw, J. M. (1989): Parrots of the World. Willoughby.

Forshaw, J. M. (2002): Australische Papageien. Bd. 1, Arndt-Verlag. Bretten.

Forshaw, J. M. (2003): Australische Papageien. Bd. 2, Arndt-Verlag. Bretten.

Hoppe, D. und Welcke, P. (2006): Langflügelpapageien. Verlag Eugen Ulmer, Stuttgart.

Hentschel, E. und Wagner, G. (1986): Zoologisches Wörterbuch. 3. Auflage. Gustav Fischer Verlag. Stuttgart.

Juniper, T. and Parr, M. (1998): Parrots. A Guide to the Parrots of the World. Mountfield.

Kaleta, E. F. und Krautwald-Junghanns, M.-E. (2011): Kompendium der Ziervogelkrankheiten. Schlütersche GmbH & Co. KG-Verlag. Hannover.

Kleefisch, T. (1989): BNA-Nachzucht-Statistik. Verlag Bundesverband für fachgerechten Natur- und Artenschutz e.V. Köln.

Lepperhoff, L. (2004): Aras. Verlag Eugen Ulmer, Stuttgart.

Mägerli, W. (2004): Bestandes- und Nachzuchtliste 2004. Exotis: Schweizerischer Verband für Zucht und Pflege exotischer Vögel.

Müller, M. J. (1996): Handbuch ausgewählter Klimastationen der Erde. Forschungsstelle Bodenerosion der Universität Trier, Mertesdorf (Ruwertal). Trier.

Niemann, R. und R. Seitre (2005): Eine neue Keilschwanzsittich-Art in Brasilien. PAPAGEIEN: Jg. 18 S. 164–167

Pagel, T. (2000): AZ-Nachzuchtstatistik 1998. AZ-Nachrichten 47, 175–187.

Reinschmidt, M. (2000): Kunstbrut und Handaufzucht von Sittichen und Papageien. Arndt-Verlag. Bretten.

Reinschmidt, M. und Lambert, K.-H. (2006): Papageien der Welt. Verlag Eugen Ulmer. Stuttgart.

Reinschmidt, M. (2007): Brutbiologie des Inkakakadus. Laufersweiler-Verlag. Gießen.

Robiller, F. (1990): Papageien. Band 3: Mittel- und Südamerika. Verlag Eugen Ulmer, Stuttgart.

Robiller, F. (1997): Papageien. Band 2: Neuseeland, Australien, Ozeanien. Südostasien und Afrika. Eugen Ulmer Verlag, Stuttgart.

Robiller, F. (2001): Papageien. Band 1: Australien. Ozeanien. Südostasien. 2. Aufl. Verlag Eugen Ulmer, Stuttgart.

Rowley, I. (1997): Family Cacatuidae (Cockatoos). In: Del Hoyo, J., Elliott, A. and Sargatal, J. Eds (1997): Handbook of the Birds of the World. Vol. 4. Sandgrouse to Cuckoos. Barcelona.

Strunden, H. (1986): Die Namen der Papageien und Sittiche. Horst-Müller-Verlag, Bomlitz.

Das Foto auf Seite 8/9 zeigt einen *Trichoglossus haematodus capistratus*.

Haftungsausschluss Die in diesem Buch enthaltenen Empfehlungen und Angaben sind vom Autor mit größter Sorgfalt zusammengestellt und geprüft worden. Eine Garantie für die Richtigkeit der Angaben kann aber nicht gegeben werden. Autor und Verlag übernehmen keinerlei Haftung für Schäden und Unfälle.

Bibliografische Information der Deutschen Nationalbibliothek
Die Deutsche Nationalbibliothek verzeichnet diese Publikation in der Deutschen Nationalbibliografie; detaillierte bibliografische Daten sind im Internet über http://dnb.d-nb.de abrufbar.

Wollgrasweg 41, 70599 Stuttgart (Hohenheim)
E-Mail: info@ulmer.de
Internet: www.ulmer.de
Lektorat: Dr. Eva-Maria Götz, Bettina Brinkmann
Herstellung: Thomas Eisele, Birgit Heyny
Umschlagentwurf: Atelier Reichert, Stuttgart
Satz: pagina GmbH, Tübingen
Druck und Bindung: Firmengruppe APPL, aprinta druck, Wemding
Printed in Germany

ISBN 978-3-8186-0095-2

Loro Parque Fundacion hat maßgeblich dazu beigetragen,
9 vom Aussterben bedrohte Arten für die Natur zu erhalten.

Mehr Information unter: www.loroparque-fundacion.org/de/